全国技工院校计算机类专业教材（中／高级技能层级）

CorelDRAW 平面设计与制作

（第二版）

主　编　李　飞　曹　琳
副主编　张琛琛
主　审　庞书华

中国劳动社会保障出版社

简介

本书主要内容包括绘制几何图形、填充矢量图形、绘制线条图形、编辑矢量图形、处理对象特效、处理位图图像、编辑应用文本、综合案例实战等。

本书由李飞、曹琳任主编，张琛琛任副主编，陈茜影、王雪、李鑫、李欣、王若涵、张子怡、崔进龙、贺明亮、宋艺、武亚楠参加编写，庞书华任主审。

图书在版编目（CIP）数据

CorelDRAW 平面设计与制作 / 李飞，曹琳主编. -- 2 版. -- 北京：中国劳动社会保障出版社，2023

全国技工院校计算机类专业教材：中 / 高级技能层级

ISBN 978-7-5167-5667-6

Ⅰ. ①C… Ⅱ. ①李…②曹… Ⅲ. ①平面设计 – 图形软件 – 职业教育 – 教材 Ⅳ. ①TP391.412

中国国家版本馆 CIP 数据核字（2023）第 111241 号

中国劳动社会保障出版社出版发行

（北京市惠新东街 1 号 邮政编码：100029）

*

北京宏伟双华印刷有限公司印刷装订 新华书店经销

787 毫米 ×1092 毫米 16 开本 17 印张 332 千字

2023 年 7 月第 2 版 2023 年 7 月第 1 次印刷

定价：42.00 元

营销中心电话：400-606-6496

出版社网址：http://www.class.com.cn

http://jg.class.com.cn

前　言

为了更好地满足全国技工院校计算机类专业的教学要求，适应计算机行业的发展现状，全面提升教学质量，我们组织全国有关学校的一线教师和行业、企业专家，在充分调研企业用人需求和学校教学情况、吸收借鉴各地技工院校教学改革的成功经验的基础上，根据人力资源社会保障部颁布的《全国技工院校专业目录》及相关教学文件，对全国技工院校计算机类专业教材进行了修订和新编。

本次修订（新编）的教材涉及计算机类专业通用基础模块及办公软件、多媒体应用软件、辅助设计软件、计算机应用维修、网络应用、程序设计、操作指导等多个专业模块。

本次修订（新编）工作的重点主要有以下几个方面。

突出技工教育特色

坚持以能力为本位，突出技工教育特色。根据计算机类专业毕业生就业岗位的实际需要和行业发展趋势，合理确定学生应具备的能力和知识结构，对教材内容及其深度、难度进行了调整。同时，进一步突出实际应用能力的培养，以满足社会对技能型人才的需求。

针对计算机软、硬件更新迅速的特点，在教学内容选取上，既注重体现新软件、新知识，又兼顾技工院校教学实际条件。在教学内容组织上，不仅局限于某一计算机软件版本或硬件产品的具体功能，而是更注重学生应用能力的拓展，使学生能够触类旁通，提升综合能力，为后续专业课程的学习和未来工作中解决实际问题打下良好的基础。

创新教材内容形式

在编写模式上，根据技工院校学生认知规律，以完成具体工作任务为主线组织教材内容，将理论知识的讲解与工作任务载体有机结合，激发学生的学习兴趣，提高学生的实践能力。

在表现形式上，通过丰富的操作步骤图片和软件截图详尽地指导学生了解软件功能并完成工作任务，使教材内容更加直观、形象。结合计算机类专业教材的特点，多数教材采用四色印刷，图文并茂，增强了教材内容的表现效果，提高了教材的可读性。

本次修订（新编）还针对大部分教材创新开发了配套的实训题集，在教材所学内容基础上提供了丰富的实训练习题目和素材，供学生巩固练习使用，既节省了教材篇幅，又能帮助学生进一步提高所学知识与技能的实际应用能力。

提供丰富教学资源

在教学服务方面，为方便教师教学和学生学习，配套提供了制作素材、电子课件、教案示例等教学资源，可通过技工教育网（http://jg.class.com.cn）下载使用。除此之外，在部分教材中还借助二维码技术，针对教材中的重点、难点内容，开发制作了操作演示微视频，可使用移动设备扫描书中二维码在线观看。

致谢

本次教材修订（新编）工作得到了河北、山西、黑龙江、江苏、山东、河南、湖北、湖南、广东、重庆等省（直辖市）人力资源社会保障厅（局）及有关学校的大力支持，在此我们表示诚挚的谢意。

编者

2023 年 4 月

目　录

CONTENTS

项目一
绘制几何图形

计算机处理的图形图像分为两种，即矢量图和位图。矢量图中的各种图形元素称为对象，每一个对象都是独立的个体，都具有大小、颜色、形状和轮廓等特性。矢量图的优点是文件较小，且在缩放时，矢量图中的对象会保持原有的清晰度和弯曲度，其颜色和形状也不会发生任何改变，不会产生失真现象；缺点是不易被制作成色调丰富的图像。位图也称点阵图像，由许多单独的点组成，这些点称为像素，每个像素都有其特定的位置和颜色值，像素越多，图像的分辨率越高，文件越大。位图的优点是图像色彩丰富，缺点是文件较大，在缩放时会产生失真现象，图像会出现边缘产生锯齿或模糊不清等现象。

CorelDRAW 2021 是一款常用的平面设计软件，具有强大的矢量图设计功能、位图处理功能和排版功能。它被广泛地应用于字体设计、标志设计、插画设计、画册设计、产品包装、网店设计及分色输出等诸多领域（见图 1-0-1），是专业设计师和绘图爱好者的必备工具之一。

本项目从基础的图形绘制入手，介绍 CorelDRAW 2021 的工作界面、图形绘制方法和技巧，讲授基础知识，训练基本技能，为进一步使用 CorelDRAW 2021 打下基础。

a）

b）

c）

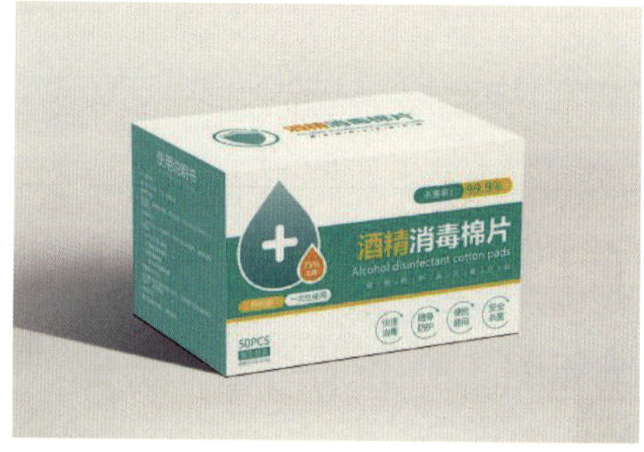

d）

图 1-0-1　利用 CorelDRAW 设计、绘制的图像
a）标志　b）插画　c）折页　d）包装

任务 1　制作小熊头像

1. 熟悉 CorelDRAW 2021 的工作界面。
2. 掌握椭圆形绘制工具的使用方法。
3. 掌握选择和调整对象的方法。
4. 掌握图形轮廓的设置方法。
5. 掌握使用形状工具修改图形的方法。
6. 能够新建、保存和导出文件。
7. 能够用调色板填充对象颜色。
8. 能够组合或取消组合对象。
9. 能够调整对象的顺序。

本任务是一个简单的几何图形绘制实例，主要利用椭圆形工具来制作小熊头像

（见图 1-1-1）。要完成本任务，除了须掌握几何图形的绘制方法外，还要学会使用形状工具修改图形、利用调色板填充颜色，以及设置轮廓等的方法。

图 1-1-1　小熊头像效果图

一、颜色模式

颜色模式是用来确定显示和打印电子图像色彩的模式，常见的颜色模式包括红绿蓝（RGB）颜色模式和黄品青黑（CMYK）颜色模式等。

1. RGB 颜色模式

RGB 颜色模式是一种使用最广泛的颜色模式。它源于光的三原色原理，其中，R 代表红色（red），G 代表绿色（green），B 代表蓝色（blue）。RGB 颜色模式是一种加色模式，即所有其他颜色都是由红、绿和蓝三种颜色混合而成的。RGB 颜色模式主要用于显示器端，如网页设计和 UI 设计等。

2. CMYK 颜色模式

CMYK 颜色模式是一种减色模式，也是 CorelDRAW 2021 默认的颜色模式。在 CMYK 颜色模式中，C 代表青色（cyan），M 代表品红色（magenta），Y 代表黄色（yellow），K 代表黑色（black）。CMYK 颜色模式主要用于印刷领域。

二、CorelDRAW 2021 工作界面

双击桌面上的 CorelDRAW 2021 图标，或者依次单击“开始”→“所有应用”→“CorelDRAW Graphics Suite 2021（64-Bit）”→“CorelDRAW 2021（64-Bit）”命令，即可启动 CorelDRAW 2021 软件，其启动界面如图 1-1-2 所示。

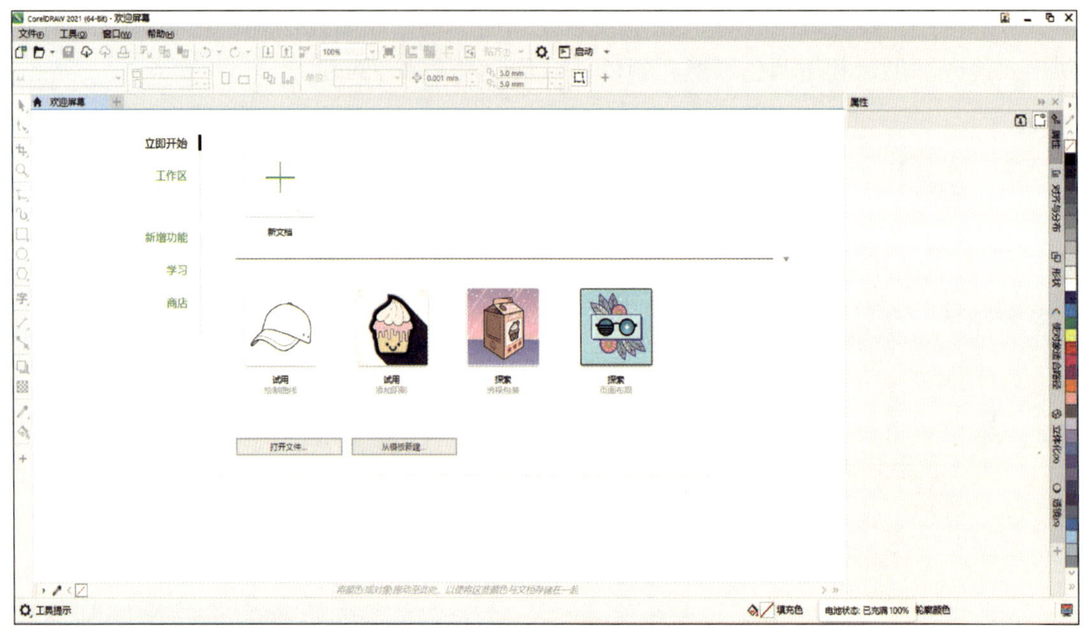

图 1-1-2　CorelDRAW 2021 启动界面

在启动界面中，单击“新文档”选项或选择“文件”菜单中的“新建”命令，系统将弹出“创建新文档”对话框，点击该对话框中的“OK”按钮后，系统自动创建名为“未命名 -1”的 CorelDRAW 2021 文档，进入如图 1-1-3 所示的工作界面。在启动界面中，也可以打开最近使用过的文件或已有文件。

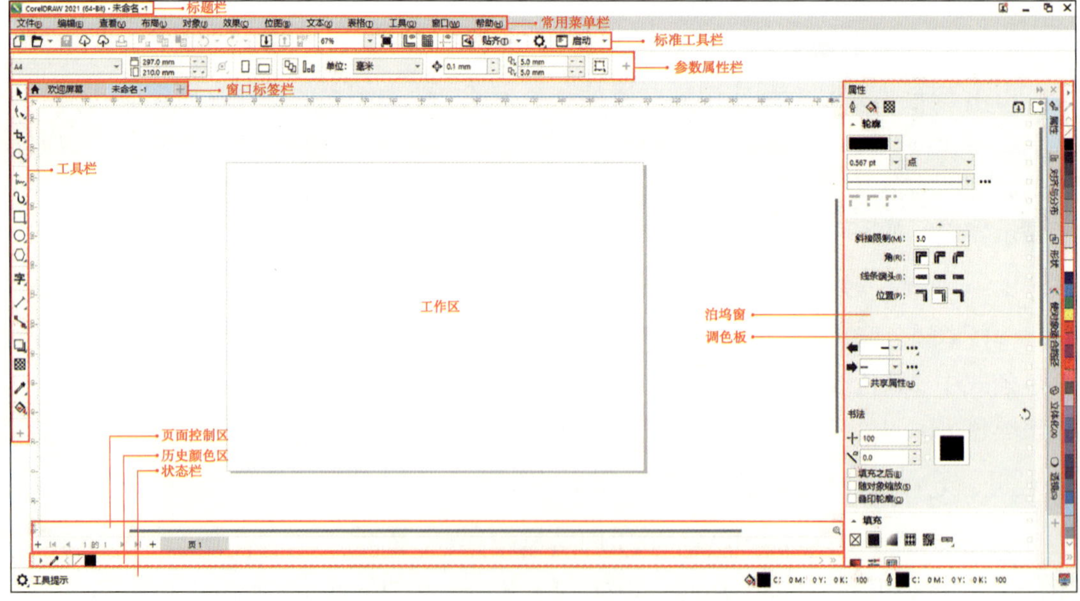

图 1-1-3　CorelDRAW 2021 工作界面

工作界面中的各项功能如下。

1. 标题栏：位于工作界面的顶部，其左侧显示当前文档的名称，右侧是窗口的控制按钮，包括最小化、最大化和关闭按钮。

2. 常用菜单栏：位于标题栏的下方，包含“文件”“编辑”“查看”“布局”“对象”“效果”“位图”“文本”“表格”“工具”“窗口”和“帮助”菜单，选择菜单中的命令会打开相应的对话框或直接执行命令。

3. 标准工具栏：位于常用菜单栏的下方，包含软件常用的基本工具图标，方便直接单击使用。

4. 参数属性栏：位于标准工具栏的下方，用于显示和设置文档、所选工具或对象的参数。参数属性栏中的选项会根据所选工具或对象的不同而改变。

5. 工具栏：位于工作界面的左侧，包含常用的绘图和编辑工具，用于与绘制和编辑图形相关的操作。在工具栏对应工具图标上按住鼠标左键即可打开隐藏的工具组，单击相应的图标可以选择所需工具。

6. 工作区：位于工作界面的中央，是显示、编辑和绘制对象的区域。

7. 泊坞窗：位于工作界面的右侧，集成了软件中各类管理和编辑的命令。执行“窗口”→“泊坞窗”命令，可根据所需功能选择相应的泊坞窗。

8. 调色板：位于工作界面的右侧，显示各种颜色块，用于对象的快速填色和轮廓颜色的设置。

9. 页面控制区：位于工作区的下方，用于操作视图和页面，可以执行页面切换和视图移动等操作。

10. 历史颜色区：位于页面控制区的下方，通过历史颜色区中的吸管工具可将任意颜色添加至调色板中，单个文档中曾经使用过的颜色也会被记录在历史颜色区中。

11. 状态栏：位于工作界面的底部，显示当前鼠标指针所在位置、工具提示、对象细节和文档颜色设置等信息。

三、常用概念

在 CorelDRAW 2021 中，经常会出现对象、图形、曲线和轮廓等概念，为正确区分并应用以上概念，下面对其作简要的介绍。

1. 对象

所有独立存在的图形和图像都是对象。

2. 几何图形

使用矩形工具、椭圆形工具和多边形工具等绘制的图形称为几何图形。

3. 线条图形

使用手绘工具、钢笔工具、贝塞尔工具和艺术笔工具等绘制的图形称为线条图形。

4. 轮廓

所有图形的边线统称为轮廓，轮廓也可以转换为对象再次进行编辑。

四、文件的保存与导出

1. 保存

执行“文件”→“保存”命令，在弹出的“保存绘图”对话框中选择默认的保存类型“*.cdr”，然后单击“保存”按钮即可保存文件。“*.cdr”格式是 CorelDRAW 的源文件格式，在该格式中可对保存的图像再次进行编辑和修改。

2. 导出

执行“文件”→“导出”命令，在弹出的“导出”对话框中选择需要的保存类型，然后单击“导出”按钮，导出文件。导出的文件可在其他应用软件中使用。

五、椭圆形绘制工具

1. 椭圆形工具

椭圆形工具用于绘制椭圆形、正圆形、弧形与饼形等图形。长按工具栏中的“椭圆形工具”按钮，从弹出的工具组中选择“椭圆形”工具，如图 1–1–4 所示，然后在工作区中按住鼠标左键进行拖动即可绘制出椭圆形。

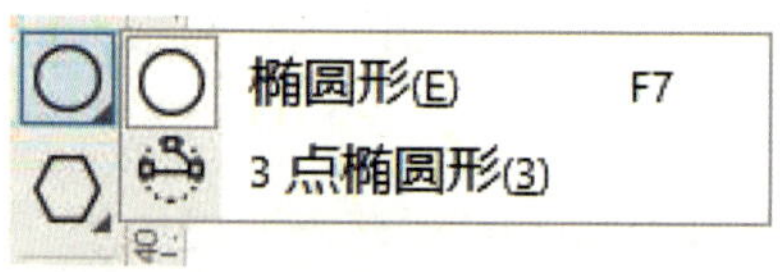

图 1–1–4 “椭圆形”工具

提示

绘制椭圆形时，在按住鼠标左键的同时按住 Ctrl 键可绘制正圆形；按住 Shift 键可从中心向外绘制椭圆形；按住 Ctrl+Shift 组合键，可从中心向外绘制正圆形。后面要讲的矩形工具、多边形工具等的操作也与此类似。

椭圆形工具的参数属性栏如图 1–1–5 所示。

参数属性栏中的各项功能如下。

（1）对象位置：用于精确定位对象。

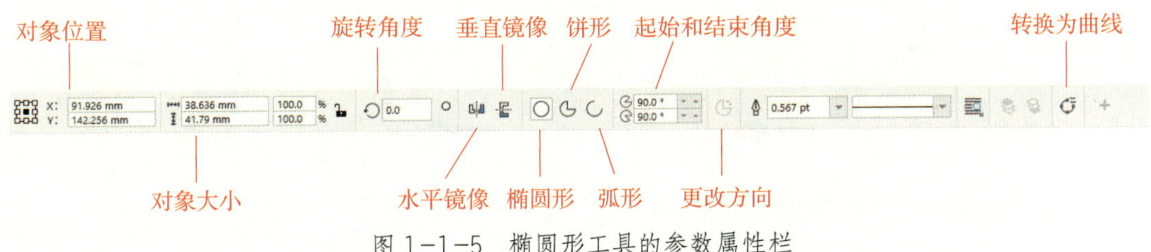

图 1-1-5　椭圆形工具的参数属性栏

（2）对象大小：用于设置对象的大小。

（3）旋转角度：用于旋转对象。在输入框中输入数值，即可将对象按数值指定的度数旋转。

（4）水平镜像：用于水平翻转对象。选中对象后，单击“水平镜像”按钮即可水平翻转对象。

（5）垂直镜像：用于垂直翻转对象。选中对象后，单击“垂直镜像”按钮即可垂直翻转对象。

（6）椭圆形、饼形、弧形：用于绘制椭圆形、饼形和弧形。在工具栏中选择“椭圆形工具”，然后在参数属性栏中单击“饼形”或“弧形”按钮，即可在工作区中绘制饼形图或弧形图，如图 1–1–6 所示。

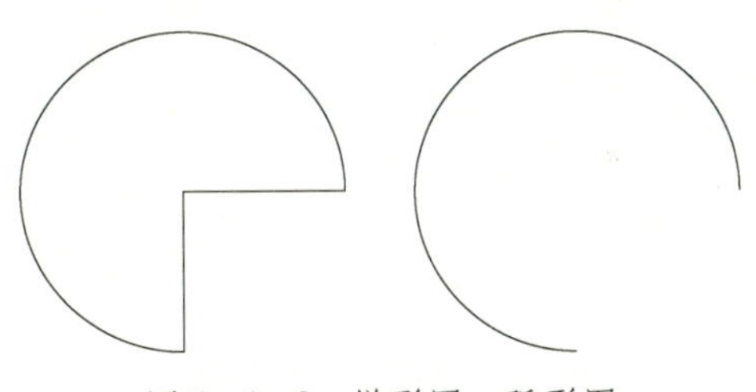
图 1-1-6　饼形图、弧形图

（7）起始和结束角度：用于设置饼形或弧形的形状。

（8）更改方向：用于在组成一个完整椭圆形的两个弧形或饼形之间切换。

（9）转换为曲线：用于将选中的椭圆形转换为曲线。点击“转换为曲线”按钮，然后在工具栏中选择“形状工具”，即可对曲线进行节点和曲线的变换操作。

2. 3 点椭圆形工具

3 点椭圆形工具用于绘制任意方向的椭圆形，它是椭圆形工具的补充，能更加方便地绘制出需要的椭圆。长按工具栏中的“椭圆形工具”按钮，从弹出的工具组中选择“3 点椭圆形”工具，在工作区的合适位置按住鼠标左键并拖动，释放鼠标左键，以确定椭圆圆心和一个半轴，再移动鼠标并单击，即可确定椭圆的另一个半轴，如图 1–1–7 所示。

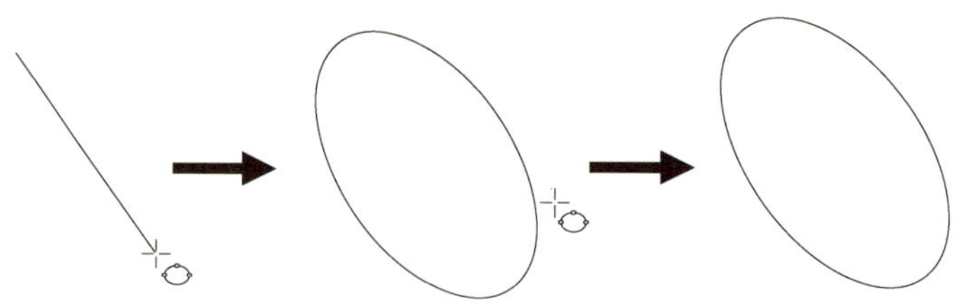

图 1-1-7　3 点椭圆形的绘制

六、选择对象

长按工具栏中的“选择工具”按钮，从弹出的工具组中选择“挑选”工具，在工作区用鼠标单击要选择的对象，该对象周围会显示黑色的方形控制点，表示对象已被选中，如图 1-1-8a 所示。

也可在待选择对象的左上角按住鼠标左键并向对象的右下角拖动，拉出一个虚线框，包围所要选择的对象，释放鼠标，该对象即被选中，如图 1-1-8b 所示。选中对象后，在对象上按住鼠标左键拖动，可以移动对象。

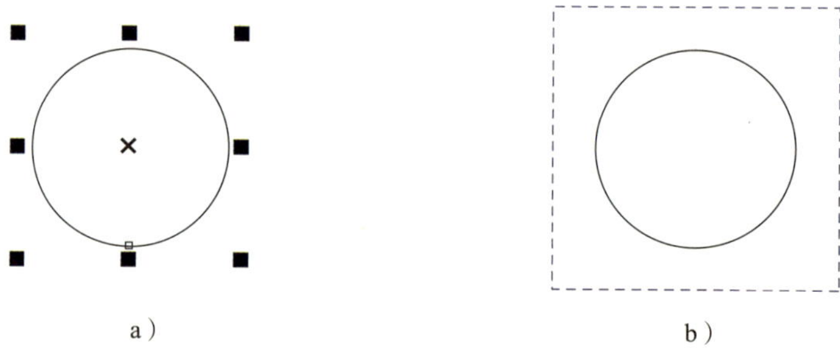

a）　　b）

图 1-1-8　选择对象
a）单击选中对象　b）框选选中对象

提示

对象的选择还有其他方法，一是使用挑选工具，在按住 Shift 键的同时依次单击要选择的对象，可以同时选择多个不相连的对象；二是使用手绘选择工具，按住鼠标左键在工作区绘制一个不规则的范围，此范围内的对象会被全部选中。

使用挑选工具选中对象后，会出现缩放手柄和拉伸手柄，将鼠标指针移动到对象四角的缩放手柄上，按住鼠标左键拖动，可等比例缩放对象，如图 1-1-9a 所示；将鼠标指针移动到对象四边的拉伸手柄上，按住鼠标左键拖动，可拉伸对象，如图 1-1-9b 所示。拉伸会改变对象的比例，使对象变形。

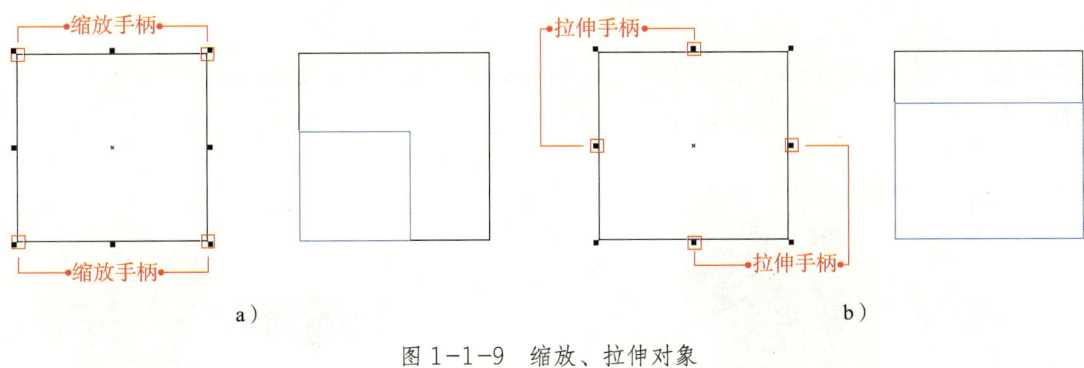

图 1-1-9 缩放、拉伸对象
a）缩放 b）拉伸

使用挑选工具双击对象后，会出现倾斜手柄和旋转手柄，将鼠标指针移动到对象四边的倾斜手柄上，按住鼠标左键拖动，可倾斜对象，如图 1-1-10a 所示。将鼠标指针移动到对象四角的旋转手柄上，按住鼠标左键拖动，可旋转对象，如图 1-1-10b 所示。用鼠标单击并拖动图形中间的圆形图标，可以调整旋转的中心点。

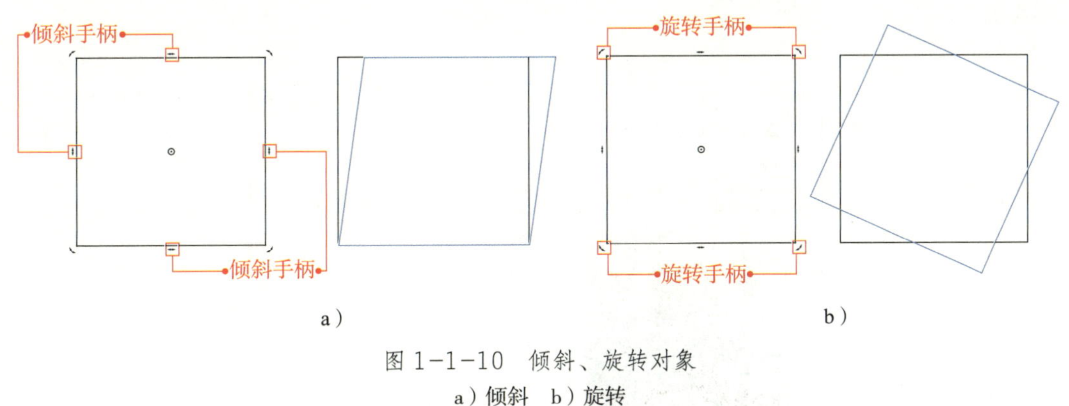

图 1-1-10 倾斜、旋转对象
a）倾斜 b）旋转

七、填充颜色

使用挑选工具选中要填充的对象，用鼠标左键单击调色板中的颜色块可为对象填充颜色，用鼠标右键单击调色板中的颜色块可为对象添加轮廓色。使用鼠标左键或右键单击调色板上方的☐，可分别取消所选对象的填充色或轮廓色。

提示

要想通过单击鼠标右键设置轮廓色，必须首先执行“工具”→“选项”→“自定义”命令，在“调色板”选项卡中勾选“设置轮廓颜色”选项。

此外，在所选的颜色上长按鼠标左键，可弹出与该颜色相近的 48 种颜色，在弹出的调色板中单击鼠标左键或右键即可分别为对象选择填充色或轮廓色，如图 1–1–11 所示。

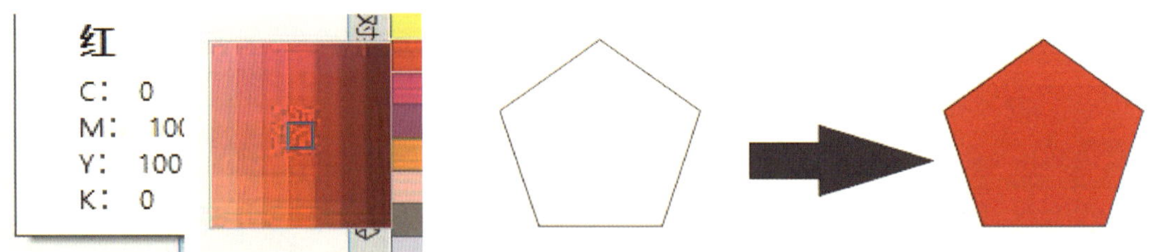

图 1–1–11　使用调色板中的颜色填充对象

调色板中的颜色块只用于单色填充，如需进行其他效果的填充可使用工具栏中的“交互式填充工具”按钮，并在参数属性栏中单击“编辑填充”按钮或者双击“填充色”图标，打开“编辑填充”对话框，勾选“颜色查看器”，以进行自定义颜色填充，如图 1–1–12 所示。

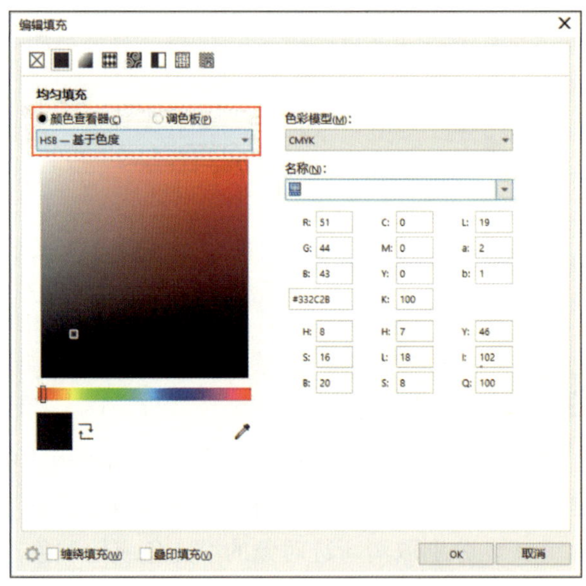

图 1–1–12　“编辑填充”对话框

八、设置轮廓宽度

选中图形对象后，在参数属性栏中单击“轮廓宽度”选项的下拉按钮，弹出如图 1–1–13a 所示的轮廓宽度列表框，从中为图形对象的轮廓宽度选择合适的数值。

如需更多轮廓的相关设置，应单击工具栏中的“轮廓笔”按钮，并在弹出的列表框中再次单击“轮廓笔”工具，随即在弹出的“轮廓笔”对话框中设置轮廓宽度、风格和线条端头等，如图 1–1–13b 所示。

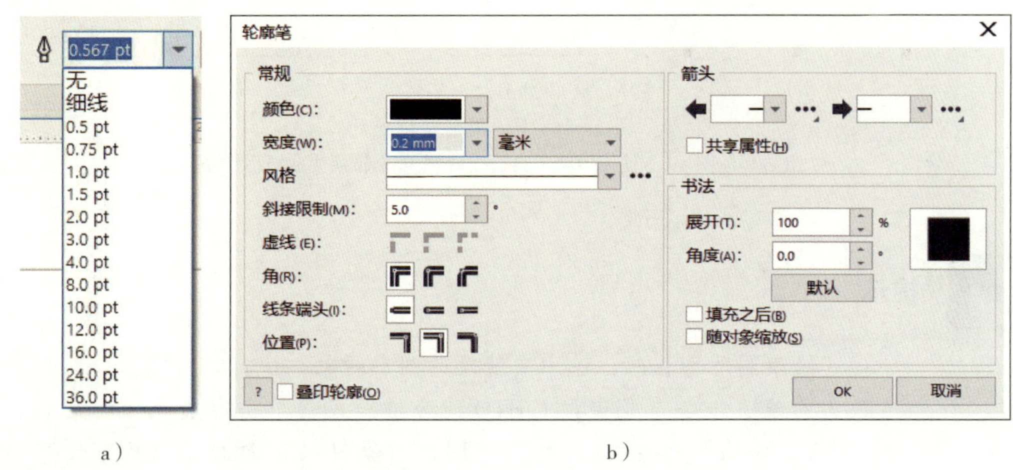

图 1–1–13　设置轮廓宽度

a）轮廓宽度列表框　b）“轮廓笔”对话框

九、将对象转换为曲线

使用椭圆形工具绘制的图形在一般情况下只能改变大小，不能改变形状，这一局限性给设计工作带来了约束。为解决这一问题，CorelDRAW 2021 中专门设计了“转换为曲线”命令，以将图形转换为曲线，使用户可以通过形状工具调整其形状，从而绘制出满意的图形，如图 1–1–14 所示。

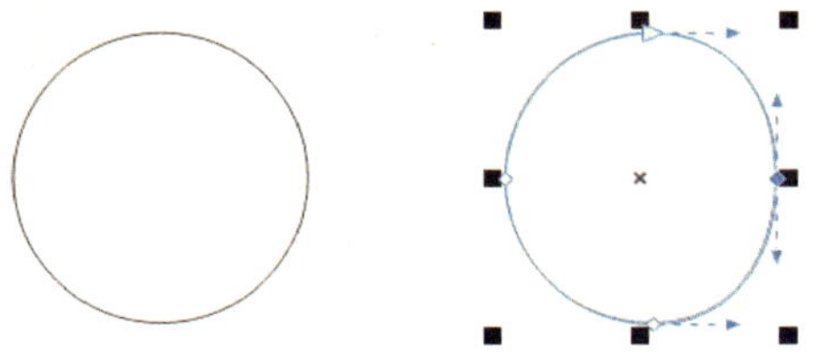

图 1–1–14　改变图形形状

若仅使用形状工具拖动五边形（见图 1–1–15a）边上的节点，可将五边形调整成五角星形，此时，图形的所有边都会随着被拖动节点的移动而移动，如图 1–1–15b 所示。如果执行“对象”→“转换为曲线”命令，五边形将转换为曲线，这时拖动五边形边上的节点，只会影响到节点两侧的线条，如图 1–1–15c 所示。

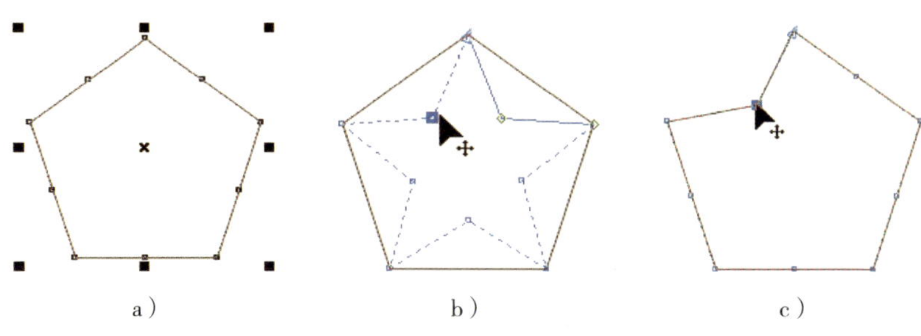

图 1-1-15　调整图形
a）五边形原图　b）使用形状工具直接调整　c）转换为曲线后调整

提示

修改图形形状时，选中要修改的图形对象，执行“对象”→“转换为曲线”命令，或者按 Ctrl+Q 组合键，或者单击参数属性栏中的“转换为曲线”按钮，均可将图形对象转换为曲线，然后可使用形状工具对其进行调整。

十、组合与取消组合对象

使用“组合”命令可以将多个对象组合在一起，作为一个整体统一应用编辑命令或特殊效果，从而方便地控制多个对象。

1. 组合

选中需要组合的多个对象，执行“对象”→“组合”→“组合”命令，即可组合对象。也可使用 Ctrl+G 组合键或者单击参数属性栏中的“组合对象”按钮来组合对象，如图 1-1-16 所示。

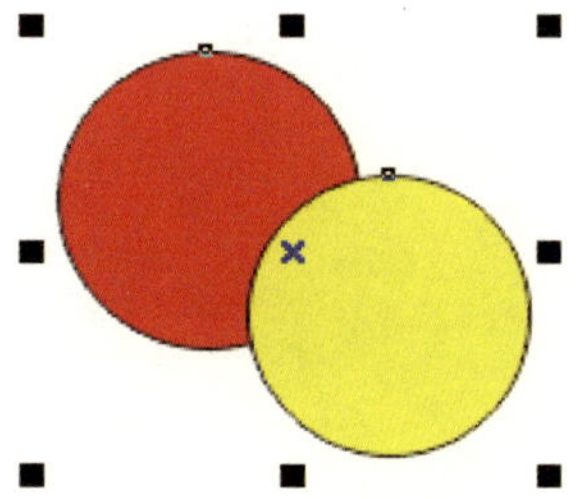

图 1-1-16　组合对象

2. 取消组合

选中已组合对象，执行“对象”→“组合”→“取消群组”命令，即可取消对象的组合状态。也可使用 Ctrl+U 组合键或者单击参数属性栏中的“取消组合对象”按钮来取消对象的组合状态。

若要取消多层组合对象中的所有组合状态，可执行“对象”→“组合”→“全部取消组合”命令，或单击参数属性栏中的“取消组合所有对象”按钮。

十一、调整对象的顺序

在 CorelDRAW 2021 中，对象的排列顺序是由绘制的先后顺序决定的，先绘制的对象被放置在最下面，即最底层；最后绘制的对象被放置在最上面，即最顶层。对象排列的前后顺序不同，所产生的视觉效果也不同。

在绘制好对象后，执行“对象”→“顺序”命令，在弹出的子菜单中选择相应的命令，即可调整对象的顺序，如图 1-1-17 所示。

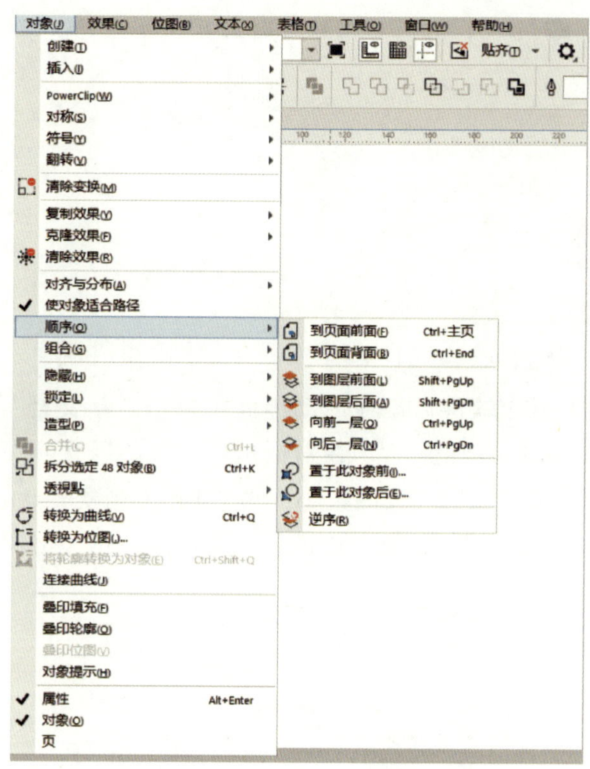

图 1-1-17　“顺序”子菜单中的命令

“顺序”子菜单中各命令的作用如下。

到页面前面：将所选对象调整到当前页面的最前面。

到页面背面；将所选对象调整到当前页面的最后面。

到图层前面：将所选对象调整到当前图层的最前面。

到图层后面：将所选对象调整到当前图层的最后面。

向前一层：将所选对象前调一层。

向后一层：将所选对象后调一层。

置于此对象前：将所选对象调整到目标对象的前一层。

置于此对象后：将所选对象调整到目标对象的后一层。

逆序：选中需要颠倒顺序的多个对象，执行该命令，对象将按与原顺序相反的顺序排列。

提示

执行“置于此对象前”或“置于此对象后”命令后，鼠标指针将变成➡形状，此时单击目标对象，即可实现准确的对象之间的顺序调整。

操作演示

1. 新建 CorelDRAW 2021 文档

启动 CorelDRAW 2021 软件后，在启动界面中单击“新文档”选项，打开“创建新文档”对话框，如图 1-1-18 所示。在对话框的“名称”选项中输入“小熊头像”，设置“原色模式”为“CMYK”，“页面大小”为“A4”（宽度 210 mm，高度 297 mm），“方向”为“纵向”，“分辨率”为“300 dpi”，然后单击“OK”按钮。

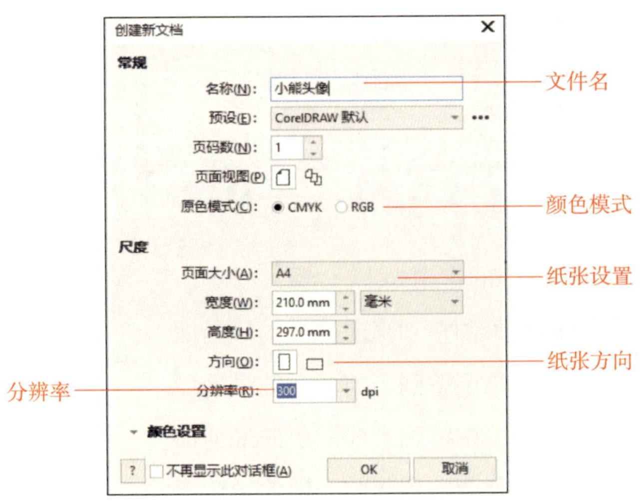

图 1-1-18 “创建新文档”对话框

2. 绘制小熊头部

单击工具栏中的“椭圆形工具”按钮，将鼠标指针移至工作区，按下鼠标左键拖动至适当位置后松开，绘制一个椭圆形。单击调色板中的“橘红”颜色块（C：0，M：60，Y：100，K：0），如图 1-1-19a 所示。使用鼠标右键单击调色板上方的☐按钮，取消轮廓色，效果如图 1-1-19b 所示。

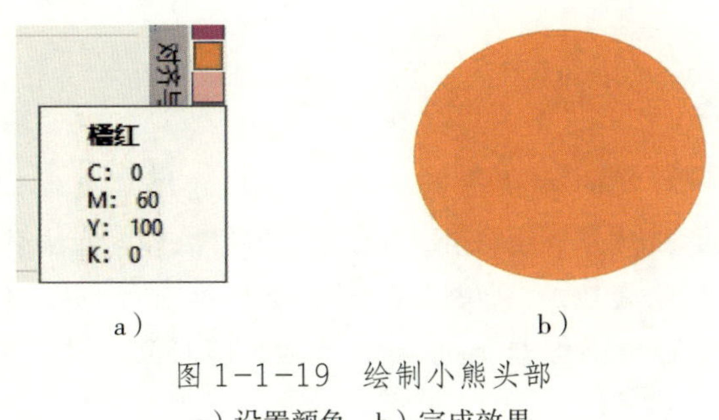

a）　　　　b）

图 1-1-19　绘制小熊头部

a）设置颜色　b）完成效果

3. 调整小熊头部

选中椭圆形，执行“对象”→“转换为曲线”命令，将椭圆形转换为曲线。使用形状工具调整椭圆形的外轮廓，如图 1-1-20a 所示。使用鼠标右键单击调色板中的“黑”颜色块（C：0，M：0，Y：0，K：100），添加轮廓色，设置轮廓宽度为 12 pt，效果如图 1-1-20b 所示。

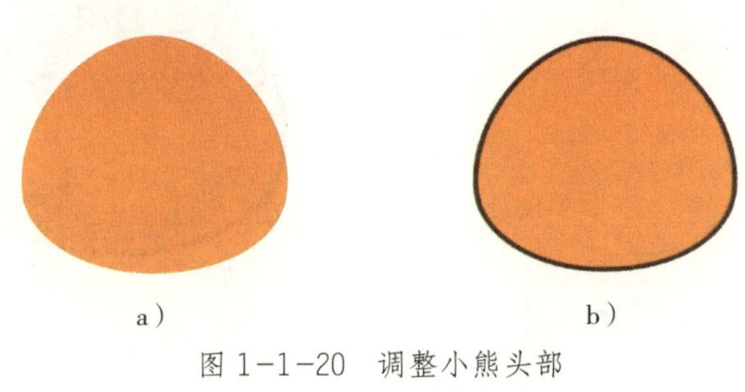

a）　　　　b）

图 1-1-20　调整小熊头部

a）调整形状　b）设置轮廓样式

4. 绘制小熊眼睛

使用椭圆形工具绘制一个椭圆形，使用形状工具并用鼠标指针单击椭圆形的节点进行拖动，将椭圆形调整成弧形，设置轮廓宽度为 12 pt，如图 1-1-21a 所示。复制对象，单击参数属性栏中的“水平镜像”按钮，水平翻转对象，并将其放置在适当位置，效果如图 1-1-21b 所示。

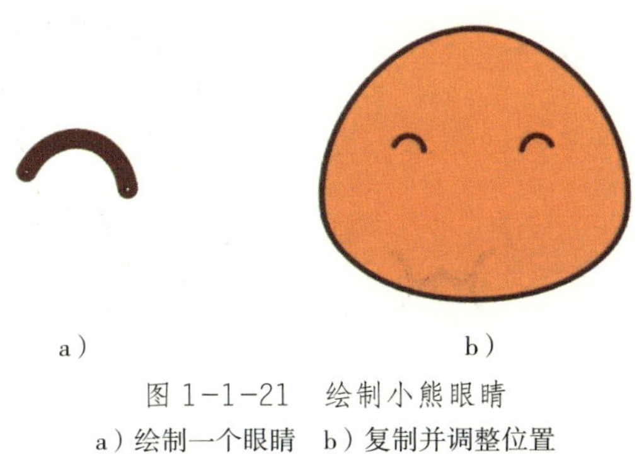

a）　　　　b）

图 1-1-21　绘制小熊眼睛

a）绘制一个眼睛　b）复制并调整位置

提示

复制对象的方法分为三种，一是选择要复制的对象，按 Ctrl+C 组合键复制对象，按 Ctrl+V 组合键粘贴；二是按住鼠标左键拖动对象至适当位置后，不松开鼠标左键并单击鼠标右键复制对象；三是选中对象后按小键盘上的 + 键直接复制对象。

5. 绘制小熊嘴巴

（1）使用椭圆形工具绘制三个椭圆形，将它们全部选中，并单击参数属性栏中的“焊接”按钮将其合并成一个图形，如图 1–1–22a 所示。将该图形填充为白色，取消轮廓色，放置在适当位置，效果如图 1–1–22b 所示。

a） b）

图 1–1–22 绘制小熊嘴巴底色

a）绘制嘴巴 b）调整位置

（2）使用椭圆形工具绘制两个椭圆形，使用形状工具将它们调整成两个弧形。单击工具栏中的“轮廓笔”工具，在弹出的“轮廓笔”对话框中，设置“宽度”为“12 pt”，“线条端头”为“圆形端头”。使用挑选工具同时选中两个弧形对象，按 Ctrl+G 组合键进行组合，如图 1–1–23a 所示。复制并水平镜像该组合对象，如图 1–1–23b 所示。将镜像与原对象组合并放置在适当位置，效果如图 1–1–23c 所示。

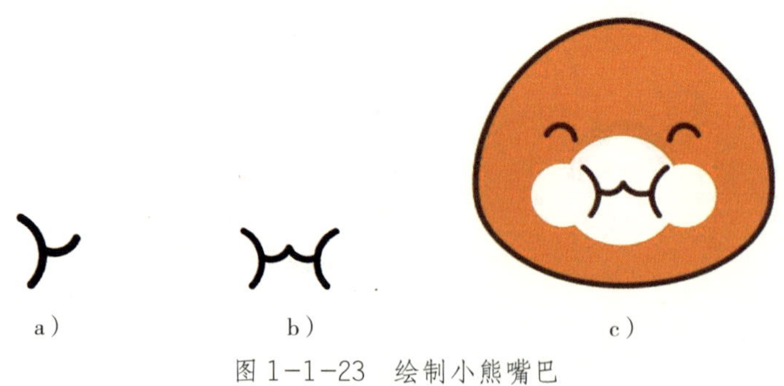

a） b） c）

图 1–1–23 绘制小熊嘴巴

a）绘制嘴巴左侧 b）绘制嘴巴右侧 c）调整位置

（3）使用椭圆形工具绘制三个椭圆形，将它们全部选中并使用“焊接”命令合并成一个图形，如图 1–1–24a 所示。将该图形填充为中黄色（C：0，M：30，Y：90，K：0），取消轮廓色，放置在适当位置，效果如图 1–1–24b 所示。

a） b）

图 1–1–24 绘制小熊嘴巴装饰

a）绘制装饰 b）调整位置

6. 绘制小熊鼻子

使用椭圆形工具绘制一个椭圆形，填充为黑色，取消轮廓色，如图 1–1–25a 所示。再在其中绘制一个椭圆形，填充为白色，取消轮廓色，如图 1–1–25b 所示。组合以上对象，放置在适当位置，效果如图 1–1–25c 所示。

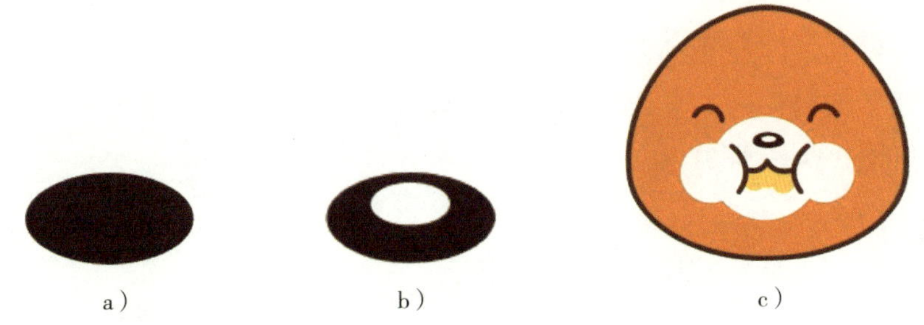

a） b） c）

图 1–1–25 绘制小熊鼻子

a）绘制黑色椭圆 b）绘制白色椭圆 c）调整位置

7. 绘制小熊耳朵

（1）使用椭圆形工具绘制一个正圆形，填充为橘红色，轮廓色为黑色，设置轮廓宽度为 12 pt，如图 1–1–26a 所示。

（2）选中正圆形，在按住 Shift 键等比例中心缩放的同时单击鼠标右键进行复制，将复制出的对象填充为中黄色，如图 1–1–26b 所示。同时选中两个对象，按 Ctrl+G 组合键组合对象。

（3）复制小熊耳朵，执行“对象”→“顺序”→“到图层后面”命令，将小熊耳朵移动到小熊头部的后面，调整对象的位置，效果如图 1–1–27 所示。

a）　　　　b）

图 1-1-26　绘制小熊耳朵

a）绘制大正圆形　b）绘制小正圆形

图 1-1-27　调整小熊耳朵

8. 组合全部对象

选择全部对象，按 Ctrl+G 组合键组合对象，完成小熊头像的制作。

9. 保存并导出文件

（1）执行“文件”→“保存”命令，在“保存绘图”对话框中使用默认文件名“小熊头像”，设置文件类型为“.cdr”，单击“保存”按钮。

（2）执行“文件”→“导出”命令，将绘制的 CDR 文件导出为“.jpg”格式，导出的效果图如图 1-1-1 所示。

任务 2　制作室内装饰画

1. 掌握矩形绘制工具的使用方法。
2. 掌握贝塞尔工具的使用方法。
3. 掌握对象的造型方法。
4. 能够旋转、复制与再制对象。

本任务是一个几何图形绘制实例，主要利用矩形工具、椭圆形工具和贝塞尔工具来制作室内装饰画（见图 1–2–1）。要完成本任务，除了须掌握几何图形绘制、颜色填充及对象造型的方法外，还要了解装饰画的布局结构和颜色的搭配等知识，以使绘制出的装饰画美观大方。

图 1-2-1　室内装饰画效果图

一、矩形绘制工具

1. 矩形工具

矩形工具用于绘制任意比例的矩形和正方形，还可以用于制作具有圆角、扇形角或倒棱角的矩形。单击工具栏中的“矩形工具”按钮，在工作区中合适的位置按住鼠标左键并拖动，然后释放鼠标左键，即可以起点和终点为角点绘制矩形，如图 1–2–2 所示。

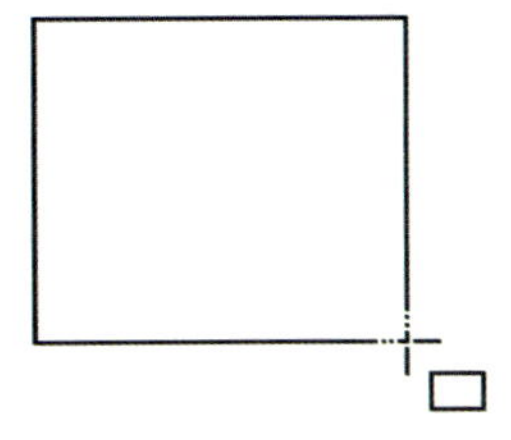

图 1-2-2　绘制矩形

要制作具有圆角、扇形角或倒棱角的矩形，可选中已绘制的矩形，在参数属性栏中单击“圆角”按钮、“扇形角”按钮或“倒棱角”按钮，然后在“圆角半径”输入框中设置数值并按 Enter 键确认，即可得到具有圆角、扇形角或倒棱角的矩形，如图 1-2-3 所示。

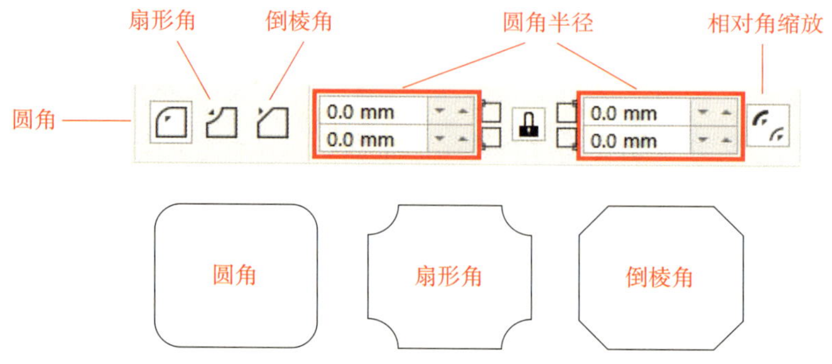

图 1-2-3　制作具有圆角、扇形角和倒棱角的矩形

提示

双击工具栏中的“矩形工具”按钮，可以自动生成一个与页面同样大小的矩形。

在缩放带有角效果的矩形时，若选中参数属性栏中的“相对角缩放”按钮，圆角半径将随矩形尺寸的改变而变长或变短；若不选中该按钮，则圆角半径不变。

2. 3 点矩形工具

3 点矩形工具用于绘制任意比例和方向的矩形。单击工具栏中的“3 点矩形工具”按钮，在选定位置按住鼠标左键并拖动，释放鼠标左键，确定矩形的一条边，移动鼠标并再次单击，确定矩形的另一条边，即可绘制出矩形，如图 1-2-4 所示。

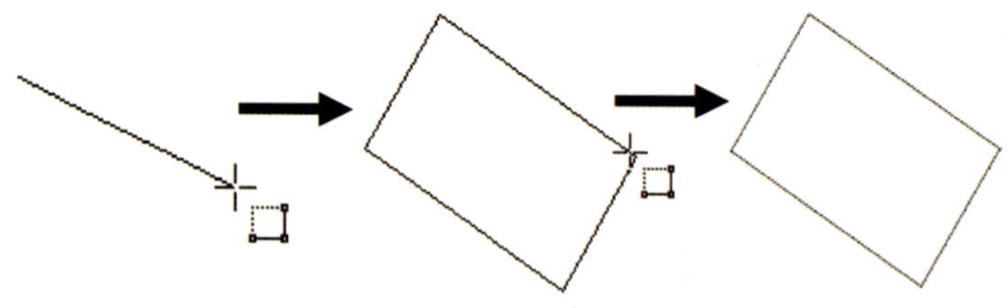

图 1-2-4　3 点矩形的绘制

二、贝塞尔工具

贝塞尔工具用于绘制精确的直线和对称、流畅的曲线。单击工具栏中的“贝塞尔

工具”按钮，在工作区中单击鼠标左键创建第一个节点，然后移动鼠标指针到其他位置并单击，可绘制一条直线段（按住鼠标左键拖动可绘制一条曲线段），继续单击（或按住鼠标左键拖动）可绘制出多个节点，如图 1–2–5 所示。

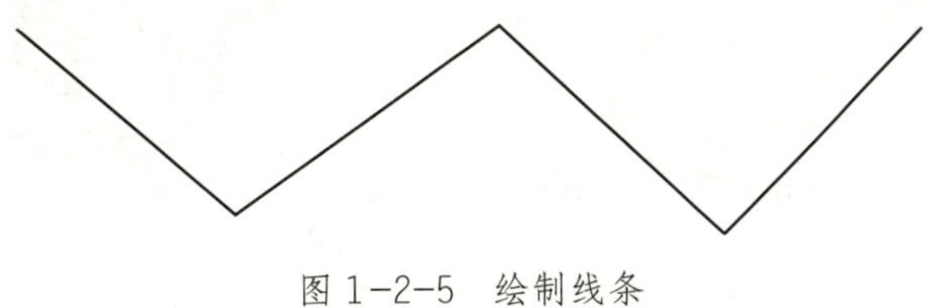

图 1–2–5　绘制线条

提示

绘制完曲线后，双击鼠标或按空格键，即可结束绘制。

三、造型功能

CorelDRAW 2021 具有强大的造型功能，用户利用“造型”命令组中的命令可以制作出各式各样的图形形状。

选择需要处理的对象，执行“对象”→“造型”命令，从弹出的子菜单中选择所需命令，即可完成相应的造型操作，如图 1–2–6 所示。也可以在参数属性栏中进行快捷造型操作，如图 1–2–7 所示。

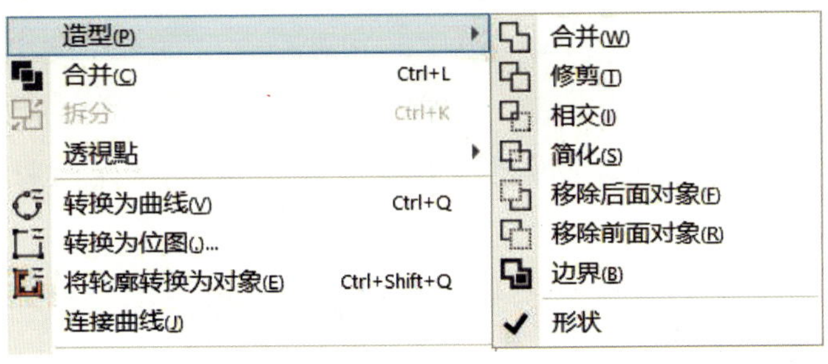

图 1–2–6　“造型”子菜单

图 1–2–7　造型功能的参数属性栏

1. 合并

“合并”命令将被选择的多个图形合并为一个整体，相当于多个图形相加后的图形形态，如图 1–2–8 所示。

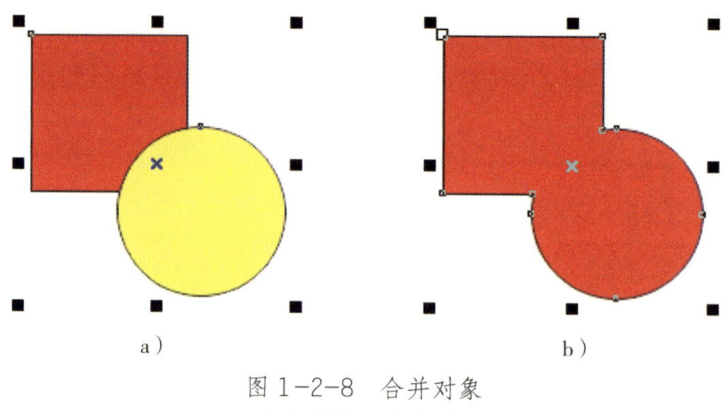

a）　　　　b）

图 1-2-8　合并对象
a）合并前　b）合并后

2. 修剪

“修剪”命令将被选择的多个图形进行修剪运算，生成多个图形相减后的图形形态，如图 1-2-9 所示。

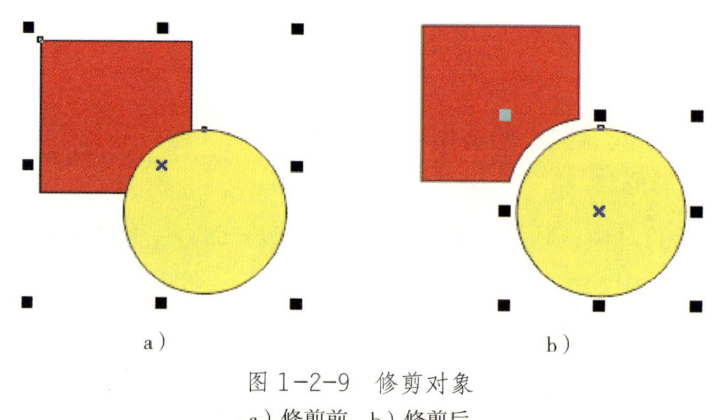

a）　　　　b）

图 1-2-9　修剪对象
a）修剪前　b）修剪后

3. 相交

“相交”命令按被选择的多个图形中重叠的部分生成新的图形形状，如图 1-2-10 所示。

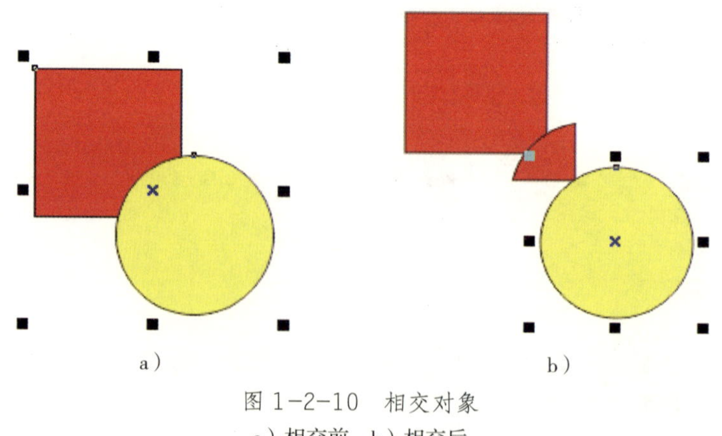

a）　　　　b）

图 1-2-10　相交对象
a）相交前　b）相交后

提示

利用“合并”“修剪”和“相交”命令对被选择的图形进行造型处理时，最终生成图形的属性与选择图形的方式有关。当按住Shift键依次单击来选择图形时，新生成图形的属性将与最后被选择图形的属性相同；当使用框选方式选择图形时，新生成图形的属性将与最下面图形的属性相同。

4．简化

“简化”命令的功能与“修剪”命令的功能相似，但此命令将同时作用于多个重叠的图形，如图1–2–11所示。

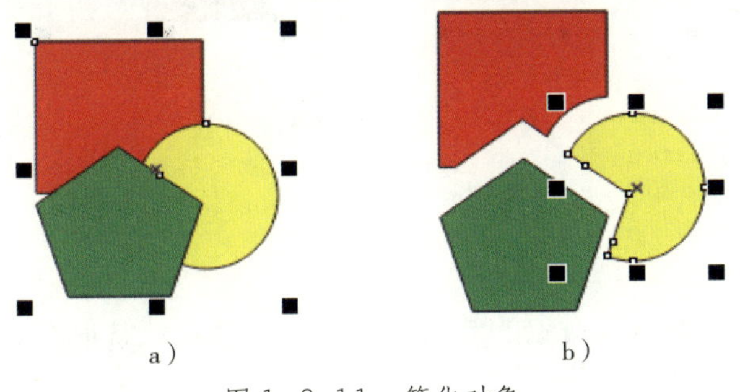

a）　　b）

图1-2-11　简化对象
a）简化前　b）简化后

提示

“修剪”与“简化”的区别为“修剪”是用所有上层对象修剪最下层对象；“简化”是用第一层对象修剪其下所有层对象，再用第二层对象修剪其下所有层对象，以此类推。

5．移除后面对象

用“移除后面对象”命令可以移除后面的图形以及前、后图形重叠的部分，只保留前面图形剩下的部分。新图形的属性与前面图形的属性相同，如图1–2–12所示。

6．移除前面对象

用“移除前面对象”命令可以移除前面的图形以及前、后图形重叠的部分，只保留后面图形剩下的部分。新图形的属性与后面图形的属性相同，如图1–2–13所示。

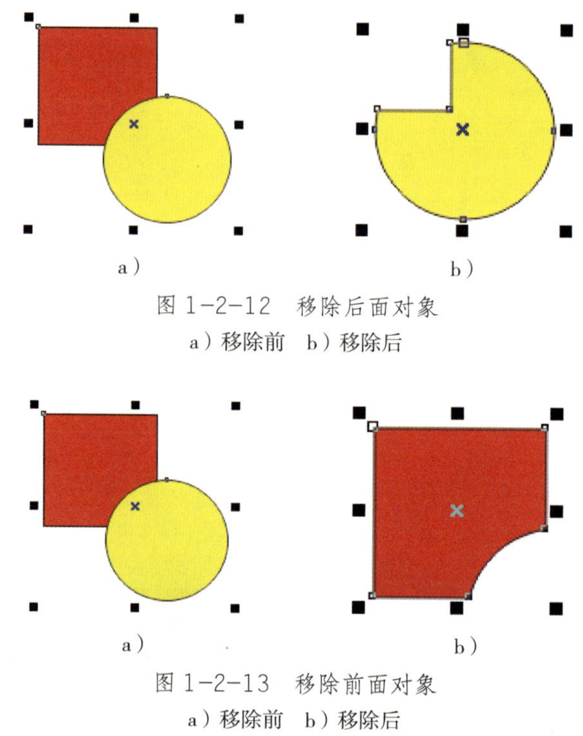

a）　　b）

图 1-2-12　移除后面对象

a）移除前　b）移除后

a）　　b）

图 1-2-13　移除前面对象

a）移除前　b）移除后

7. 边界

“边界”命令将根据所选对象的外轮廓创建一个新曲线，原对象保留，如图 1-2-14 所示。

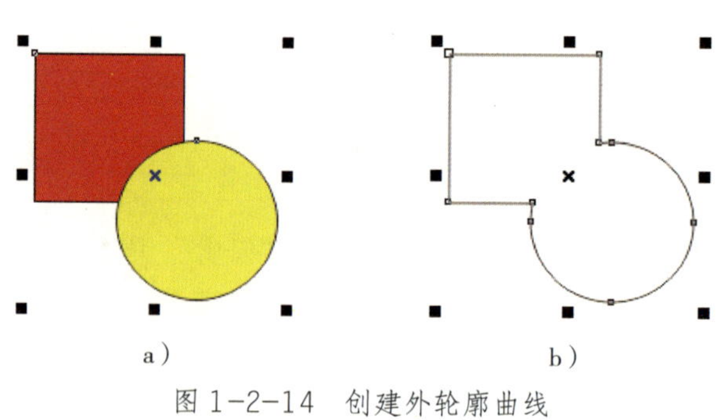

a）　　b）

图 1-2-14　创建外轮廓曲线

a）创建前　b）创建后

除上述方法外，还可以使用“形状”泊坞窗进行以上各项操作，执行“对象”→“造型”→“形状”命令，可以打开“形状”泊坞窗，如图 1-2-15 所示。

“形状”泊坞窗中的选项与以上各项操作一一对应，只是在利用泊坞窗执行“焊接”“修剪”和“相交”命令时，多了“保留原始源对象”和“保留原目标对象”两个复选框，设置这两个选项，可以在执行命令时保留原始源对象或原目标对象。

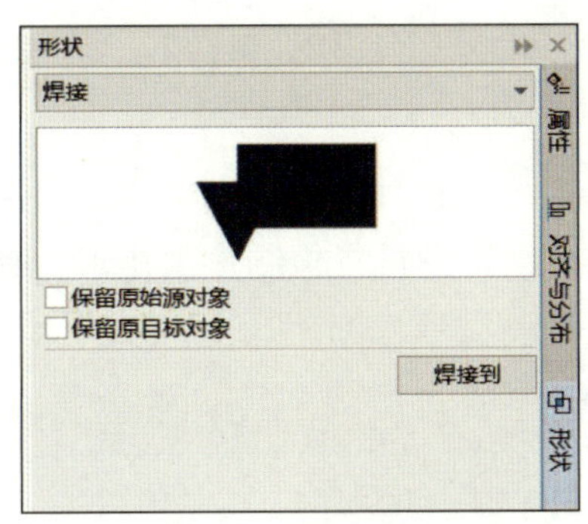

图 1-2-15 “形状”泊坞窗

打开“形状”泊坞窗，选中圆形对象，选中的对象是原始源对象，未选中的是原目标对象。在“形状”泊坞窗中选择“焊接”选项，单击“焊接到”按钮，然后单击原目标对象完成焊接，如图 1-2-16 所示。如果勾选“保留原始源对象”，可以在焊接后保留原始源对象；如果勾选“保留原目标对象”，可以在焊接后保留原目标对象。

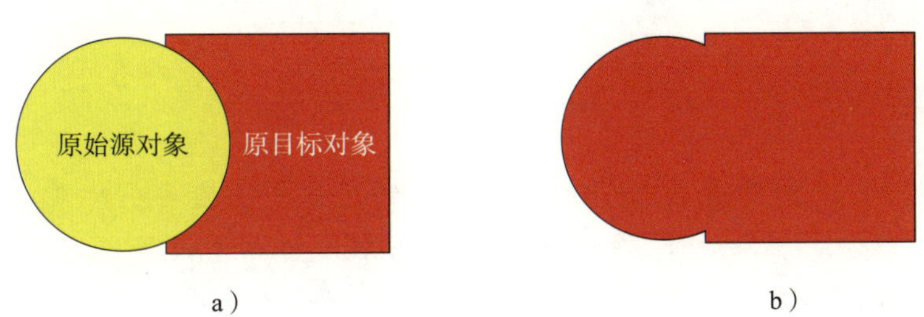

图 1-2-16 焊接对象
a）焊接前　b）焊接后

操作演示

1. 新建 CorelDRAW 2021 文档

启动 CorelDRAW 2021 软件后，在启动界面中单击“新文档”选项，打开“创建新文档”对话框，在对话框的“名称”选项中输入“室内装饰画”，设置“原色模式”为“CMYK”，“页面大小”为“A4”，“方向”为“横向”，“分辨率”为“300 dpi”，然后单击“OK”按钮。

2. 绘制背景

（1）双击工具栏中的矩形工具绘制一个与页面相同大小的矩形，将其填充为浅灰色（C：11，M：8，Y：14，K：0），取消轮廓色。再绘制一个宽度为 10 mm、高度为 210 mm 的矩形，填充为蓝灰色（C：12，M：2，Y：11，K：0），取消轮廓色，如图 1–2–17a 所示。

（2）选中绘制的蓝灰色矩形，按住 Ctrl 键将其向右平行拖动到合适位置，并单击鼠标右键进行复制。按 Ctrl+D 组合键重复再制多个矩形，如图 1–2–17b 所示。

a）　　　　　　b）

图 1–2–17　绘制背景

a）绘制两个矩形　b）再制矩形

提示

再制对象是指将对象按一定的规律复制为多个对象。再制对象的方法分为两种，一是在默认的参数属性栏中设置“绘图单位”，然后在“再制距离”输入框 5.0 mm 5.0 mm 中输入精确的数值，选中需要再制的对象，按 Ctrl+D 组合键进行再制；二是选中对象，按住 Ctrl 键将其平行拖动，并单击鼠标右键进行复制，然后按 Ctrl+D 组合键进行再制。

选中对象，拖动对象四角的缩放手柄缩小图形，并单击鼠标右键进行复制，然后按 Ctrl+D 组合键可缩小再制对象。选中对象，拖动对象四边的拉伸手柄拉伸图形，并单击鼠标右键进行复制，然后按 Ctrl+D 组合键可拉伸再制对象。双击对象，拖动对象四角的旋转手柄旋转图形，并单击鼠标右键进行复制，然后按 Ctrl+D 组合键可旋转再制对象。双击对象，拖动对象四边的倾斜手柄倾斜图形，并单击鼠标右键进行复制，然后按 Ctrl+D 组合键可倾斜再制对象。

3. 绘制地板

使用矩形工具绘制一个宽度为 297 mm、高度为 50 mm 的矩形，填充为深灰色（C：67，M：60，Y：67，K：13），取消轮廓色，如图 1–2–18 所示。

图 1-2-18　绘制地板

4. 绘制桌子

使用矩形工具绘制四个大小不等的矩形，填充为橙色（C：0，M：44，Y：76，K：0），取消轮廓色，如图 1-2-19a 所示。使用同样的方法绘制出另外四个矩形，其中，两个较大的矩形填充为浅橙色（C：4，M：34，Y：64，K：0），两个较小的矩形填充为橙色（C：0，M：55，Y：94，K：0），并全部取消轮廓色。组合以上对象，效果如图 1-2-19b 所示。

a）　　　　b）

图 1-2-19　绘制桌子

a）绘制四个矩形　b）绘制另外四个矩形

5. 绘制电视

（1）使用矩形工具绘制三个大小不等的矩形，填充为灰色（C：71，M：54，Y：47，K：1），取消轮廓色，如图 1-2-20a 所示。选中上方最大的矩形，按住 Shift 键将其等比例中心缩小，并单击鼠标右键进行复制，将新复制的矩形填充为深灰色（C：86，M：71，Y：60，K：25），取消轮廓色，效果如图 1-2-20b 所示。

（2）使用矩形工具绘制三个大小不等的矩形，填充为灰色（C：71，M：54，Y：47，K：1），取消轮廓色，并旋转至合适位置，如图 1-2-21a 所示。选中绘制的三个矩形，单击参数属性栏中的“转换为曲线”按钮，将矩形转换为曲线，使用形状工具调整矩形的外轮廓。组合以上对象，效果如图 1-2-21b 所示。

a）　　b）

图 1-2-20　绘制电视外形
a）绘制电视轮廓　b）绘制屏幕

a）　　b）

图 1-2-21　绘制电视高光
a）绘制矩形　b）调整矩形

提示

旋转对象的方法分为三种，一是双击需要旋转的对象，出现旋转手柄，按住鼠标左键拖动旋转手柄，即可进行旋转，拖动对象中心的圆形图标，可以调整旋转中点；二是选中对象后，在参数属性栏的“旋转角度”输入框中输入对应数值并按 Enter 键进行旋转；三是选中对象，执行“窗口”→“泊坞窗”→“变换”命令，打开“变换”泊坞窗，选择“旋转”选项卡，设置“角度”的数值，勾选“相对中心”选项，然后单击“应用”按钮，即可完成对象的精确旋转。

6. 绘制盆栽

（1）使用矩形工具绘制一个矩形，填充为浅橙色（C：4，M：34，Y：64，K：0），取消轮廓色，将矩形转换为曲线，使用形状工具调整矩形的外轮廓，效果如图 1-2-22a

所示。

（2）使用贝塞尔工具绘制两条直线，如图 1–2–22b 所示。选中两条直线，选择“形状”泊坞窗中的“修剪”选项，单击“修剪”按钮，然后用鼠标左键单击橙色图形，将其分为三部分。用鼠标右键单击橙色图形，执行“拆分曲线”命令，将拆分出的两侧图形分别填充为橙色（C：11，M：44，Y：82，K：0）和浅黄色（C：2，M：26，Y：63，K：0），并全部取消轮廓色，效果如图 1–2–22c 所示。

（3）使用矩形工具绘制一个矩形，填充为橙色（C：11，M：44，Y：82，K：0），取消轮廓色，使用形状工具调整矩形的圆角，效果如图 1–2–22d 所示。

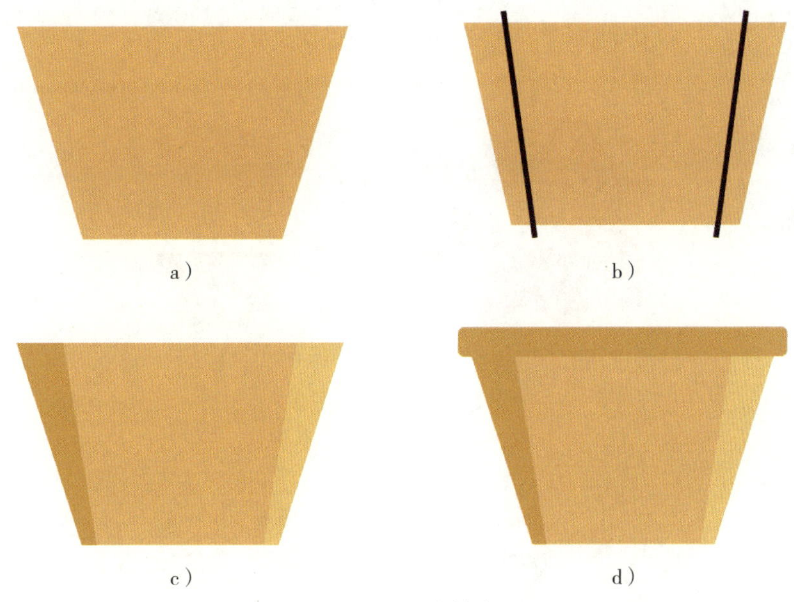

图 1–2–22　绘制花盆

a）绘制花盆盆体　b）绘制两条直线　c）绘制花盆阴影　d）绘制花盆盆沿

（4）使用椭圆形工具绘制一个椭圆形，填充为粉红色（C：0，M：76，Y：53，K：0），取消轮廓色，如图 1–2–23a 所示。选中椭圆形，选择“变换”泊坞窗中的“旋转”选项，设置旋转“角度”为“45.0°”，“副本”为“8”，如图 1–2–23b 所示，单击“应用”按钮，效果如图 1–2–23c 所示。

（5）在绘制好的花瓣中心绘制一个白色正圆形，如图 1–2–24a 所示。使用同样的方法绘制黄色（C：4，M：34，Y：64，K：0）花朵，并复制以上红色和黄色花朵。使用贝塞尔工具绘制出花茎，设置轮廓色为橄榄绿色（C：34，M：24，Y：70，K：0）。将画好的花朵和花茎放置到花盆上方，效果如图 1–2–24b 所示。

（6）选中并复制绘制的盆栽，单击参数属性栏中的“水平镜像”按钮，水平翻转对象，以绘制一个与原盆栽相对称的盆栽，效果如图 1–2–25 所示。

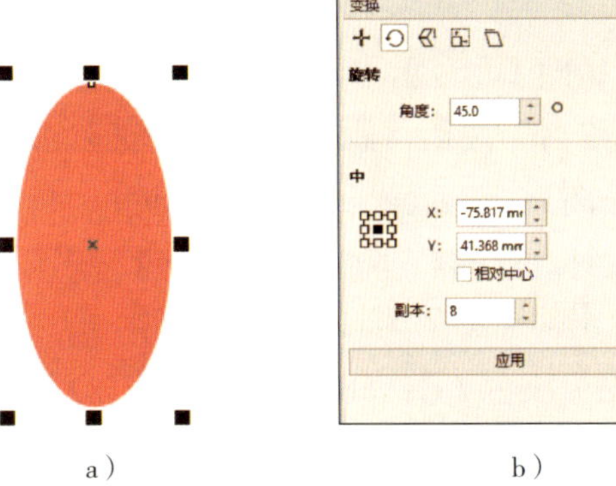

a）　　b）　　c）

图 1-2-23　绘制花瓣

a）绘制椭圆形　b）“变换”泊坞窗　c）应用“旋转”选项

a）　　b）

图 1-2-24　绘制盆栽

a）绘制花朵　b）组装盆栽

图 1-2-25　绘制相对称的盆栽

7. 绘制沙发

（1）使用矩形工具绘制一个矩形，填充为粉橙色（C：4，M：49，Y：52，K：0），取消轮廓色，单击解锁参数属性栏中的“同时编辑所有角”按钮，设置矩形上端左右“圆角半径”为“20 mm”，然后单击参数属性栏中的“转换为曲线”按钮，使用形状工具调整矩形的外轮廓，效果如图 1-2-26a 所示。

（2）使用同样的方法绘制沙发的下半部分和沙发腿，将它们分别填充为浅橙色

（C：2，M：46，Y：51，K：0）和深灰色（C：86，M：71，Y：60，K：25），并全部取消轮廓色，效果如图 1–2–26b 所示。

a）　　　　　　　　b）

图 1–2–26　绘制沙发主体

a）绘制沙发靠背　b）绘制沙发其余部分

（3）使用矩形工具绘制多个矩形条，将它们分别填充为橙粉色（C：10，M：58，Y：53，K：0）、浅黄色（C：0，M：28，Y：47，K：0）和浅粉色（C：9，M：56，Y：53，K：0），并全部取消轮廓色，效果如图 1–2–27a 所示。

（4）选择全部图形，执行"对象"→"造型"→"形状"命令，打开"形状"泊坞窗，选择"相交"选项，勾选"保留原始源对象"，单击"相交对象"按钮，然后单击需要相交的矩形，以去除多余的图形部分，效果如图 1–2–27b 所示。

a）　　　　　　　　b）

图 1–2–27　绘制沙发细节

a）绘制多个矩形条　b）去除多余的图形部分

8. 绘制钟表

（1）使用椭圆形工具绘制一个正圆形，填充为浅粉色（C：0，M：47，Y：50，K：0），取消轮廓色。选中正圆形，按住 Shift 键将其等比例中心缩放，同时单击鼠标右键以复制出三个大小不等的正圆形，将其分别填充为白色和浅黄色（C：0，M：28，Y：47，K：0），并全部取消轮廓色，效果如图 1–2–28a 所示。

（2）使用贝塞尔工具绘制钟表的刻度，设置轮廓色为白色，轮廓宽度为 1 pt。用鼠标左键双击绘制好的刻度，使其处于旋转状态，将旋转中心移至钟表表盘的圆心，选择"变换"泊坞窗中的"旋转"选项，设置旋转"角度"为"90.0°"，"副本"为"4"，单击"应用"按钮，效果如图 1–2–28b 所示。

（3）使用矩形工具绘制钟表指针，设置填充色为白色，取消轮廓色，并使用形状工具调整出圆角。组合以上对象，效果如图 1-2-28c 所示。

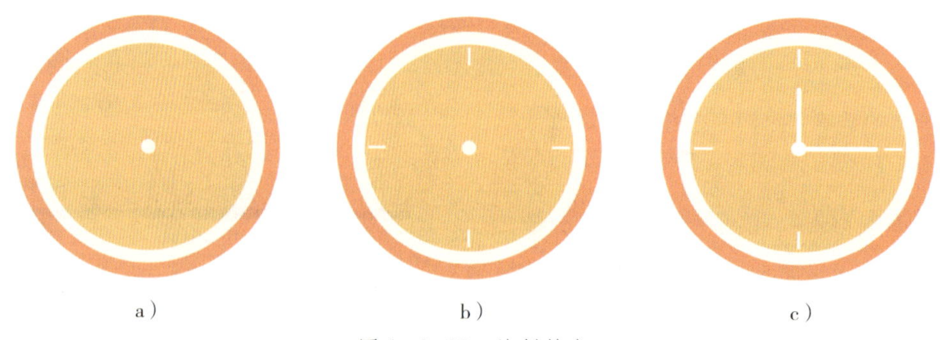
a）　　　　b）　　　　c）

图 1-2-28　绘制钟表
a）绘制表盘　b）绘制刻度　c）绘制指针

提示

在使用贝塞尔工具绘制线条时，按住 Ctrl 键或 Shift 键不放，可以水平或垂直地绘制直线，也可成一定的增量角度（系统默认为 15°）倾斜地绘制直线。

9. 绘制相框

使用矩形工具绘制一个矩形，填充为浅棕色（C：25，M：41，Y：51，K：0），取消轮廓色，将该矩形等比例中心缩放并复制出两个大小不等的矩形，分别填充为白色和青色（C：75，M：7，Y：37，K：0）。复制之前绘制的花朵，更改其颜色并摆放在相框中。组合以上对象，效果如图 1-2-29 所示。

图 1-2-29　绘制相框

10. 绘制阴影

使用椭圆形工具为家具绘制阴影，填充为灰色（C：75，M：70，Y：82，K：46），

取消轮廓色。把绘制好的阴影放置到家具的下面，效果如图 1-2-30 所示。

图 1-2-30　绘制阴影

11. 组合全部对象

选择全部对象，按 Ctrl+G 组合键组合对象，完成室内装饰画的制作。

12. 保存文件

执行“文件”→“保存”命令，保存文件。

任务 3　制作动物日历

1. 掌握多边形绘制工具的使用方法。
2. 掌握图纸工具的使用方法。
3. 掌握几何图形的编辑方法。
4. 能够锁定和解锁对象。
5. 能使用文本工具输入文字。

本任务是一个几何图形绘制实例，主要利用矩形工具、椭圆形工具和图纸工具等来制作动物日历（见图 1–3–1）。要完成本任务，需要学会使用文本工具输入文字，并了解调整对象形状的技巧，以使绘制出的图形流畅自然。

图 1–3–1　动物日历效果图

一、多边形工具

多边形工具用于绘制任意多边形。单击工具栏中的“多边形工具”按钮，在工作区中合适的位置按住鼠标左键并拖动即可绘制多边形，如图 1–3–2 所示。

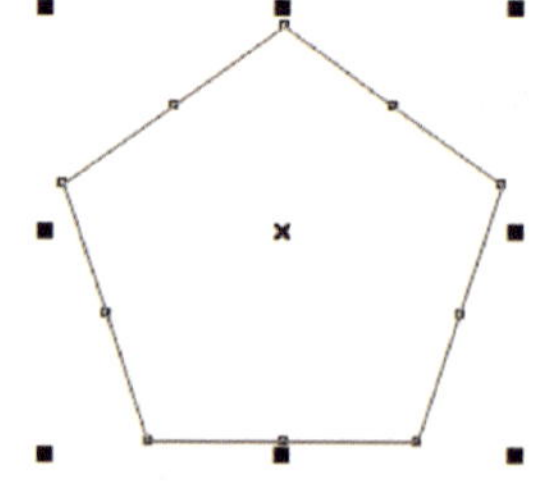

图 1–3–2　绘制多边形

多边形工具的参数属性栏如图 1–3–3 所示。在“点数或边数”输入框中输入数字或直接单击该输入框右侧的微调按钮均可以设置多边形的边数，多边形的边数最小可以设置为“3”，即绘制三角形。设置的边数越大，绘制的多边形形状越接近圆形。

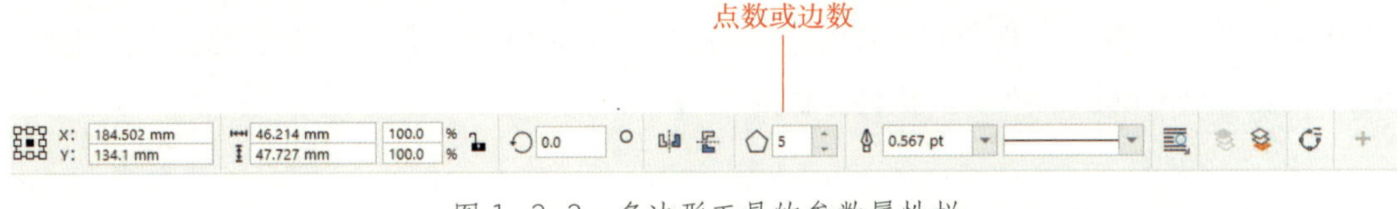

图 1-3-3　多边形工具的参数属性栏

二、星形工具☆

星形工具用于绘制星形。单击工具栏中的“星形工具”按钮，在工作区中合适的位置按住鼠标左键并拖动，即可绘制出星形，如图 1-3-4 所示。

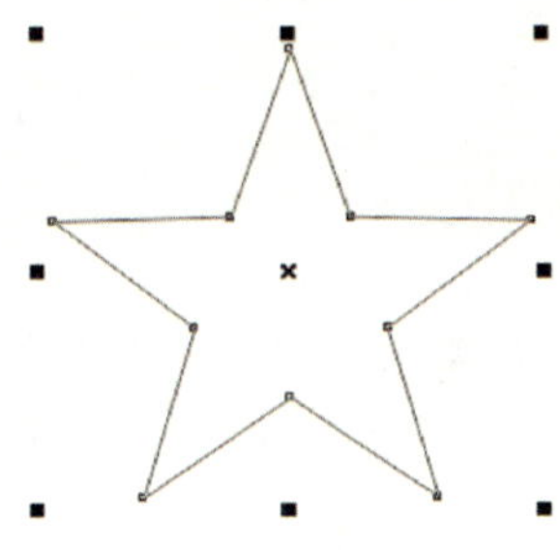
图 1-3-4　绘制五角星形

星形工具的参数属性栏如图 1-3-5 所示。参数属性栏中的“点数或边数”选项可设置星形的边数，“锐度”选项可设置星形的角锐度。在参数属性栏中将上面绘制的五角星形的“锐度”修改为“80”，效果如图 1-3-6 所示。

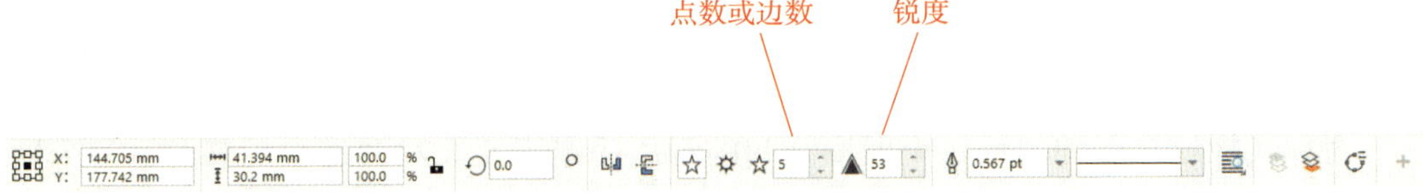

图 1-3-5　星形工具的参数属性栏

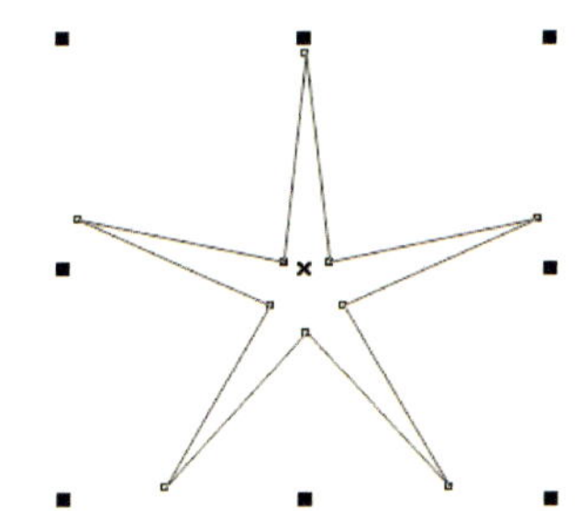
图 1-3-6　锐度为 80 的五角星形

复杂星形工具按钮 用于绘制相对复杂的星形，复杂星形的绘制方法与星形的绘制方法相同，如图 1–3–7 所示，图中绘制的是边数为 8、锐度为 2 的复杂八角星形。使用形状工具选中复杂八角星形的节点，如图 1–3–8 所示，并以逆时针方向拖动鼠标旋转节点，即可调整出风车形状，如图 1–3–9 所示。

图 1-3-7　绘制复杂八角星形

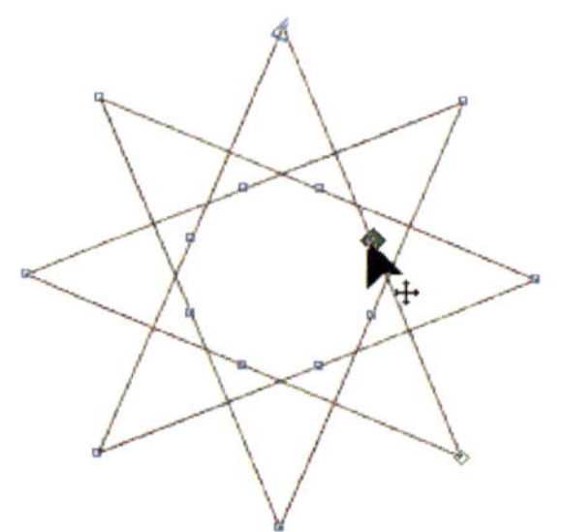
图 1-3-8　选中节点

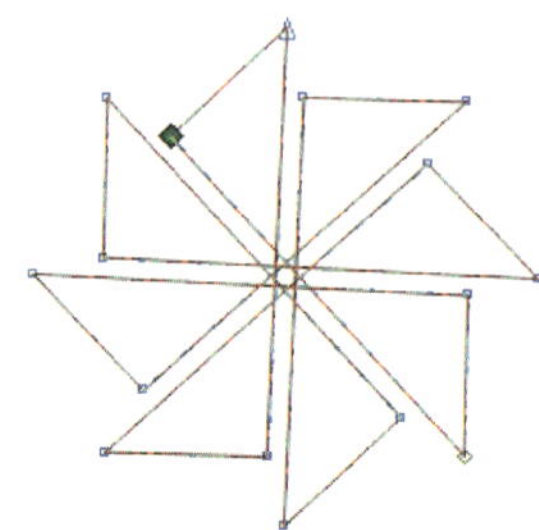
图 1-3-9　旋转节点

三、螺纹工具

螺纹工具用于绘制不同形式的螺纹。单击工具栏中的“螺纹工具”按钮，在工作区中合适的位置按住鼠标左键并拖动，即可绘制对称式螺纹或对数螺纹，如图 1–3–10 所示。

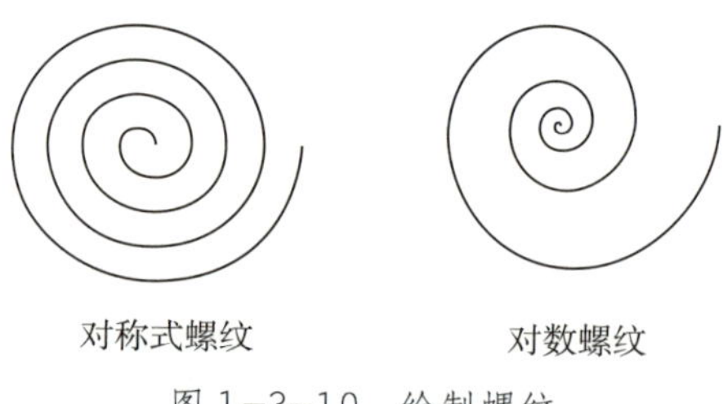

图 1-3-10　绘制螺纹

对称式螺纹扩展均匀，每个回圈之间的距离固定不变。对数螺纹扩展时，每个回圈之间的距离随着螺纹由内向外的走势而增加。

螺纹工具的参数属性栏如图 1–3–11 所示，通过参数属性栏的相应选项可以设置螺纹的类型和螺纹的圈数。

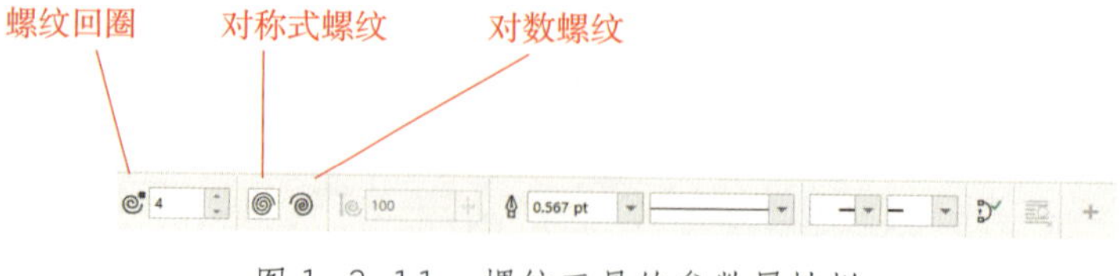

图 1-3-11　螺纹工具的参数属性栏

四、常见的形状工具

常见的形状工具用于绘制常用的基本形状。单击工具栏中的“常见形状工具”按钮，在工作区中合适的位置按住鼠标左键并拖动，即可绘制出相应形状。

常见的形状工具的参数属性栏如图 1–3–12 所示，单击参数属性栏中的“常用形状”按钮，可以选择基本形状、箭头形状、流程图形状、条幅形状和标注形状中的预设形状来进行绘制，如图 1–3–13 所示。

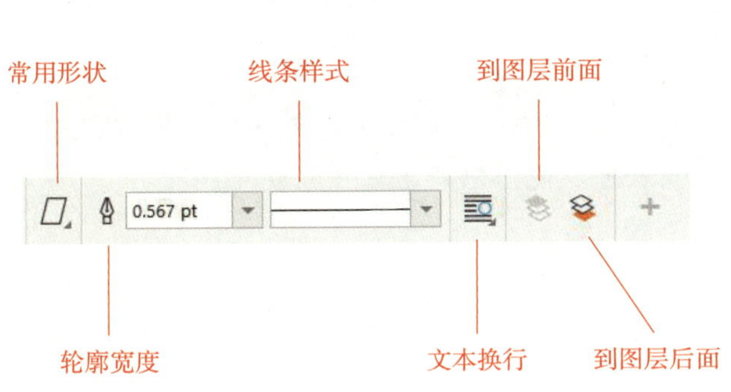

图 1–3–12　常见的形状工具的参数属性栏

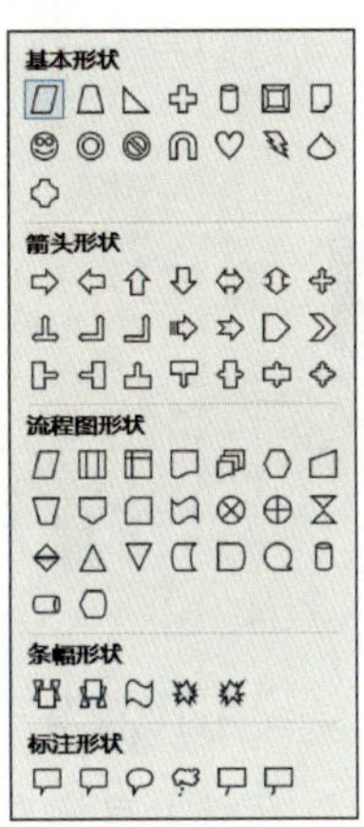

图 1–3–13　常用形状面板

常用形状面板各工具功能如下。

1. 基本形状工具：可以快速地绘制梯形、笑脸、心形和水滴形等多种图形，如图 1–3–14 所示。

图 1–3–14　部分基本形状工具

2. 箭头形状工具：可以快速地绘制各种箭头，如图 1–3–15 所示。

3. 流程图形状工具：可以快速地绘制数据流程图和信息系统的业务流程图等，如图 1–3–16 所示。

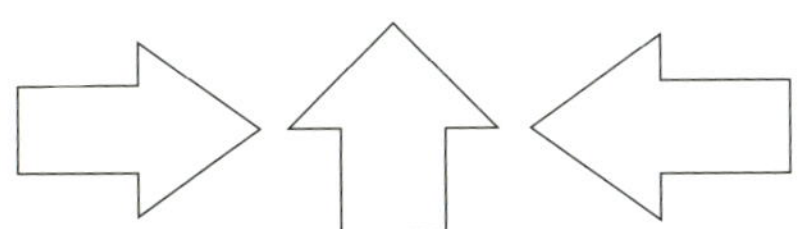

图 1–3–15　部分箭头形状工具

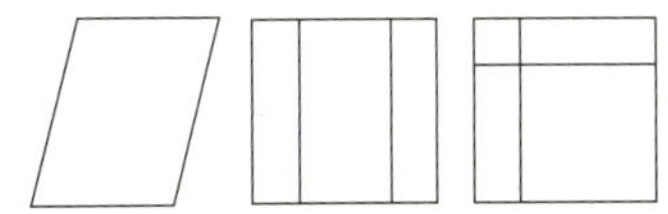

图 1–3–16　部分流程图形状工具

4. 条幅形状工具：可以快速地绘制标题栏、旗帜标语和爆炸效果等，如图 1–3–17 所示。

5. 标注形状工具：可以快速地绘制补充说明对象和对话框，如图 1–3–18 所示。

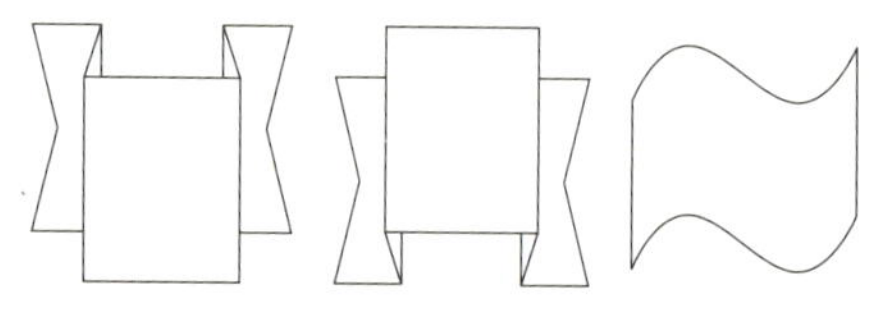

图 1–3–17　部分条幅形状工具

图 1–3–18　部分标注形状工具

提示

用常用形状面板中的工具绘制的图形上一般有一个红色的节点，用鼠标左键选中并拖动节点可以使图形产生更多的变化。

五、冲击效果工具

冲击效果工具用于绘制辐射或平行的聚焦图形。单击工具栏中的“冲击效果工具”按钮，在工作区中合适的位置按住鼠标左键并拖动，即可绘制出相应图形。

冲击效果工具的参数属性栏如图 1–3–19 所示，通过参数属性栏的相应选项可以设置冲击效果的旋转角度、线宽、宽度步长和线条样式等。

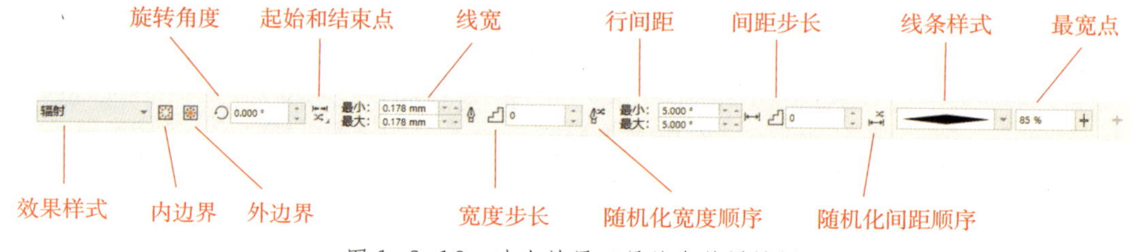

图 1–3–19　冲击效果工具的参数属性栏

冲击效果工具的参数属性栏各项功能如下。

1. 效果样式：可以设置“平行”或者“辐射”样式。

2. 内边界：可以删除冲击效果图形的一部分。单击参数属性栏中的“内边界”按钮，然后单击指定对象，冲击效果图形会被删除一部分，如图 1–3–20 所示。若要恢复被删除的部分，再次单击参数属性栏中的“内边界”按钮即可。

3. 外边界：可以将冲击效果图形约束在一定范围内。单击参数属性栏中的“外边界”按钮，然后单击指定对象，冲击效果图形会被约束在指定范围内，如图 1–3–21 所示。若要恢复被约束的部分，再次单击参数属性栏中的“外边界”按钮即可。

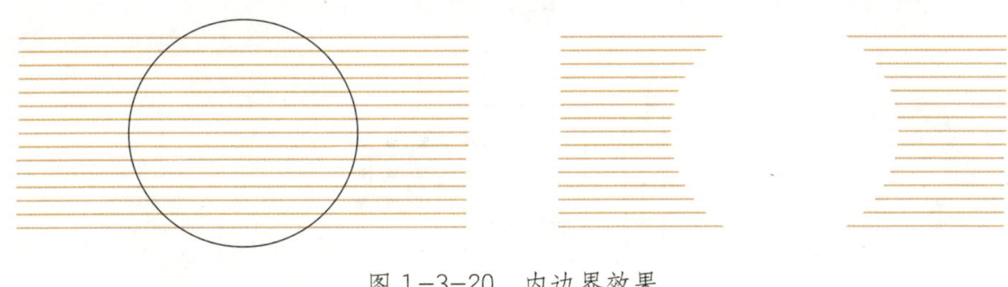

图 1-3-20　内边界效果

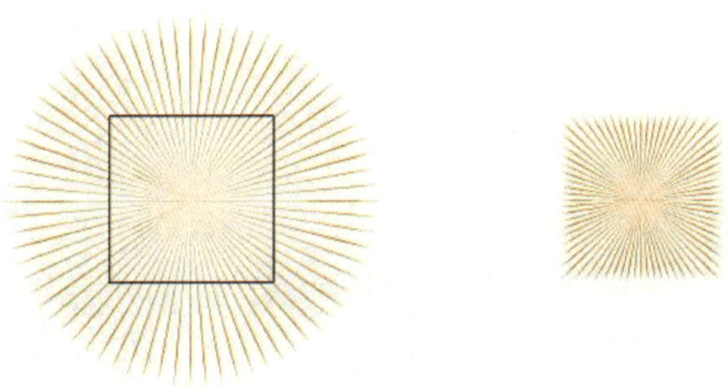

图 1-3-21　外边界效果

六、图纸工具

图纸工具用于绘制网格。单击工具栏中的“图纸工具”按钮，在工作区中合适的位置按住鼠标左键并拖动，可绘制任意行数和列数的网格，如图 1-3-22 所示。

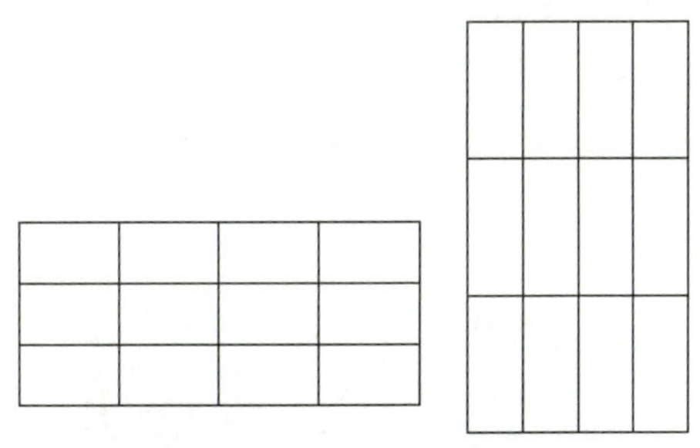

图 1-3-22　绘制网格

图纸工具的参数属性栏如图 1-3-23 所示。参数属性栏中的“列数和行数”选项可设置网格的列数和行数。

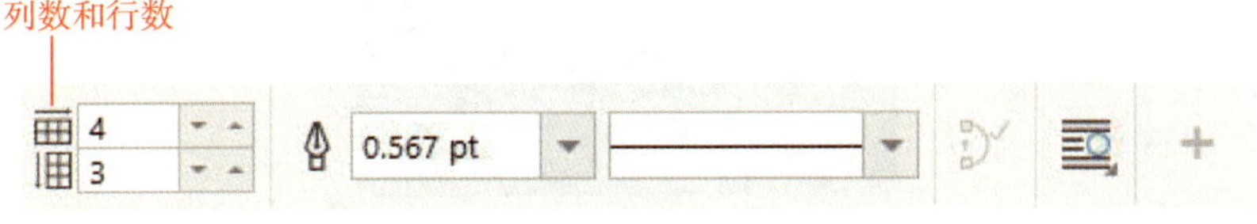

图 1-3-23　图纸工具的参数属性栏

选择绘制的网格，单击参数属性栏中的“取消组合对象”按钮或按 Ctrl+U 组合键，网格将被拆分成多个独立的矩形，如图 1-3-24 所示。

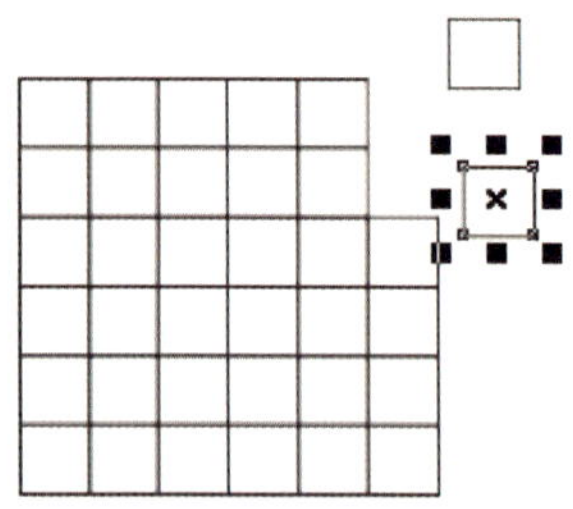

图 1-3-24 拆分网格

1. 新建 CorelDRAW 2021 文档

启动 CorelDRAW 2021 软件后，在启动界面中单击“新文档”选项，打开“创建新文档”对话框，在对话框的“名称”选项中输入“动物日历”，设置“原色模式”为“CMYK”，“页面大小”为“A4”，“方向”为“纵向”，“分辨率”为“300 dpi”，然后单击“OK”按钮。

2. 绘制背景

使用矩形工具绘制一个宽度为 160 mm、高度为 200 mm 的矩形，填充为蓝绿色（C：100，M：57，Y：50，K：4），取消轮廓色；再绘制一个宽度为 80 mm、高度为 200 mm 的矩形，填充为浅绿色（C：98，M：35，Y：54，K：0），取消轮廓色，效果如图 1-3-25 所示。选择所有对象，执行“对象”→“锁定”→“锁定”命令，锁定全部对象。

图 1-3-25 绘制背景

提示

在编辑复杂图形时，有时为了避免已经编辑好的对象受到后续操作的影响，可以对其进行锁定。锁定的对象不能被执行任何操作。要锁定对象，首先要选中对象，然后执行“对象”→“锁定”→“锁定”命令。

执行“对象”→“锁定”→“解锁”命令则可解除对象的锁定，以重新编辑对象。

3. 绘制动物形象

（1）绘制动物身体。使用椭圆形工具绘制两个大小相等的椭圆形，分别填充为橙色（C：16，M：82，Y：96，K：0）和淡黄色（C：0，M：0，Y：11，K：0），并全部取消轮廓色，如图 1–3–26a 所示。执行“对象”→“造型”→“形状”命令，打开“形状”泊坞窗，选择“相交”选项，并勾选“保留原始源对象”，然后选中蓝绿色矩形和橙色椭圆形，单击“相交对象”按钮，用鼠标左键单击橙色椭圆形，以获取橙色相交对象；再选中蓝绿色矩形和淡黄色椭圆形，单击“相交对象”按钮，用鼠标左键单击淡黄色椭圆形，以获取淡黄色相交对象，效果如图 1–3–26b 所示。

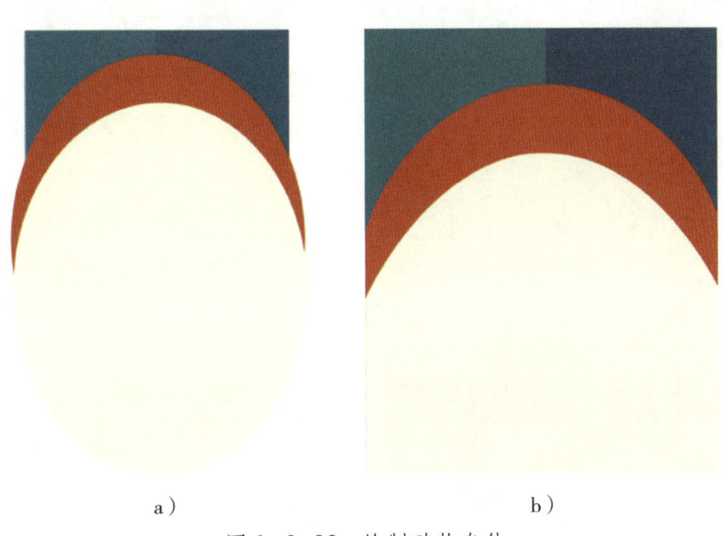

a）　　b）

图 1–3–26　绘制动物身体

a）绘制两个椭圆形　b）获取相交对象

（2）调整动物身体颜色。使用矩形工具绘制一个矩形，填充为浅橙色（C：2，M：73，Y：89，K：0），取消轮廓色，如图 1–3–27a 所示。执行“形状”泊坞窗中的“相交”选项，并勾选“保留原始源对象”，然后选中浅橙色矩形和相交后的橙色椭圆形，单击“相交对象”按钮，用鼠标左键单击浅橙色矩形，以获取浅橙色相交对象。将浅橙色相交对象调整向后一层，效果如图 1–3–27b 所示。

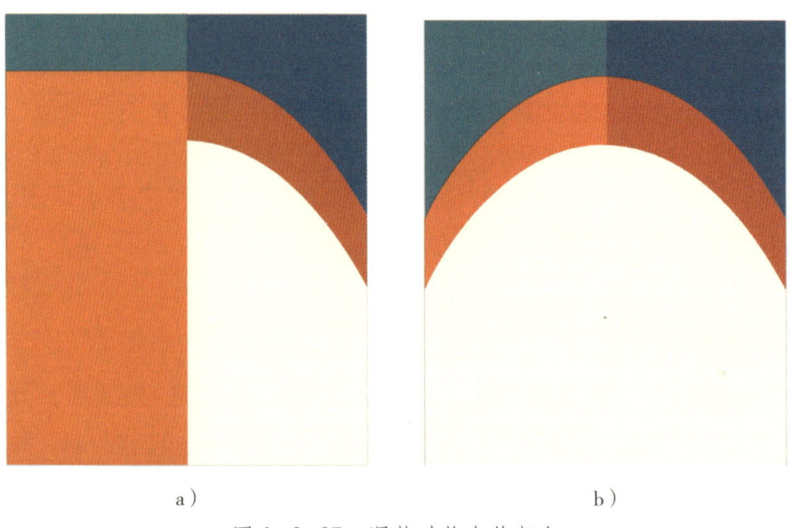

a）　　　　b）

图 1–3–27　调整动物身体颜色

a）绘制矩形　b）获取相交对象并调整

（3）绘制动物耳朵。使用椭圆形工具在动物头部左侧绘制一个正圆形，填充为浅橙色（C：2，M：73，Y：89，K：0），取消轮廓色。选中该正圆形，按住 Shift 键将其等比例中心缩放，同时单击鼠标右键复制出另一个小正圆形，将其填充为淡黄色（C：0，M：0，Y：11，K：0）。复制以上对象以形成右侧耳朵，将右侧耳朵底部的正圆形填充为深橙色（C：45，M：89，Y：100，K：12）。将动物耳朵移动到动物身体的后面，效果如图 1–3–28 所示。

（4）绘制动物眼睛。使用椭圆形工具在动物头部绘制适当大小的正圆形，填充为深棕色（C：73，M：77，Y：90，K：58），取消轮廓色；再绘制一个白色的正圆形，取消轮廓色；选中深棕色和白色正圆形，复制它们，效果如图 1–3–29 所示。

图 1–3–28　绘制动物耳朵

图 1–3–29　绘制动物眼睛

（5）绘制动物鼻子。在动物眼睛的下方绘制正圆形，填充为深棕色（C：73，M：77，Y：90，K：58），取消轮廓色；再绘制一个白色的椭圆形，取消轮廓色，效果如图 1-3-30 所示。

（6）绘制动物嘴巴。在动物鼻子的下方绘制椭圆形，使用形状工具将其调整成弧形，设置轮廓宽度为 12 pt；复制该弧形，单击参数属性栏中的“水平镜像”按钮水平翻转对象，效果如图 1-3-31 所示。

图 1-3-30　绘制动物鼻子

图 1-3-31　绘制动物嘴巴

（7）绘制动物腮红。使用螺纹工具，选择“对称式螺纹”，设置“螺纹回圈”数值为“2”，绘制螺纹，并设置轮廓色为浅粉色（C：0，M：45，Y：30，K：0）；复制对象，调整螺纹位置，效果如图 1-3-32 所示。

图 1-3-32　绘制动物腮红

4. 绘制网格

（1）从工具栏中选择“图纸工具”，在参数属性栏中将列数和行数均设置为“7”，拖动鼠标左键绘制出方形网格，填充为黄色（C：0，M：5，Y：28，K：0），并设置轮廓色为淡黄色（C：0，M：0，Y：11，K：0），轮廓宽度为 2.0 pt，效果如图 1-3-33 所示。

（2）选中网格，单击参数属性栏中的“取消组合对象”按钮，将网格拆分，并删除多余的网格。然后选择第一排的矩形，分别填充为浅橙色（C：2，M：73，Y：89，K：0）和浅绿色（C：98，M：35，Y：54，K：0），效果如图 1-3-34 所示。

图 1-3-33　绘制网格主体

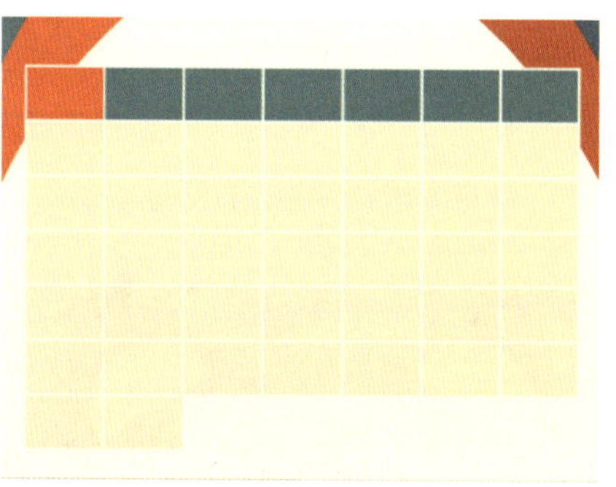
图 1-3-34　调整矩形颜色

5. 输入文字

单击工具栏中的“文本工具” 字，在对应位置输入文字，如图 1-3-35 所示。

图 1-3-35　输入文字

6. 组合全部对象

选择全部对象，按 Ctrl+G 组合键组合对象，完成动物日历的制作。

7. 保存文件

执行“文件”→“保存”命令，保存文件。

项目二
填充矢量图形

一幅优秀的平面设计作品除了良好的结构和轮廓外，还需要颜色的巧妙搭配方可凸显设计师的设计魅力。在 CorelDRAW 2021 中，用户可以为绘制的图形填充纯色、图案和底纹，并设置其他填充属性，从而制作出色彩纷呈的作品。

任务 1　制作水果图形

1. 掌握交互式填充工具的使用方法。
2. 掌握网状填充工具的使用方法。
3. 掌握颜色滴管工具的使用方法。
4. 掌握属性滴管工具的使用方法。
5. 掌握辅助线的使用方法。

本任务是一个图形颜色填充实例，主要利用交互式填充工具和网状填充工具等来

制作水果图形（见图 2–1–1）。要完成本任务，除了须掌握图形的填充方法外，还要了解绘制形体体积的方法和颜色搭配的技巧。

图 2-1-1　水果图形效果图

一、交互式填充工具

交互式填充工具包含多种填充类型，可以为对象设置各种填充效果，其参数属性栏中的按钮会根据所选填充类型的不同而变化，如图 2–1–2 所示。

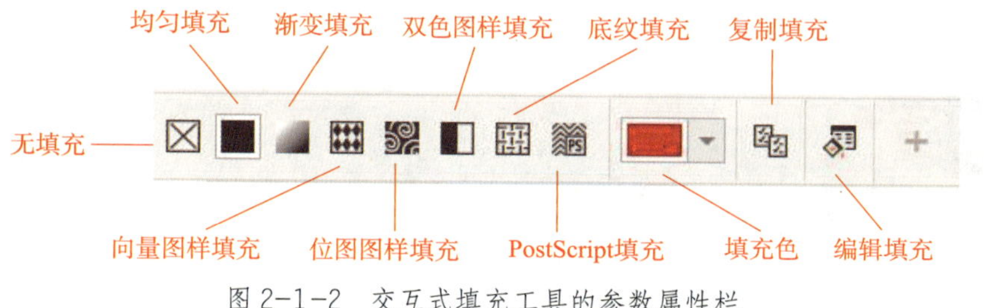

图 2-1-2　交互式填充工具的参数属性栏

1. 均匀填充

使用挑选工具选取需要填充颜色的对象，单击“交互式填充工具”按钮，然后在参数属性栏上单击“均匀填充”按钮，并设置“填充色”为红色，填充效果如图 2–1–3 所示。

若要在填充对象时自定义对象的填充色，可使用“编辑填充”对话框。选中要填充的对象，单击“交互式填充工具”按钮，在参数属性栏中单击“编辑填充”按钮或者双击状态栏的填充色色样，打开“编辑填充”对话框，如图 2–1–4 所示，勾选“颜色查看器”，即可进行自定义颜色填充。

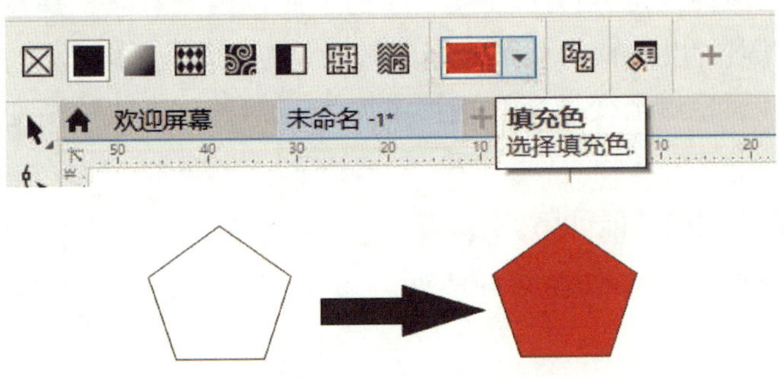

图 2-1-3　均匀填充对象

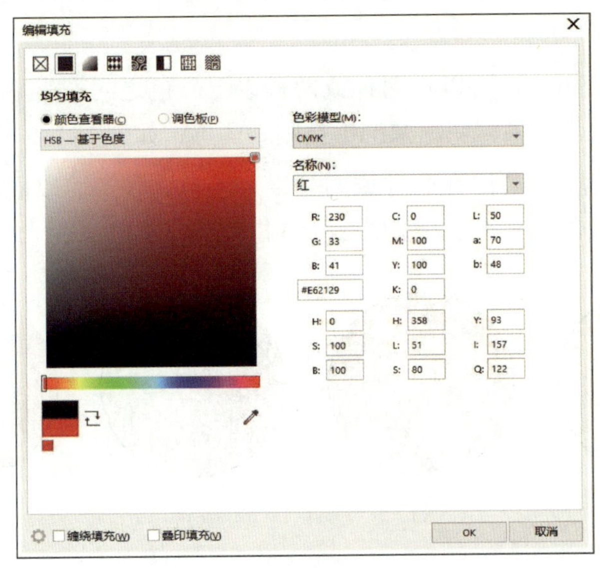

图 2-1-4　“编辑填充”对话框

在对话框的下部有一个色带，左右拖动色带上的滑块可选择填充色的大致色彩范围；在上部的色彩选择区中，有一个用于选择色彩的小方框，拖动此方框可以精确地选择需要的填充色。此外，也可以通过直接在对话框右侧的色彩输入框中输入数值来设置需要的填充色。设置颜色后单击“OK”按钮，即可对所选的对象进行均匀填充。

提示

单色填充也可以通过“颜色”泊坞窗来完成。选中要填充的对象，执行“窗口”→“泊坞窗”→“颜色”命令，打开“颜色”泊坞窗，填充色的设置方法与“编辑填充”对话框的基本相同。

2. 渐变填充

渐变填充指用两种或两种以上颜色之间的过渡色填充对象，是经常使用的填充方式，可以制作出很强的层次感和金属光泽的效果。渐变填充的类型包括线性渐变填充、椭圆形渐变填充、圆锥形渐变填充和矩形渐变填充四种，这四种渐变填充类型的效果如图 2–1–5 所示。

四种渐变填充类型的功能如下。

（1）线性渐变填充：可以在两种或两种以上颜色之间产生线性过渡色效果，如图 2–1–5a 所示。

（2）椭圆形渐变填充：可以在两种或两种以上颜色之间产生以同心圆的形式由对象中心向外辐射的颜色渐变效果，此方式可以很好地体现球体的光线变化效果和光晕效果，如图 2–1–5b 所示。

（3）圆锥形渐变填充：可以在两种或两种以上颜色之间产生颜色渐变效果，模拟光线落在圆锥上的视觉效果，使图像产生空间立体感，如图 2–1–5c 所示。

（4）矩形渐变填充：可以在两种或两种以上颜色之间产生以同心方形的形式由对象中心向外辐射的颜色渐变效果，如图 2–1–5d 所示。

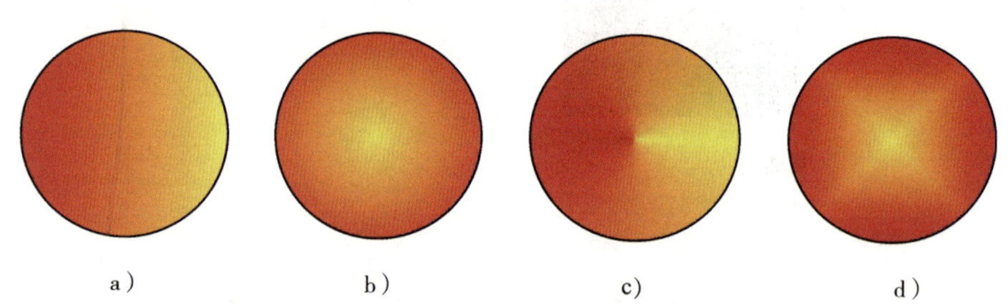

图 2–1–5　四种渐变填充类型的效果
a）线性渐变填充　b）椭圆形渐变填充　c）圆锥形渐变填充　d）矩形渐变填充

选中对象，单击“交互式填充工具”按钮，在参数属性栏中单击“渐变填充”按钮，默认情况下软件自动选择“线性渐变填充”，如图 2–1–6 所示。

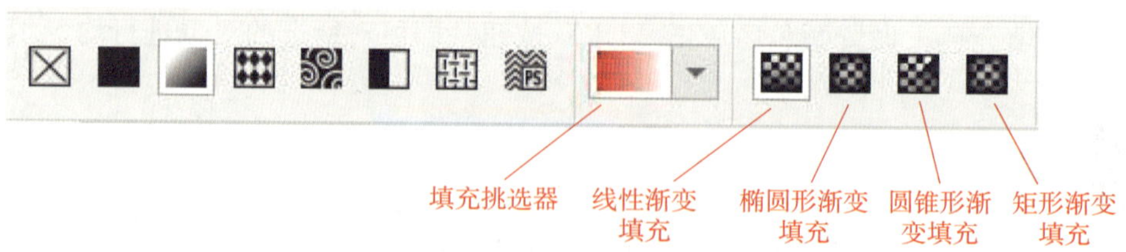

图 2–1–6　渐变填充的参数属性栏

此时，所选对象上会出现线性渐变填充控制手柄，如图 2–1–7 所示，其包含一个角度控制节点、一个渐变中点控制滑块、一个起始颜色节点和一个终止颜色节点。

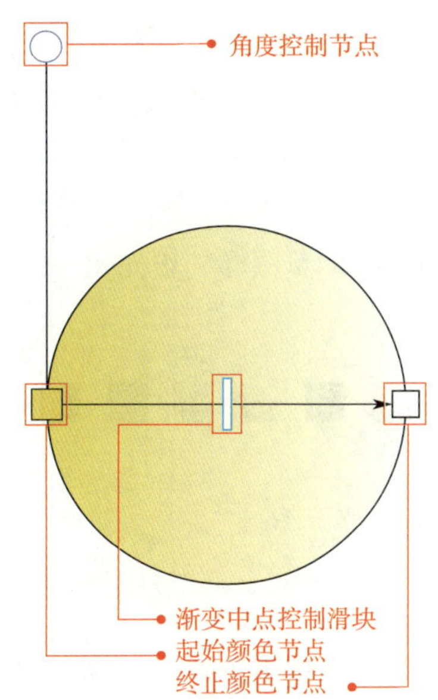

图 2-1-7　线性渐变填充控制手柄

单击起始颜色节点，在参数属性栏中单击“节点颜色”按钮，会弹出下拉面板，可以使用调色板选择起始颜色节点的色样；单击终止颜色节点，在参数属性栏中单击“节点颜色”按钮，可以使用调色板选择终止颜色节点的色样。

选中渐变中点控制滑块，按住鼠标左键并拖动，可以增加或减少起始颜色节点及终止颜色节点的色样所占比例。选中并拖动角度控制节点，可以调整渐变填充的角度。双击颜色节点所在的控制手柄，可以添加颜色节点。

除上述方法外，还可以使用“编辑填充”对话框进行上述各项操作。选中要填充的对象，单击“交互式填充工具”按钮，在参数属性栏中单击“编辑填充”按钮，弹出“编辑填充”对话框，如图 2-1-8 所示。

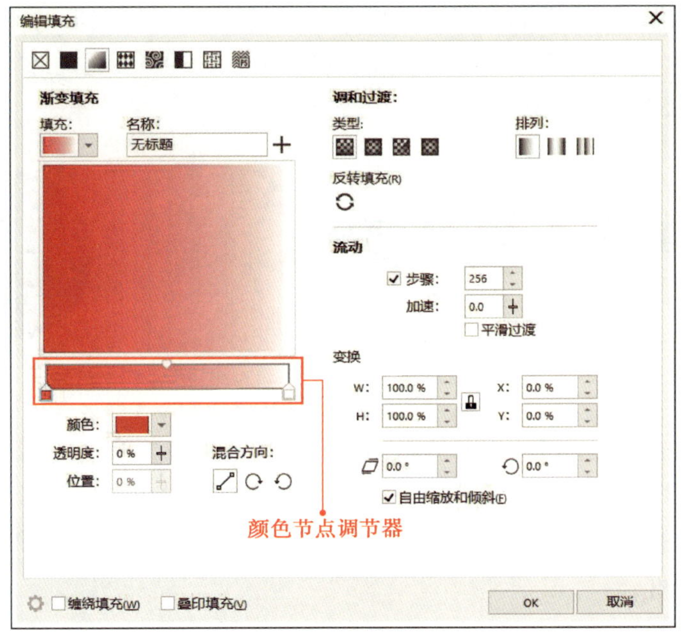

图 2-1-8　“编辑填充”对话框

通过“编辑填充”对话框可以设置指定节点的颜色、透明度和位置等，双击颜色节点调节器可以添加颜色节点，双击颜色节点可以将其删除。

3. 向量图样填充

向量图样填充指应用向量图样对对象进行填充。选中要填充的对象，单击“交互式填充工具”按钮，在参数属性栏中单击“向量图样填充”按钮，如图 2–1–9 所示。所选对象会自动填充一个向量图样，单击参数属性栏中的“填充挑选器”，在下拉面板中更换向量图样，填充效果如图 2–1–10 所示。

图 2–1–9　向量图样填充的参数属性栏

图 2–1–10　向量图样的填充效果

除上述方法外，还可以使用“编辑填充”对话框进行上述各项操作。选中要填充的对象，单击“交互式填充工具”按钮，在参数属性栏中单击“编辑填充”按钮，弹出“编辑填充”对话框，在“填充”下拉面板中选择想要填充的向量图样。

4. 位图图样填充

位图图样填充指应用位图图样对对象进行填充。选中要填充的对象，单击“交互式填充工具”按钮，在参数属性栏中单击“位图图样填充”按钮，如图 2–1–11 所示。所选对象会自动填充一个位图图样，单击参数属性栏中的“填充挑选器”，在下拉面板中选择一个位图图样，填充效果如图 2–1–12 所示。

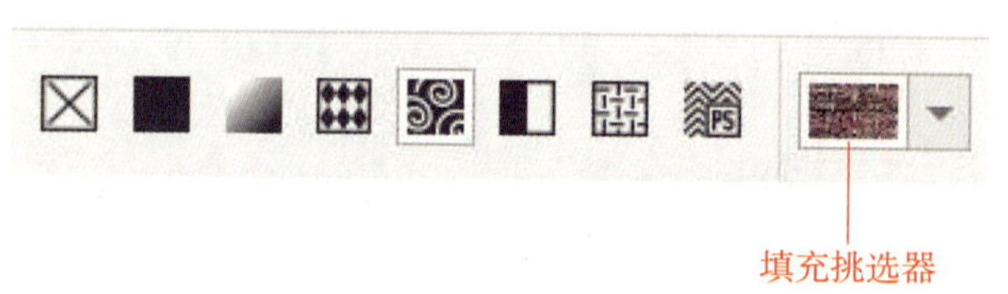

图 2–1–11　位图图样填充的参数属性栏

图 2–1–12　位图图样的填充效果

除上述方法外，还可以使用“编辑填充”对话框进行上述各项操作。选中要填充的对象，单击“交互式填充工具”按钮，在参数属性栏中单击“编辑填充”按钮，弹出“编辑填充”对话框，在“填充”下拉面板中选择想要填充的位图图样。

5. 双色图样填充

双色图样填充指应用双色图样对对象进行填充。选中要填充的对象，单击“交互式填充工具”按钮，在参数属性栏中单击“双色图样填充”按钮，如图 2–1–13 所示。所选对象会自动填充一个双色图样，单击参数属性栏中的“第一种填充色或图样”，在下拉面板中选择一个双色图样，填充效果如图 2–1–14 所示。

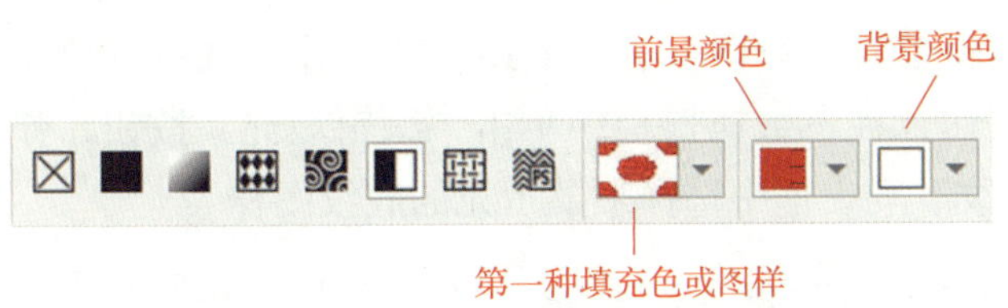

图 2-1-13 双色图样填充的参数属性栏

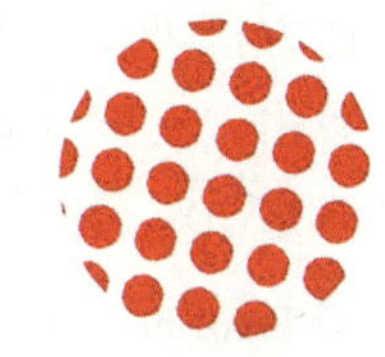

图 2-1-14 双色图样的填充效果

除上述方法外，还可以使用“编辑填充”对话框进行上述各项操作。选中要填充的对象，单击“交互式填充工具”按钮，在参数属性栏中单击“编辑填充”按钮，弹出“编辑填充”对话框，在“填充”下拉面板中选择想要填充的双色图样。

6. 底纹填充

底纹填充指应用预设的底纹对对象进行填充，并且可以模拟水或云等自然景观的效果。选中要填充的对象，单击“交互式填充工具”按钮，在参数属性栏中单击“底纹填充”按钮，如图 2-1-15 所示。所选对象会自动填充一个底纹图样，单击参数属性栏中的“底纹库”，在弹出的列表框中选择一个样品，填充效果如图 2-1-16 所示。

图 2-1-15 底纹填充的参数属性栏

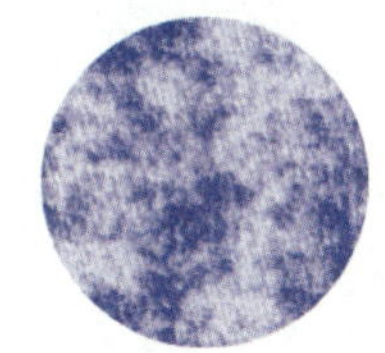

图 2-1-16 底纹的填充效果

除上述方法外，还可以使用“编辑填充”对话框进行上述各项操作。选中要填充的对象，单击“交互式填充工具”按钮，在参数属性栏中单击“编辑填充”按钮，弹出“编辑填充”对话框，在“底纹库”列表框中选择想要填充的底纹图样。

7. PostScript 填充

PostScript 填充指使用 PostScript 语言设计的一种特殊图案填充效果。选中要填充的对象，单击“交互式填充工具”按钮，在参数属性栏中单击“PostScript 填充”按钮，如图 2-1-17 所示。所选对象会自动填充一个 PostScript 底纹图样，单击参数属性栏中的“PostScript 填充底纹”，在弹出的列表框中选择一个底纹，填充效果如图 2-1-18 所示。

图 2-1-17 PostScript 填充的参数属性栏

图 2-1-18 PostScript 底纹的填充效果

除上述方法外，还可以使用“编辑填充”对话框进行上述各项操作。选中要填充的对象，单击“交互式填充工具”按钮，在参数属性栏中单击“编辑填充”按钮，弹出“编辑填充”对话框，在“填充底纹”列表框中选择想要填充的底纹图样。

在应用 PostScript 填充时，可以更改底纹的频度、行宽，以及底纹的前景和背景中出现的灰色值等参数。应用 PostScript 填充可以使对象填充形式多样化。

二、智能填充工具

智能填充工具可以在轮廓重叠区域创建新对象，还可以通过参数属性栏设置新对象的填充色和轮廓色，并应用到该对象上，其填充方法包括合并填充和交叉区域填充。

选中要填充的对象，使用智能填充工具在对象内单击，即可生成一个已填充的新对象。在填充时，如果页面内有多个对象，在页面空白处单击后，页面内会生成一个包含所有对象轮廓的已填充的新对象，如图 2–1–19a 所示。若使用智能填充工具在对象轮廓的交叉区域内部单击，可为该交叉区域填充颜色，如图 2–1–19b 所示。

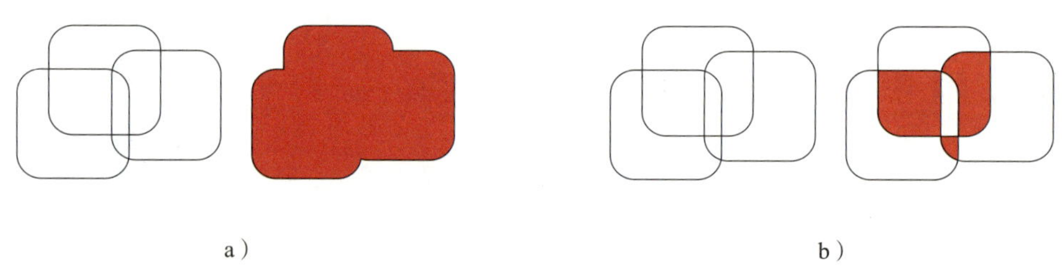

图 2-1-19　智能填充
a）填充所有对象　b）填充对象轮廓的交叉区域

智能填充工具的参数属性栏如图 2–1–20 所示，通过参数属性栏可以设置填充对象的填充色、轮廓色，以及轮廓宽度。

图 2-1-20　智能填充工具的参数属性栏

三、网状填充工具

网状填充工具可以轻松地制作出复杂多变的网格填充效果，用户可以将每个网点填充上不同的颜色，并定义颜色填充的扭曲方向。

单击工具栏中的“网状填充工具”按钮后，在参数属性栏中可以设置水平或垂直方向上的网格数，如图 2-1-21 所示。用鼠标指针单击以选中节点，再单击调色板中的颜色块，可为节点填充颜色，如图 2-1-22 所示。

图 2-1-21 网状填充工具的参数属性栏

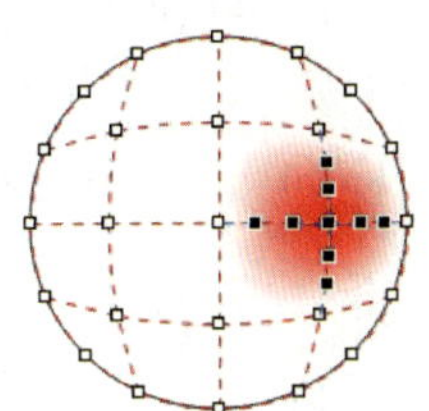

图 2-1-22 网状填充的填充效果

提示

在创建网格对象后，可通过添加和删除节点等方式编辑网格。使用鼠标左键双击对象即可添加或删除节点；在网格节点上拖动鼠标左键，可以改变节点的位置；调整节点的控制手柄，可以改变填充效果。

四、颜色滴管工具

颜色滴管工具可以从位图、矢量图或其他任何对象上吸取对象的颜色，并把吸取的颜色填充到其他对象上。

单击工具栏中的“颜色滴管工具”按钮，在需要吸取颜色的对象上单击，吸取对象的颜色后，将鼠标指针移至另一个对象上再次单击，可将吸取的颜色填充到该对象上。

五、属性滴管工具

属性滴管工具可以复制对象的属性，并将复制的属性应用到其他对象上。

单击工具栏中的“属性滴管工具”按钮，在参数属性栏中设置“属性”“变换”和“效果”选项，然后在需要吸取属性的对象上单击，吸取对象的属性，将鼠标指针移至另一个对象上再次单击，可将吸取的属性应用到该对象上。

操作演示

1. 新建 CorelDRAW 2021 文档

启动 CorelDRAW 2021 软件后，在启动界面中单击“新文档”选项，在弹出的“创建新文档”对话框的“名称”选项中输入“水果”，设置“原色模式”为“CMYK”，“页面大小”为“A4”，“方向”为“横向”，“分辨率”为“300 dpi”，然后单击“OK”按钮。

2. 绘制水果

（1）使用椭圆形工具绘制一个 95 mm × 90 mm 的椭圆形。单击“交互式填充工具”按钮，在参数属性栏中单击“渐变填充”按钮，然后单击“椭圆形渐变填充”按钮，效果如图 2-1-23 所示。

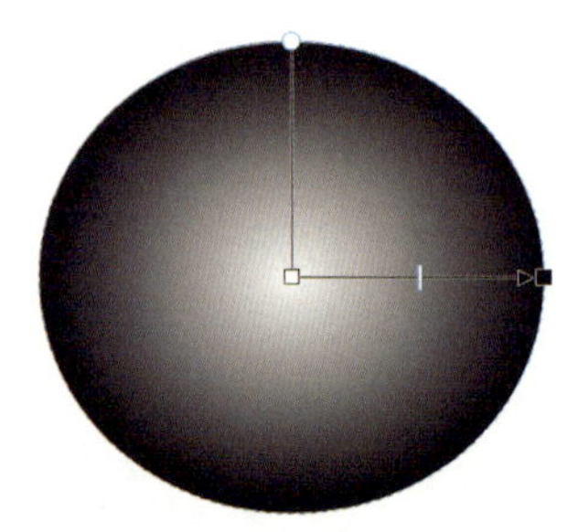
图 2-1-23　椭圆形渐变填充

（2）在参数属性栏中单击“编辑填充”按钮，弹出“编辑填充”对话框，双击颜色节点调节器，添加颜色节点。设置颜色节点的颜色，从左到右依次为紫黑色（C：63，M：100，Y：87，K：60）、黑色（C：85，M：90，Y：87，K：77）、深紫色（C：78，M：96，Y：79，K：70）、紫色（C：54，M：100，Y：76，K：38）、粉紫色（C：30，M：100，Y：56，K：0）和粉色（C：7，M：52，Y：16，K：0），效果如图 2-1-24 所示。

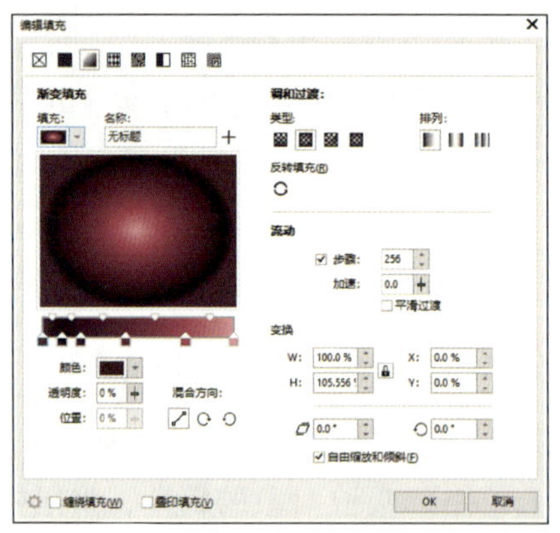

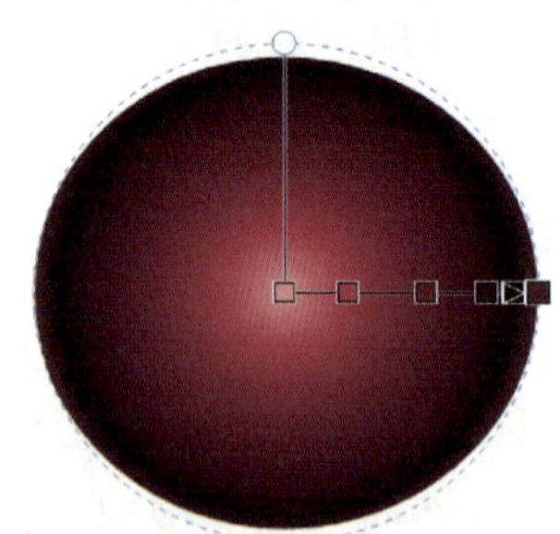

图 2-1-24　添加颜色节点

（3）将鼠标指针移到页面的标尺处，按住鼠标左键拖动以添加井字格辅助线。选中起始颜色节点，并按住鼠标左键将其拖动到井字格左上角的位置；选中终止颜色节点，并按住鼠标左键将其向右下方拖动，调整控制手柄的角度和长度，效果如图 2–1–25 所示。

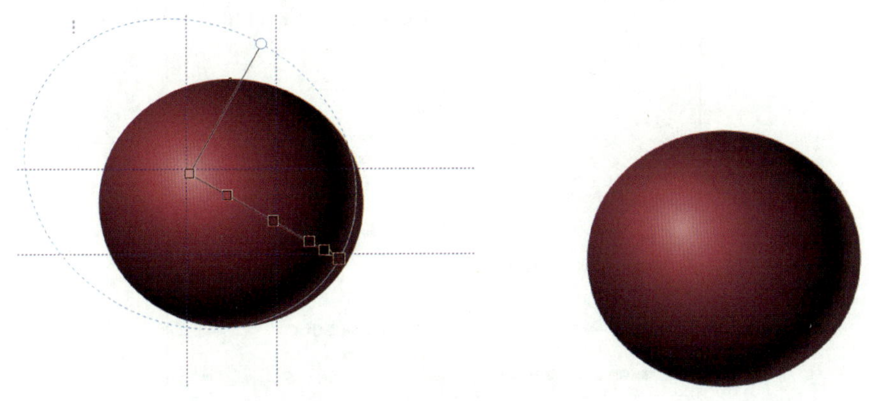

图 2–1–25　调整椭圆形渐变的位置

提示

辅助线是页面中用来定位对象的虚线，利用它可快捷和准确地调整对象的位置或对齐对象。CorelDRAW 2021 中的辅助线有水平、垂直和倾斜三种形式，它会随着文件的保存一并被保存。

将鼠标指针移至标尺上，按住鼠标左键并向页面中拖动，即可创建辅助线；用鼠标左键在辅助线上单击，可选中该线条，按 Delete 键可将其删除；用鼠标左键在辅助线上再次单击，可对其进行旋转操作。

（4）选中对象并复制。打开“编辑填充”对话框，双击颜色节点调节器中多余的颜色节点，将其删除；设置剩余颜色节点的颜色，从左到右依次为浅粉色（C：2，M：7，Y：3，K：0）、淡紫色（C：15，M：65，Y：24，K：0）和白色，并分别设置透明度为 0%、100% 和 100%，如图 2–1–26 所示。将控制手柄的终止颜色节点控制在井字格辅助线的右下角，调整控制手柄的角度和长度，效果如图 2–1–27 所示。

（5）使用椭圆形工具绘制一个椭圆形，按 Ctrl+Q 组合键将其转换为曲线，使用形状工具调整曲线轮廓，然后将该图形填充为绿色（C：75，M：45，Y：100，K：5）。使用网状填充工具双击图形以添加颜色节点，将亮部填充为亮色（C：33，M：0，Y：64，K：0）和浅绿色（C：58，M：13，Y：98，K：0），效果如图 2–1–28 所示。

（6）使用椭圆形工具和形状工具绘制其他三片叶子，使用贝塞尔工具绘制枝干，并使用网状填充工具为它们添加颜色，效果如图 2–1–29 所示。

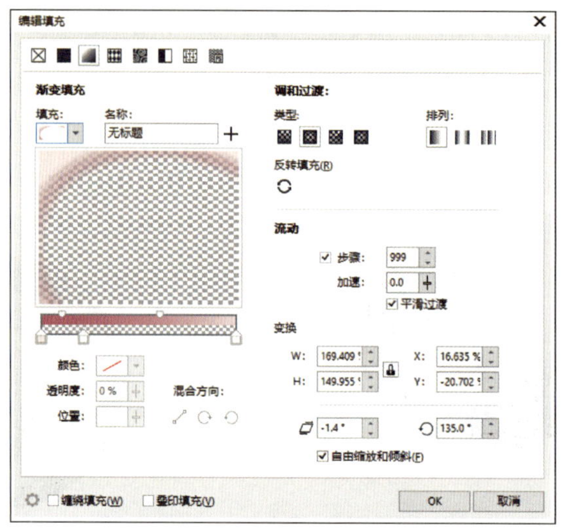

图 2-1-26　设置颜色节点

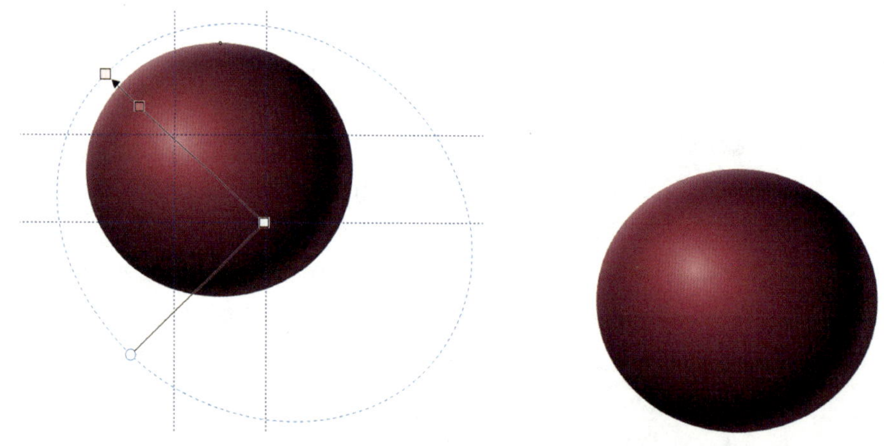

图 2-1-27　绘制水果边缘光感

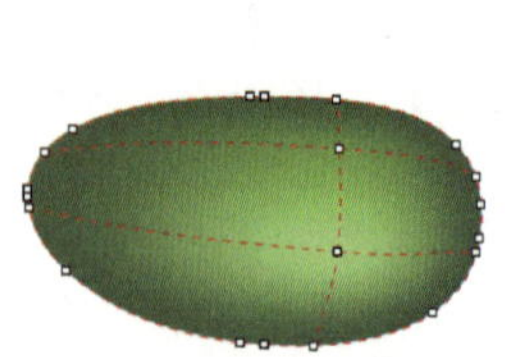

图 2-1-28　绘制叶子

图 2-1-29　绘制其他叶子和枝干

（7）使用椭圆形工具绘制叶子的高光，并将其填充透明度为 100% 的白色到 40% 的白色的椭圆形渐变，效果如图 2-1-30 所示。

（8）使用贝塞尔工具沿着叶子的轮廓绘制曲线图形作为叶子的投影，填充为深红色（C：87，M：90，Y：90，K：78），调整图形顺序和位置，效果如图 2-1-31 所示。

图 2-1-30　绘制叶子的高光

图 2-1-31　绘制叶子的投影

（9）使用椭圆形工具绘制果皮的高光，将椭圆形转换为曲线，然后调整其节点，并将其填充透明度为 50% 的白色到 100% 的白色的线性渐变，效果如图 2-1-32 所示。

图 2-1-32　绘制果皮的高光

（10）选择全部对象，按 Ctrl+G 组合键组合对象。

3. 绘制切开的水果

（1）使用椭圆形工具绘制一个 84 mm × 50 mm 的椭圆形，填充为浅红色（C：20，M：90，Y：65，K：0）、红色（C：47，M：100，Y：100，K：24）到深红色（C：50，M：100，Y：100，K：32）的椭圆形渐变，效果如图 2-1-33 所示。

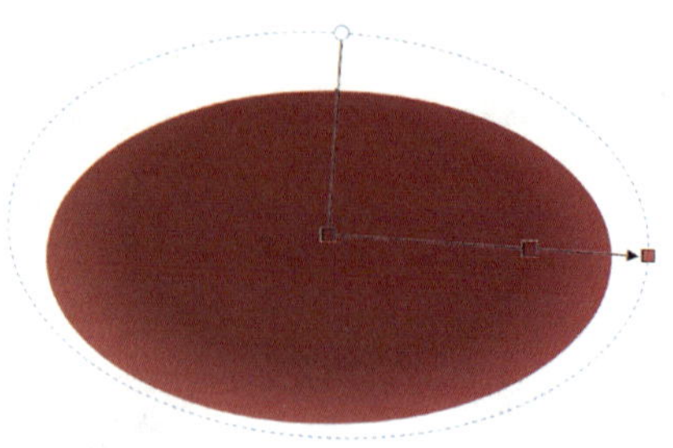

图 2-1-33 绘制椭圆形并填充

（2）在椭圆形的下方再次绘制一个 84 mm × 70 mm 的椭圆形，按 Ctrl+Q 组合键将其转换为曲线，使用形状工具调整曲线轮廓，然后将该图形颜色设置为从左到右依次为紫黑色（C：63，M：100，Y：87，K：60）、黑色（C：85，M：90，Y：87，K：77）、深紫色（C：78，M：96，Y：79，K：70）、紫色（C：54，M：100，Y：76，K：38）、粉紫色（C：30，M：100，Y：56，K：0）到粉色（C：7，M：52，Y：16，K：0）的椭圆形渐变，效果如图 2-1-34 所示。

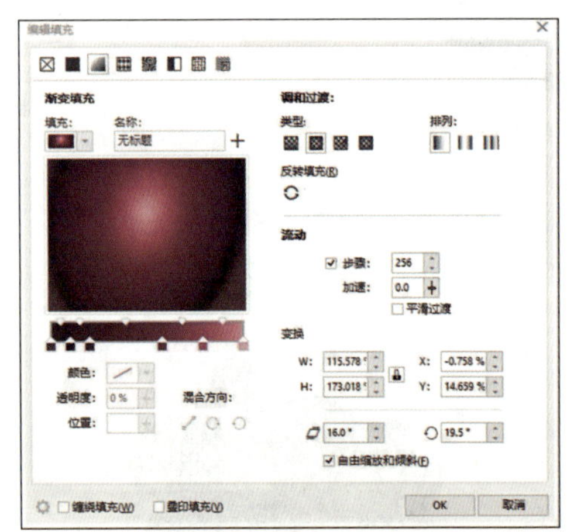

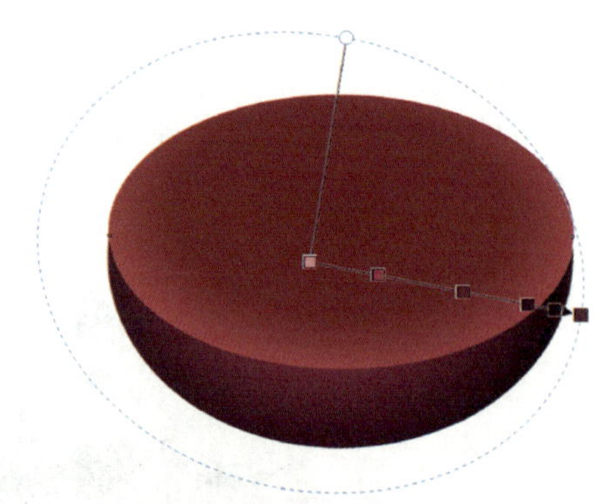

图 2-1-34 再次绘制椭圆形并填充

（3）使用贝塞尔工具绘制果皮的高光，并将其填充透明度为 50% 的白色到 100% 的白色的线性渐变，效果如图 2-1-35 所示。

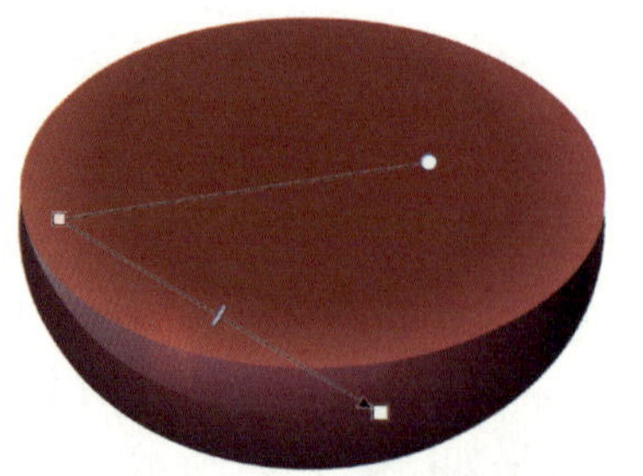

图 2-1-35 绘制果皮的高光

（4）使用贝塞尔工具绘制果肉，如图 2-1-36a 所示。对每一块果肉进行灰黄色（C：20，M：15，Y：25，K：0）到白色的椭圆形渐变填充，效果如图 2-1-36b 所示。

a）　　b）

图 2-1-36　绘制果肉并填充
a）绘制果肉　b）填充颜色

（5）使用椭圆形工具绘制果肉的高光，将椭圆形转换为曲线，然后调整其节点，并将其填充透明度为 100% 的白色到 0% 的白色的线性渐变，效果如图 2-1-37 所示。

图 2-1-37　绘制果肉的高光

4. 绘制叶子

使用贝塞尔工具绘制叶子，填充浅绿色（C：50，M：7，Y：80，K：0）到深绿色（C：70，M：35，Y：100，K：0）的线性渐变，效果如图 2-1-38 所示。

图 2-1-38　绘制叶子

5. 绘制投影

将绘制好的水果和叶子摆放好位置，使用椭圆形工具在水果底部绘制投影，并将投影填充为灰红色（C：56，M：58，Y：50，K：0），效果如图 2-1-39 所示。

图 2-1-39 绘制投影

6. 组合全部对象

选择全部对象，按 Ctrl+G 组合键组合对象，完成水果图形的制作。

7. 保存文件

执行“文件”→“保存”命令，保存文件。

任务 2 制作金币图形

1. 掌握交互式填充工具的使用方法。
2. 掌握合并与拆分对象的方法。
3. 掌握对齐与分布对象的方法。

本任务是一个图形颜色填充实例，主要利用椭圆形工具和交互式填充工具等来制作金币图形（见图 2–2–1）。要完成本任务，除了须掌握图形的填充方法外，还要掌握对齐与分布对象的方法和颜色搭配的技巧，并学会通过旋转对象来产生立体效果，以使绘制出的对象具有层次感。

图 2-2-1　金币图形效果图

一、合并与拆分对象

1. 合并对象

合并对象与组合对象不同，组合对象是将两个或两个以上对象编成一个组，但组内部还是独立的对象，对象属性不变。合并对象是将两个或两个以上对象合并为一个全新的对象，对象属性也会随之变化，合并后的对象会保留最后选择的对象的内部填充色、轮廓色和轮廓宽度等属性，如图 2–2–2 所示。如果合并的对象有重叠部分，则在合并后重叠的部分为镂空，如图 2–2–3 所示。

选中需要合并的对象，执行“对象”→“合并”命令，即可合并对象，也可单击参数属性栏中的“合并”按钮合并对象。

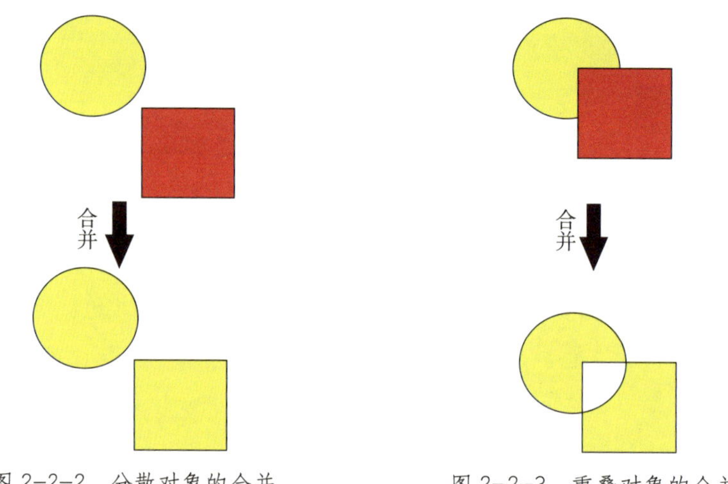

图 2-2-2　分散对象的合并　　图 2-2-3　重叠对象的合并

2. 拆分对象

执行“对象”→“拆分曲线”命令，或者单击参数属性栏中的“拆分”按钮，可将合并的对象拆分为独立的对象，如图 2-2-4 所示。

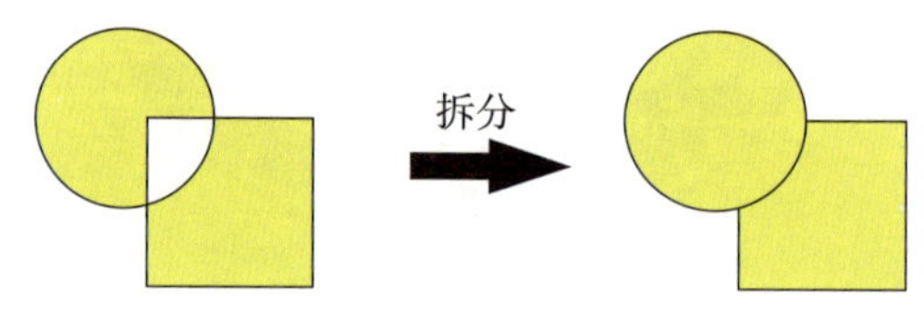

图 2-2-4　拆分对象

二、对齐与分布对象

对齐与分布对象，就是将对象按指定的位置对齐，按一定的规则分布，从而产生较好的视觉效果。

1. 对齐对象

对齐对象可使选中的两个或两个以上对象在水平或垂直方向上对齐。

选择要对齐的对象，执行“对象”→“对齐与分布”命令，在子菜单中选择相应的命令操作，如图 2-2-5 所示；也可以在选中对象后，在参数属性栏中单击“对齐与分布”按钮，打开“对齐与分布”泊坞窗进行操作，如图 2-2-6 所示。

在“对齐”组中，单击“水平居中对齐”按钮，即可在垂直方向上居中对齐对象，如图 2-2-7 所示。

2. 分布对象

分布对象可使选中的两个或两个以上对象在水平或垂直方向上按照一定的规则平均分布。

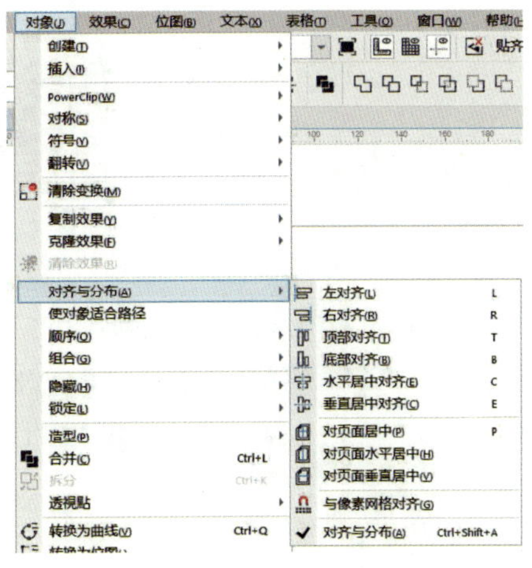

图 2-2-5 “对齐与分布”子菜单

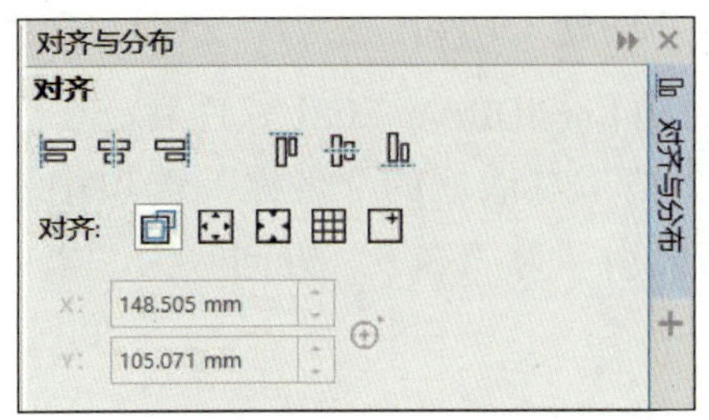

图 2-2-6 “对齐与分布”泊坞窗的“对齐”组

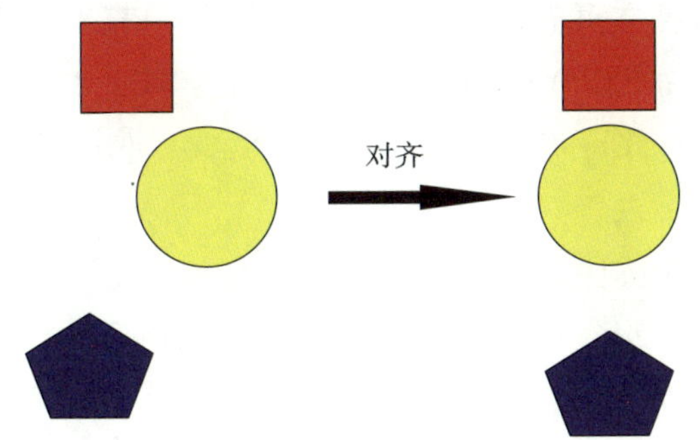

图 2-2-7　水平居中对齐对象

选择要分布的对象，执行“对象”→“对齐与分布”命令，在子菜单中选择相应的命令操作，如图 2-2-5 所示；也可以在选中对象后，在参数属性栏中单击“对齐与分布”按钮，打开“对齐与分布”泊坞窗进行操作，如图 2-2-8 所示。

在“分布”组中，单击“垂直分散排列中心”按钮，即可在垂直方向上平均分布对象，如图 2-2-9 所示。

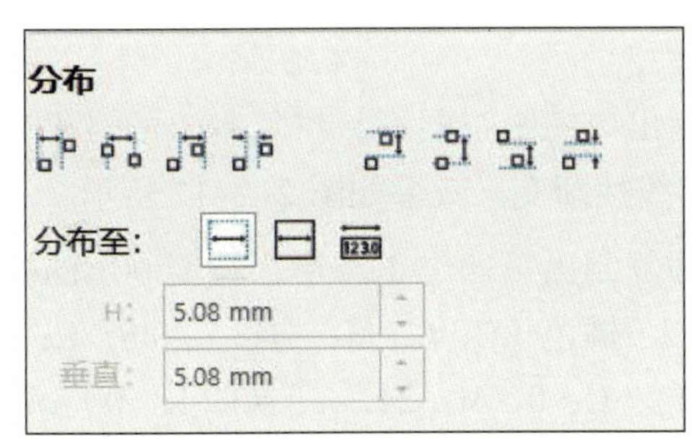

图 2-2-8 “对齐与分布”泊坞窗的“分布”组

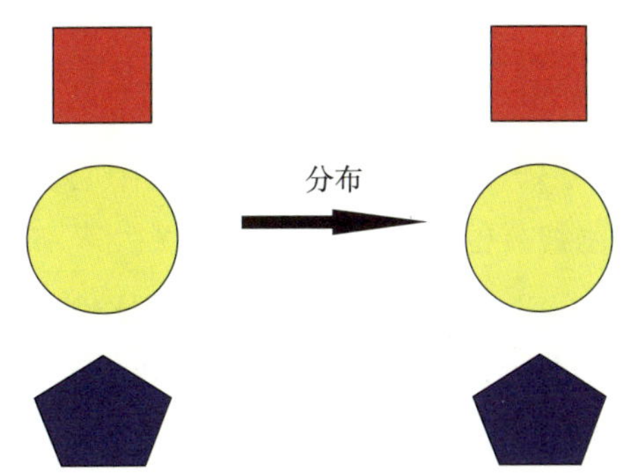

图 2-2-9　平均分布对象

1. 新建 CorelDRAW 2021 文档

启动 CorelDRAW 2021 软件后，在启动界面中单击“新文档”选项，在弹出的“创建新文档”对话框的“名称”选项中输入“金币”，设置“原色模式”为“CMYK”，“页面大小”为“A4”，“方向”为“横向”，“分辨率”为“300 dpi”，然后单击“OK”按钮。

2. 绘制金币外轮廓

（1）使用椭圆形工具绘制正圆形，执行“对象”→“对齐与分布”→“对页面居中”命令，将正圆形放置在页面正中央。使用交互式填充工具添加颜色节点，将正圆形填充咖色（C：18，M：55，Y：100，K：0）、橘色（C：8，M：36，Y：100，K：0）到浅黄色（C：1，M：7，Y：40，K：0）的线性渐变，取消轮廓色，效果如图 2-2-10 所示。

（2）选中正圆形，在按住 Shift 键的同时单击鼠标右键进行复制，将复制出的对象填充橘黄色（C：0，M：24，Y：83，K：0）、白色、咖色（C：18，M：55，Y：100，K：0）、白色、橘黄色、白色、橘黄色、浅黄色（C：1，M：7，Y：40，K：0）、咖色到橘黄色的线性渐变，效果如图 2-2-11 所示。

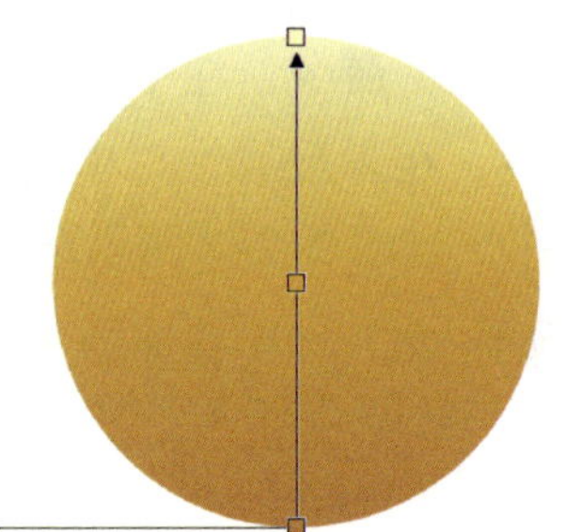

图 2-2-10　绘制正圆形并填充

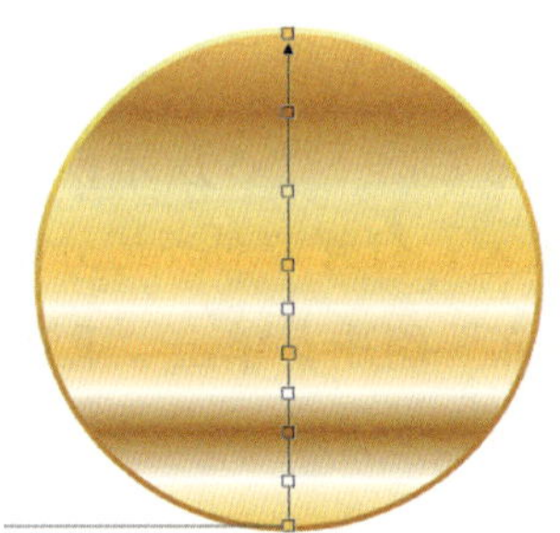

图 2-2-11　复制正圆形并填充

（3）用同样的方法等比例中心缩放并复制出第三个正圆形，将复制出的对象填充白色到黄色（C：0，M：0，Y：67，K：0）的线性渐变，效果如图 2-2-12 所示。

（4）用同样的方法再次等比例中心缩放并复制出第四个正圆形，将复制出的对象填充白色、黄色（C：0，M：0，Y：67，K：0）、橘色（C：0，M：41，Y：88，K：0）、浅黄色（C：1，M：7，Y：40，K：0）、橘黄色（C：0，M：24，Y：83，K：0）、咖色（C：18，M：55，Y：100，K：0）、橘黄色、咖色到黄色的线性渐变，效果如图 2-2-13

所示。

（5）用同样的方法再次等比例中心缩放并复制出第五个正圆形，将复制出的对象填充白色到黄色（C：0，M：0，Y：67，K：0）的线性渐变，效果如图 2-2-14 所示。

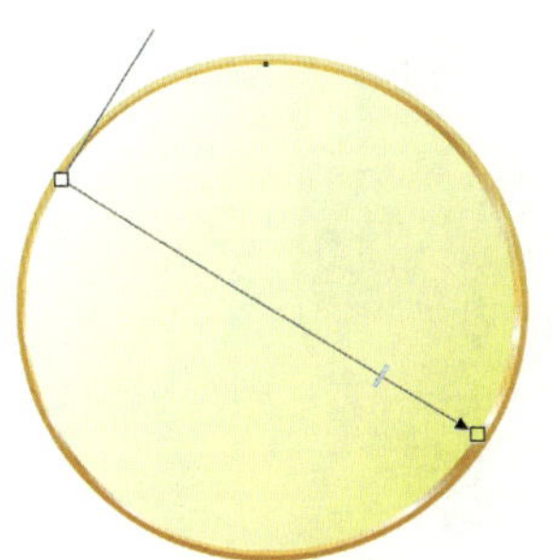
图 2-2-12　复制出第三个正圆形并填充

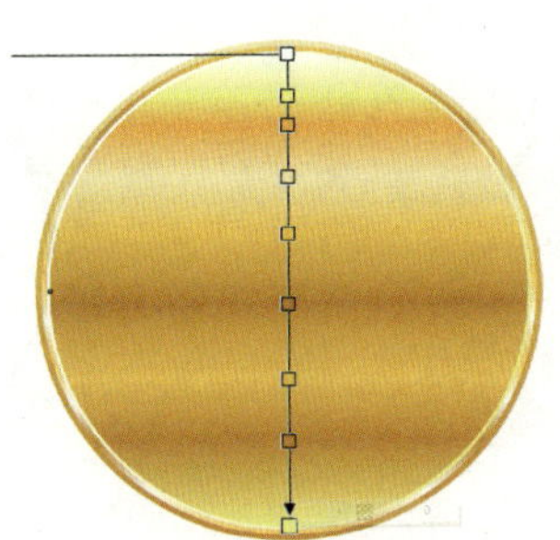
图 2-2-13　复制出第四个正圆形并填充

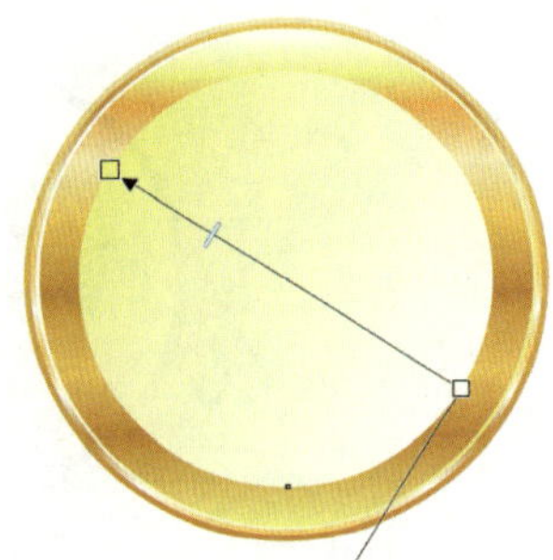
图 2-2-14　复制出第五个正圆形并填充

（6）用同样的方法再次等比例中心缩放并复制出第六个正圆形，将复制出的对象填充深咖色（C：47，M：70，Y：100，K：0）到黄色（C：0，M：0，Y：67，K：0）的线性渐变，效果如图 2-2-15 所示。

（7）用同样的方法再次等比例中心缩放并复制出第七个正圆形，将复制出的对象填充橘黄色（C：0，M：24，Y：83，K：0）、亮黄色（C：0，M：0，Y：90，K：0）到白色的线性渐变，效果如图 2-2-16 所示。组合全部正圆形。

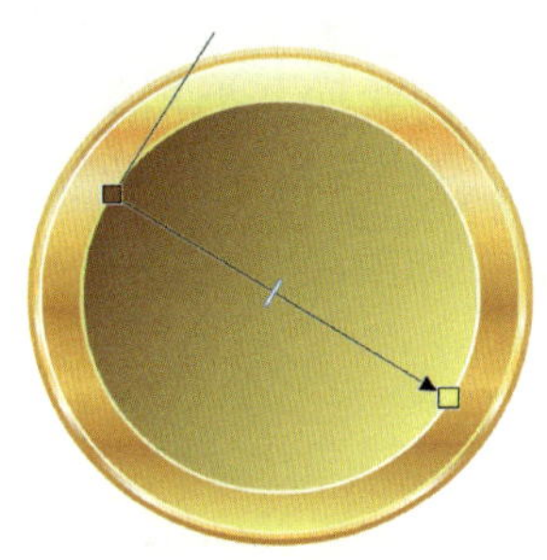
图 2-2-15　复制出第六个正圆形并填充

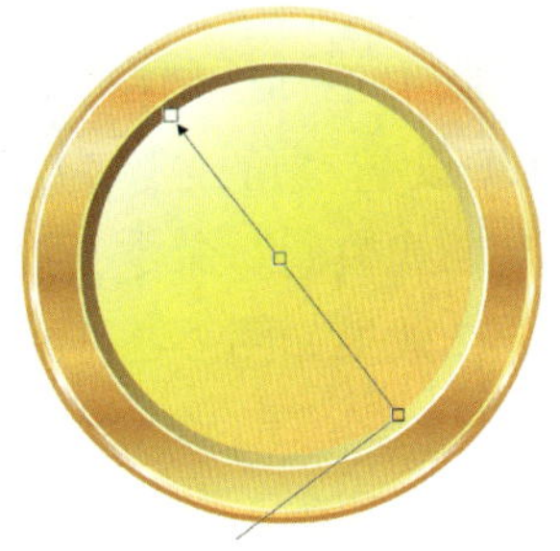
图 2-2-16　复制出第七个正圆形并填充

3. 绘制货币符号

（1）使用矩形工具绘制货币符号，填充橘黄色（C：0，M：24，Y：83，K：0）、亮黄色（C：0，M：0，Y：90，K：0）到白色的线性渐变，设置轮廓色为白色，轮廓宽度为 0.75 pt。同时选中货币符号和金币，在参数属性栏中单击“对齐与分布”按钮，打开“对齐与分布”泊坞窗，单击“水平居中对齐”和“垂直居中对齐”按钮，将货币符号放置在金币中央，效果如图 2-2-17 所示。

（2）复制货币符号，将复制出的对象填充深咖色（C：0，M：24，Y：83，K：0）到黄色（C：0，M：0，Y：67，K：0）的线性渐变，调整对象顺序及位置，效果如图 2–2–18 所示。

图 2–2–17　绘制并放置货币符号

图 2–2–18　绘制货币符号投影

（3）使用挑选工具，在按住 Alt 键的同时框选所有图形，按 Ctrl+G 组合键组合对象。

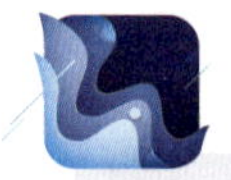

提示

使用挑选工具，在按住 Alt 键的同时拖动鼠标左键，即可框选虚线框经过的所有对象。

4. 绘制金币高光

使用椭圆形工具绘制白色椭圆形，取消轮廓色，打开“变换”泊坞窗，单击“旋转”按钮，设置“角度”为“45.0°”，“副本”为“4”。然后执行“效果”→“模糊”→“高斯式模糊”命令，设置“半径”数值为“1.4”，如图 2–2–19a 所示。将高光放在金币上，效果如图 2–2–19b 所示。

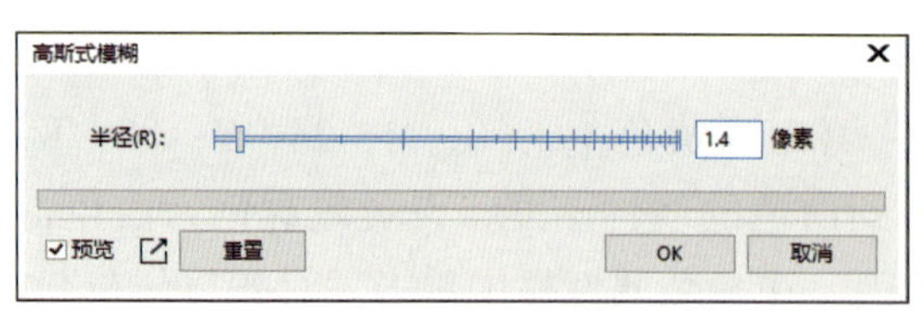

a）

b）

图 2–2–19　绘制金币高光

a）“高斯式模糊”对话框　b）将高光放在金币上

5. 绘制金币投影

使用椭圆形工具绘制椭圆形，填充为灰色（C：56，M：47，Y：44，K：0），取消轮廓色。执行“效果”→“模糊”→“羽化”命令，设置“模式”为“曲线”，“宽度”为“40”，如图 2-2-20a 所示。制作出羽化的投影效果，放在金币的底部，效果如图 2-2-20b 所示。

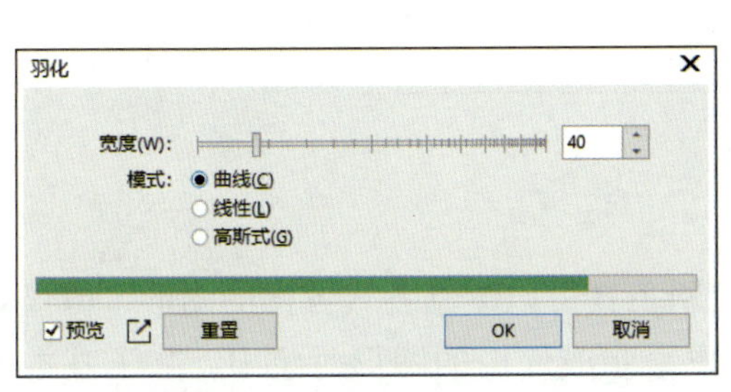

a）

b）

图 2-2-20　绘制金币投影
a）“羽化”对话框　b）将投影放在金币底部

6. 组合全部对象

选择全部对象，按 Ctrl+G 组合键组合对象，完成金币图形的制作。

7. 保存文件

执行“文件”→“保存”命令，保存文件。

项目三
绘制线条图形

在 CorelDRAW 2021 中，使用图形绘制工具可以绘制各式各样的图形，但仅有这些图形并不能满足平面设计的需要。在用户绘制或使用的图形对象中，除了基本的几何图形外，还包括许多不规则图形，这些不规则图形是由线段或曲线段组成的。

CorelDRAW 2021 提供了多种绘制曲线的工具，如手绘工具、贝塞尔工具、钢笔工具、艺术笔工具和 3 点曲线工具等。

任务 1　制作百灵鸟科技标志

1. 掌握贝塞尔工具、钢笔工具和艺术笔工具的使用方法。
2. 掌握用形状工具修改曲线图形的方法。
3. 掌握线条图形的绘制方法。

本任务是一个线条图形绘制实例，主要利用贝塞尔工具来制作百灵鸟科技标志

（见图 3–1–1）。要完成本任务，除了须掌握线条图形绘制的方法外，还要学会制作比例规范的标志的知识。

图 3–1–1　百灵鸟科技标志效果图

一、手绘工具

手绘工具提供了最直接的绘图方法，用户在工作区内可利用鼠标进行自由绘制，就像使用铅笔一样，根据鼠标指针的轨迹勾画出路径。

1. 绘制直线和折线

单击工具栏中的“手绘工具”按钮，在工作区中单击鼠标左键确定直线的起点，继续拖动鼠标到合适位置再次单击即可绘制直线，如图 3–1–2a 所示。

利用手绘工具在工作区中单击鼠标左键确定起点，然后在每个转折处双击鼠标左键，直到终点再单击鼠标左键，即可绘制出折线，如图 3–1–2b 所示。

提示

在使用手绘工具绘制直线时，按住 Ctrl 键或 Shift 键不放，可以水平或者垂直绘制直线，也可以成一定的增量角度（系统默认为 15°）倾斜绘制直线。

2. 绘制曲线

单击工具栏中的“手绘工具”按钮，在工作区中按住鼠标左键并拖动，然后松开

鼠标左键即可绘制曲线，如图 3–1–2c 所示。

3. 绘制封闭图形

手绘工具还可以绘制封闭图形，在绘制过程中只要将起始点与终点重合即可，如图 3–1–2d 所示。

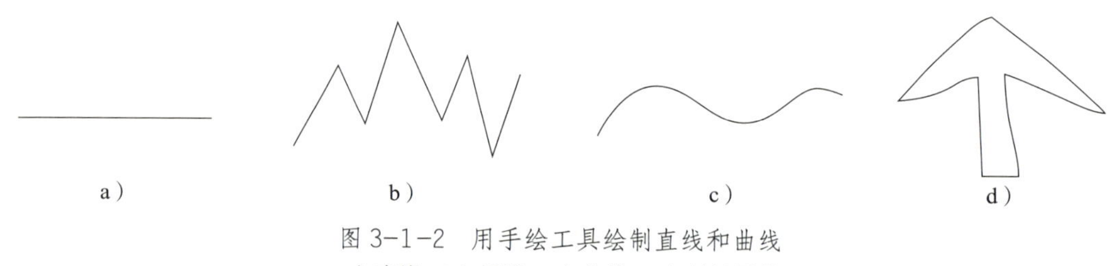

图 3–1–2 用手绘工具绘制直线和曲线
a）直线 b）折线 c）曲线 d）封闭图形

二、2 点线工具

单击工具栏中的“2 点线”工具，将鼠标指针移动到工作区空白处，按住鼠标左键拖动一段距离，然后松开鼠标左键即可完成线段的绘制；保持鼠标指针位于线段末端，此时鼠标指针显示为，按住鼠标左键继续拖动，然后松开鼠标左键即可完成连续线段的绘制；封闭图形的绘制则是连续绘制线段，直到首尾节点重合，如图 3–1–3 所示。

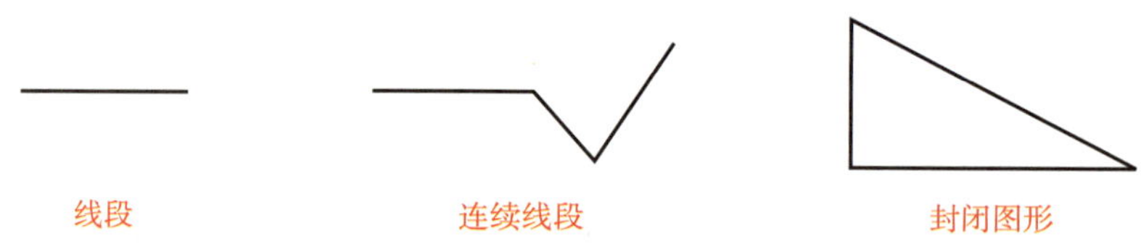

图 3–1–3 用 2 点线工具绘制图形

1.“垂直 2 点线”按钮

“垂直 2 点线”按钮可绘制一条与现有对象或线段垂直的 2 点线，如图 3–1–4a 所示。

2.“相切的 2 点线”按钮

“相切的 2 点线”按钮可绘制一条与现有对象或线段相切的 2 点线，如图 3–1–4b 所示。

三、贝塞尔工具

贝塞尔工具用于绘制平滑和精确的曲线，可按节点依次绘制直线和曲线，通过改变节点的位置和控制手柄的方向可控制曲线的弯曲程度。

1. 绘制直线和折线

使用贝塞尔工具绘制直线与使用手绘工具绘制直线的方法相似。单击工具栏中的

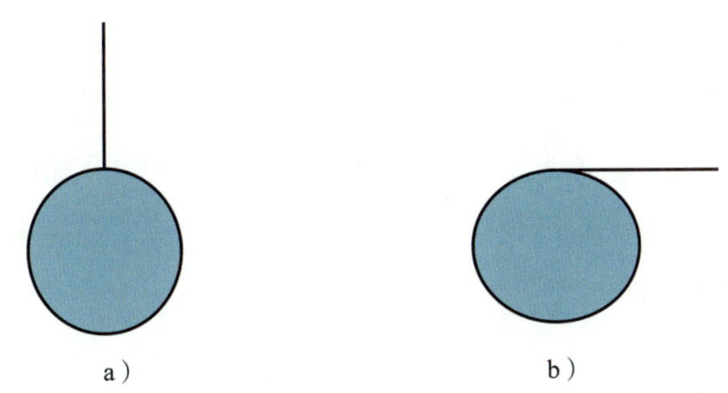

图 3-1-4　“垂直 2 点线”与“相切的 2 点线”按钮的效果
a）垂直 2 点线　b）相切的 2 点线

“贝塞尔工具”，将鼠标指针移至工作区中，单击鼠标左键确定直线的起点，然后移动鼠标到合适位置再次单击即可绘制直线，继续移动鼠标并单击即可绘制折线。

2. 绘制曲线

单击工具栏中的“贝塞尔工具”，在工作区中单击鼠标左键确定第一个节点，然后移动鼠标到合适位置按住左键并拖动，即可绘制出曲线段，继续移动鼠标并单击可绘制出曲线，如图 3-1-5 所示。

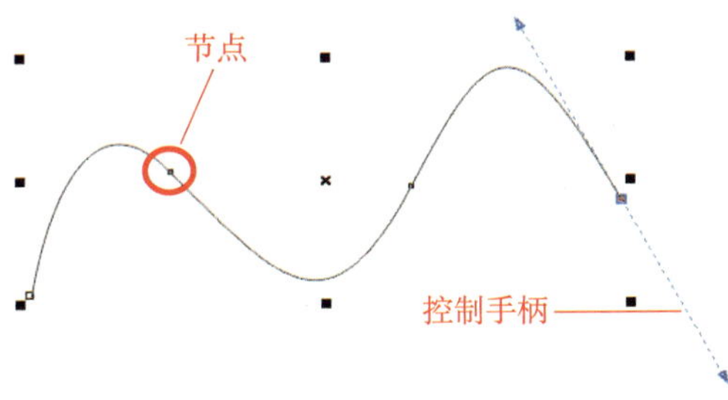

图 3-1-5　用贝塞尔工具绘制曲线

3. 绘制封闭图形

绘制封闭的图形只需在绘制结束时单击路径起始点闭合路径，或者直接单击参数属性栏中的“闭合曲线”按钮。

四、钢笔工具

用钢笔工具绘制图形的方法与贝塞尔工具相似，也是通过节点和控制手柄来进行绘制。不同的是，在绘图过程中，使用钢笔工具可以提前预览到下一个节点的状态，增加了所绘图形的准确性，也可以在绘制的路径上随意添加或删除节点。

1. 绘制直线

单击工具栏中的“钢笔工具”，将鼠标指针移至工作区中，单击鼠标左键确定直线的起点，然后移动鼠标到合适位置双击完成绘制。

2. 绘制曲线

单击工具栏中的“钢笔工具”，将鼠标指针移至工作区中，单击鼠标左键确定曲线的起点，然后移动鼠标到合适位置按住左键并拖动绘制下一个节点，如此继续，直至双击或使路径首尾节点重合，结束绘制。

五、B 样条工具

B 样条工具可以通过设置构成曲线形状的控制点，轻松塑造平滑和连续的曲线。

单击工具栏中的“B 样条工具”后，单击鼠标左键并拖动，绘制出曲线的轨迹，在需要变向的位置再次单击，添加一个轮廓控制点，继续拖动鼠标即可改变曲线轨迹，在绘制过程中双击鼠标左键，完成曲线绘制，如图 3–1–6 所示。在绘制过程中将鼠标指针移动到路径起始点并单击，可以自动闭合曲线。在需要调整形状时，可以使用“形状”工具调整图形的外轮廓，从而轻松调整曲线或封闭图形的形状。

六、折线工具

折线工具用于创建复杂的图形或折线。选择“折线”工具，单击绘制起始节点，如图 3–1–7 所示。

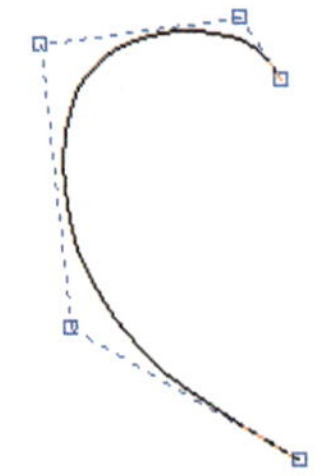
图 3-1-6　用 B 样条工具绘制曲线

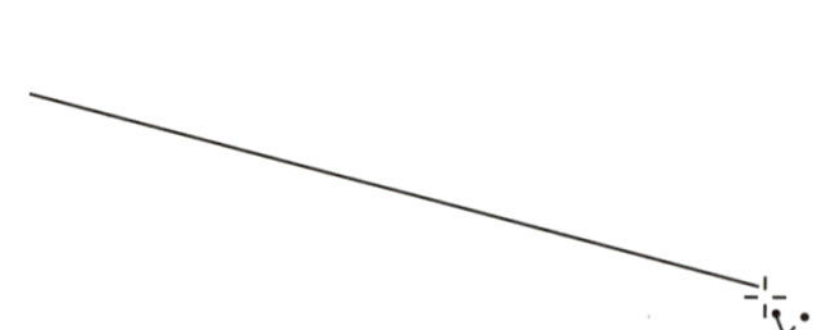
图 3-1-7　用折线工具绘制起始节点

移动鼠标指针并单击以确定第二个节点的位置，连续绘制形成复杂折线，双击或按空格键结束绘制，如图 3–1–8 所示。选择“折线”工具，按住鼠标左键拖动绘制，松开鼠标自动生成平滑曲线，双击或按空格键结束绘制，如图 3–1–9 所示。

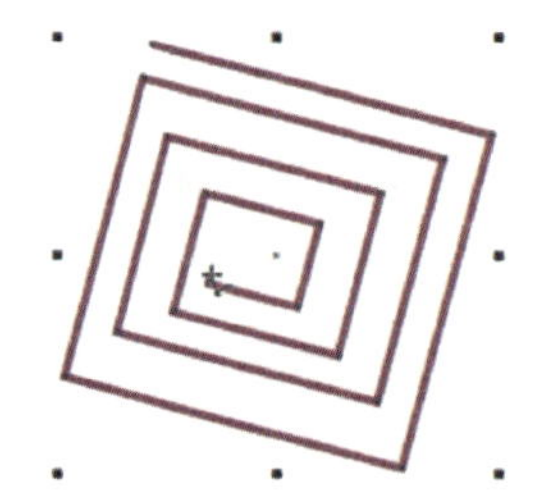
图 3-1-8　用折线工具绘制复杂折线

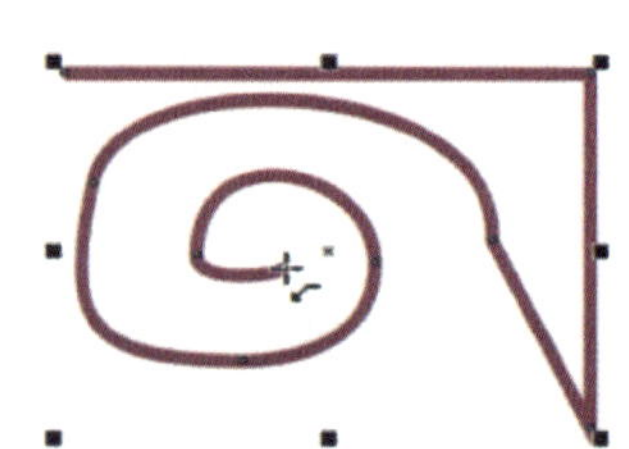
图 3-1-9　用折线工具绘制平滑曲线

七、3 点曲线工具

使用 3 点曲线工具可以方便地绘制出弧形曲线。它的用法灵活简便，只需确定两个点，通过拖动鼠标调整第三个点的位置和方向来确定曲线的高度和深度，免除了一些不必要的环节。

单击工具栏中的“3 点曲线工具”按钮，在工作区中按住鼠标左键确定曲线的起点，然后在拖动一定距离后释放以确定第二个点，继续拖动鼠标至合适位置后单击确定第三个点，即可绘制出一条曲线，如图 3-1-10 所示。

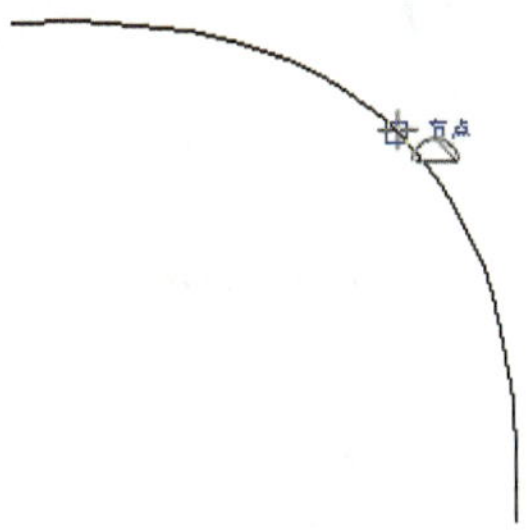

图 3-1-10　绘制 3 点曲线

八、艺术笔工具

使用艺术笔工具可以绘制多种样式的艺术线条，其绘制方法与用手绘工具绘制曲线相似，不同的是，艺术笔工具绘制的是一条封闭的路径，可以对其填充颜色。

艺术笔工具的参数属性栏提供了预设、笔刷、喷涂、书法和表达式共五种笔触工具，通过选择这些工具并在参数属性栏中设置相应参数，可绘制出不同风格的图形。

1. 预设

预设工具是使用预设矢量形状绘制曲线。在选择“艺术笔”工具后，参数属性栏中默认选择“预设”按钮，预设工具的参数属性栏如图 3-1-11 所示。

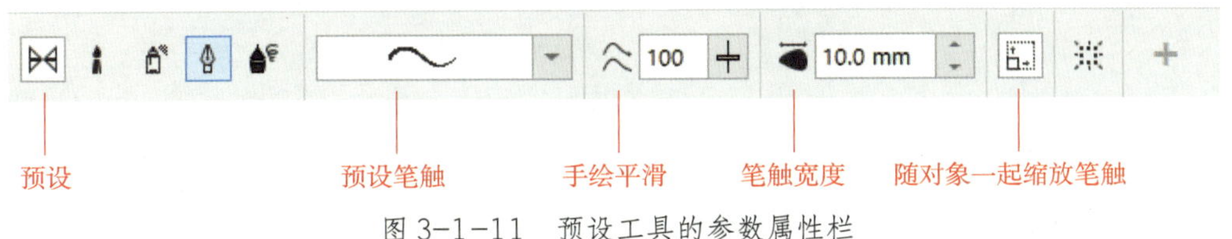

图 3-1-11　预设工具的参数属性栏

从“预设笔触”列表框中选择笔触样式，在工作区中按下鼠标左键并拖动，即可绘制出需要的形状，如图 3-1-12 所示。

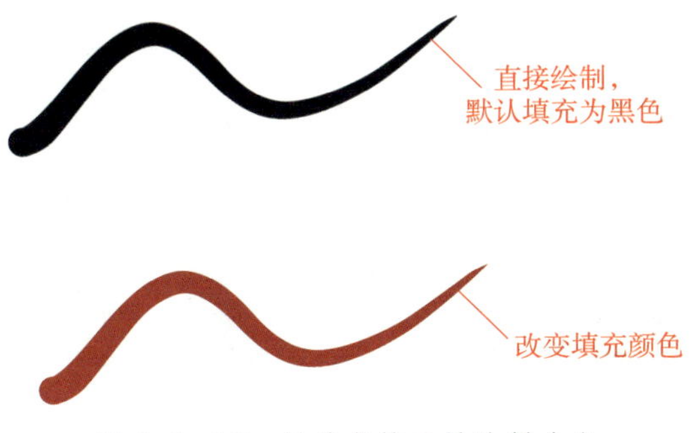

图 3-1-12　用艺术笔工具绘制曲线

由上图可得，艺术笔工具绘制的曲线是一条封闭的路径，可以填充任何颜色，也可以通过参数属性栏调整笔触样式和宽度。

2. 笔刷

笔刷工具是绘制与着色的笔刷笔触相似的曲线。CorelDRAW 提供了多种笔刷样式，在使用时，可以在参数属性栏设置笔刷属性，笔刷工具的参数属性栏如图 3-1-13 所示。

图 3-1-13　笔刷工具的参数属性栏

单击“类别”列表框，选择需要的笔刷类别；单击“笔刷笔触”列表框，选择笔触图形；然后在工作区中按住鼠标左键并拖动，即可绘制出所选笔触图形，如图 3-1-14 所示。

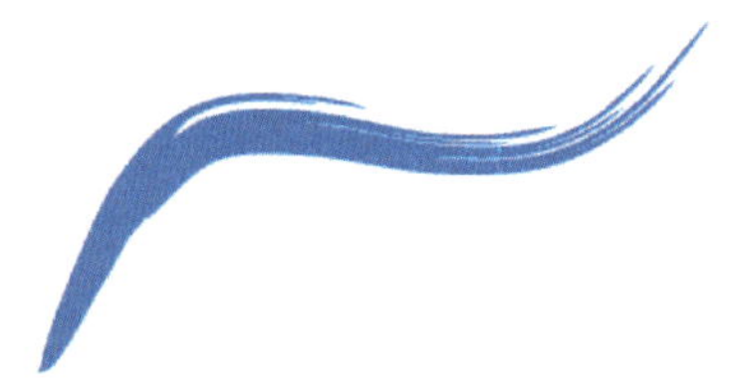
图 3-1-14　笔刷工具的绘制效果

3. 喷涂

喷涂工具是通过喷射一组预设图像进行绘制。单击艺术笔工具的参数属性栏中的“喷涂”按钮，喷涂工具的参数属性栏如图 3-1-15 所示。

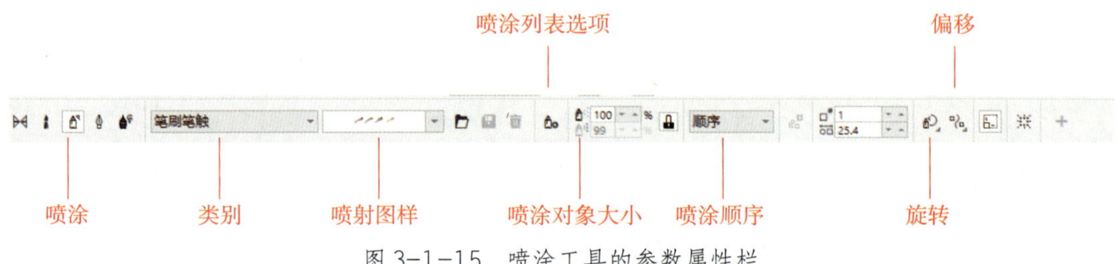

图 3-1-15　喷涂工具的参数属性栏

单击“类别”列表框，选择需要的喷涂类别；单击“喷射图样”列表框，选择喷射图样；然后在工作区中按住鼠标左键并拖动，即可绘制出所选喷射图样，如图 3-1-16 所示。

图 3-1-16　喷涂工具的绘制效果

在参数属性栏中单击“喷涂顺序”列表框 顺序 ，可选择喷射对象沿笔触显示的顺序。

改变参数属性栏中的“每个色块中的图像数和图像间距”输入框 的数值，可对所绘制的图形进行稀疏程度的调整。

如果要旋转所绘制的喷射图形，可单击参数属性栏中的“旋转”按钮，打开如图 3-1-17 所示的“旋转”面板，在面板中设置相关参数，即可旋转对象。

如果要移动所绘制的喷射图形，可单击参数属性栏中的“偏移”按钮，打开如图 3-1-18 所示的“偏移”面板，在面板中设置相关参数，即可移动对象。

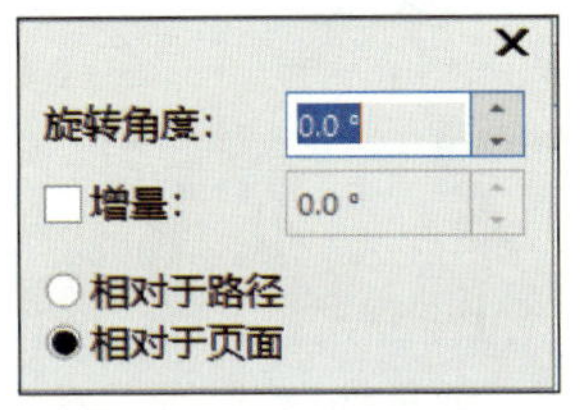

图 3-1-17 “旋转”面板

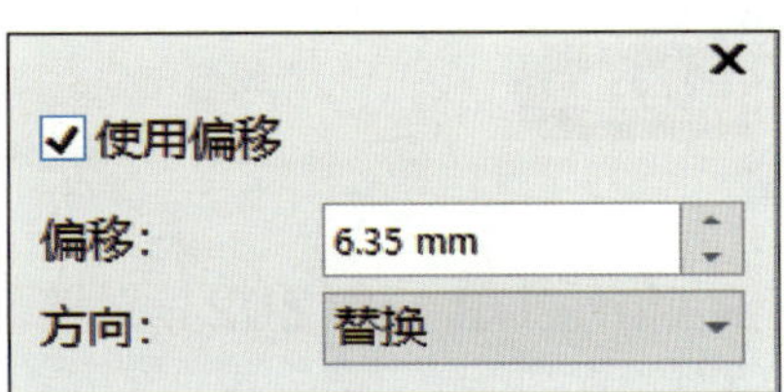

图 3-1-18 “偏移”面板

4. 书法

书法工具可以绘制出类似书法笔触的效果。在参数属性栏中设置笔触宽度和书法角度，即可绘制出需要的图形效果。

单击艺术笔工具的参数属性栏中的“书法”按钮，在工作区中按下鼠标左键并拖动，即可绘制出书法图形，如图 3-1-19 所示。

在参数属性栏的“书法角度”输入框 中输入数值，可以设置所绘图形笔触的倾斜角度。

5. 表达式

表达式工具可以模拟使用压感笔的绘图效果。单击艺术笔工具的参数属性栏中的“表达式”按钮，在参数属性栏中设置相应的参数，在工作区中按下鼠标左键并拖动，即可绘制出表达式图形，如图 3-1-20 所示。

图 3-1-19 书法工具的绘制效果

图 3-1-20 表达式工具的绘制效果

在参数属性栏中更改笔触的宽度和平滑度，可以绘制出各种各样的压感笔艺术图形。

九、LiveSketch 工具

LiveSketch 工具也称草图工具，一般配合绘图板使用，就像用铅笔在纸张上绘图一样，绘制的手绘笔触经过 LiveSketch 的调整会成为曲线。

十、智能绘图工具

智能绘图工具能将手绘笔触转换成基本形状或平滑的曲线，它能自动识别多种形状，如椭圆形、矩形、菱形、箭头和梯形等，并能处理和优化随意绘制的曲线。智能绘图工具一般需要配合绘图板使用。

操作演示

1. 新建 CorelDRAW 2021 文档

启动 CorelDRAW 2021 软件后，在启动界面中单击“新文档”选项，在弹出的“创建新文档”对话框的“名称”选项中输入“百灵鸟科技标志”，设置“原色模式”为“CMYK”，“页面大小”为“A4”，“方向”为“横向”，“分辨率”为“300 dpi”，然后单击“OK”按钮。

2. 绘制背景

双击工具栏中的“矩形工具”按钮，创建一个和页面一样大的矩形，填充为白色。将鼠标指针移至矩形上并单击鼠标右键，从弹出的快捷菜单中选择“锁定”命令锁定对象。

3. 绘制百灵鸟标志

（1）使用椭圆形工具绘制两个直径分别为 71 mm 和 77 mm 的正圆形，使用贝塞尔工具沿正圆形轮廓绘制百灵鸟身体，在完成绘制后删除正圆形，效果如图 3-1-21 所示。

（2）使用贝塞尔工具绘制百灵鸟翅膀，设置轮廓宽度为 1 pt，调整位置，选中所有百灵鸟的部分，单击参数属性栏中的“焊接”按钮，效果如图 3-1-22 所示。

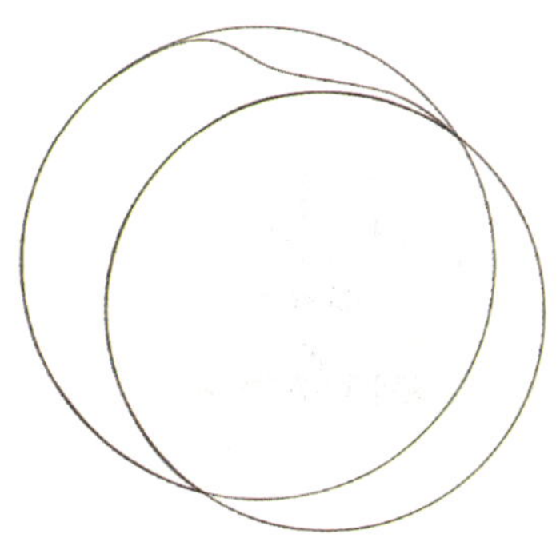
图 3-1-21　绘制百灵鸟身体

图 3-1-22　绘制百灵鸟翅膀

（3）使用椭圆形工具绘制三个直径为 65 mm 和一个直径为 42 mm 的正圆形，使用贝塞尔工具沿正圆形轮廓绘制九个不同大小的图形，如图 3–1–23 所示。在完成绘制后删除正圆形，将绘制好的图形放置到百灵鸟图形的下方，效果如图 3–1–24 所示。

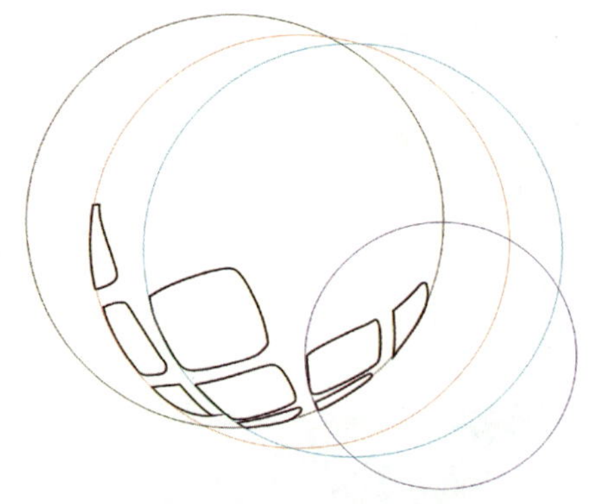

图 3–1–23　绘制装饰图形

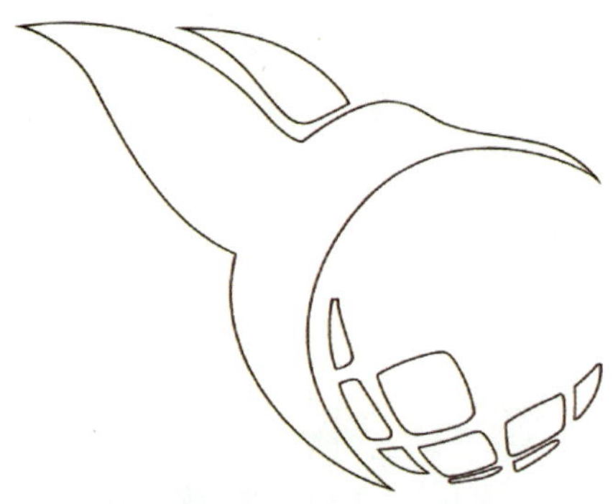

图 3–1–24　绘制百灵鸟标志完整轮廓

（4）使用交互式填充工具将百灵鸟身体部分填充深蓝色（C：84，M：42，Y：30，K：0）到浅蓝色（C：67，M：25，Y：9，K：0）的线性渐变，取消轮廓色，如图 3–1–25 所示。将百灵鸟翅膀部分填充浅绿色（C：49，M：4，Y：33，K：0）到深绿色（C：75，M：13，Y：44，K：0）的线性渐变，取消轮廓色，效果如图 3–1–26 所示。

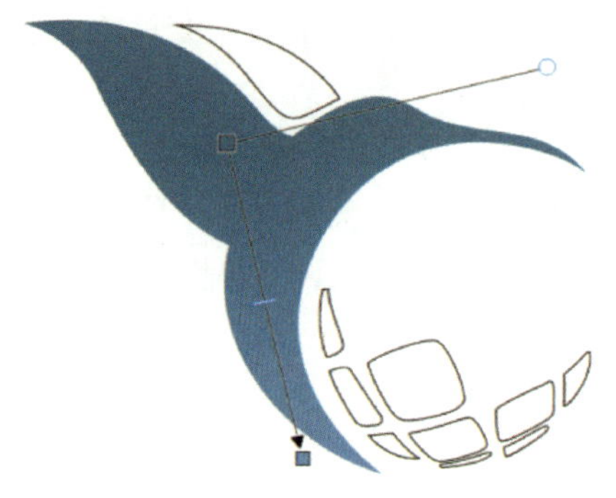

图 3–1–25　填充百灵鸟身体部分颜色

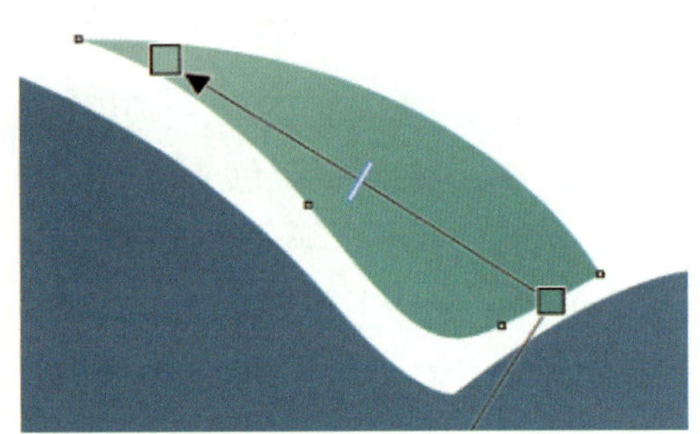

图 3–1–26　填充百灵鸟翅膀部分颜色

（5）使用交互式填充工具将百灵鸟标志下方的装饰图形填充橘黄色（C：0，M：56，Y：93，K：0）到黄色（C：4，M：29，Y：93，K：0）的线性渐变，取消轮廓色，效果如图 3–1–27 所示。

（6）使用贝塞尔工具绘制三个图形，使用形状工具调整三个图形的各个节点，如图 3–1–28a 所示。选中三个图形以及百灵鸟图形部分，在参数属性栏中单击“相交”按钮，删除相交部分以外的多余线段，效果如图 3–1–28b 所示。

图 3-1-27　填充装饰图形颜色

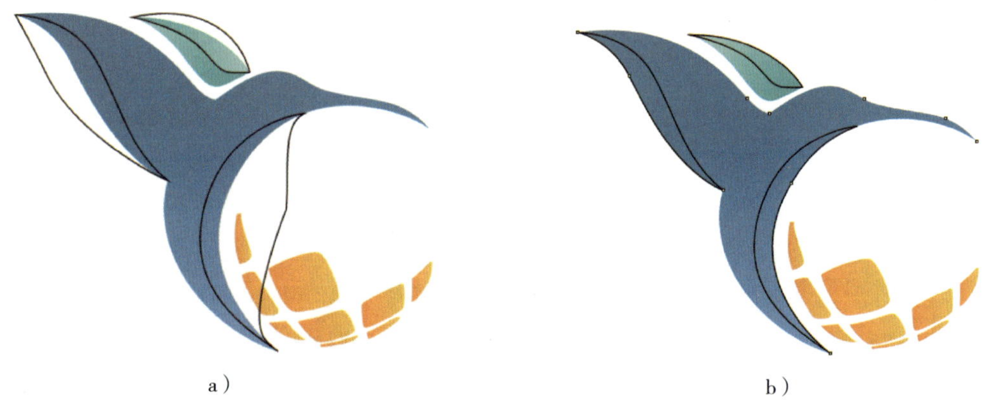
a）　b）

图 3-1-28　绘制新的装饰图形
a）绘制三个图形并调整　b）删除相交部分以外的多余线段

（7）选中相交部分的图形，使用交互式填充工具，分别填充浅绿色（C：64，M：11，Y：31，K：0）到深蓝色（C：82，M：40，Y：31，K：0）、浅绿色（C：49，M：4，Y：33，K：0）到深绿色（C：75，M：13，Y：44，K：0），以及浅蓝色（C：67，M：25，Y：9，K：0）到深蓝色（C：84，M：42，Y：30，K：0）的线性渐变，效果如图 3-1-29 所示。

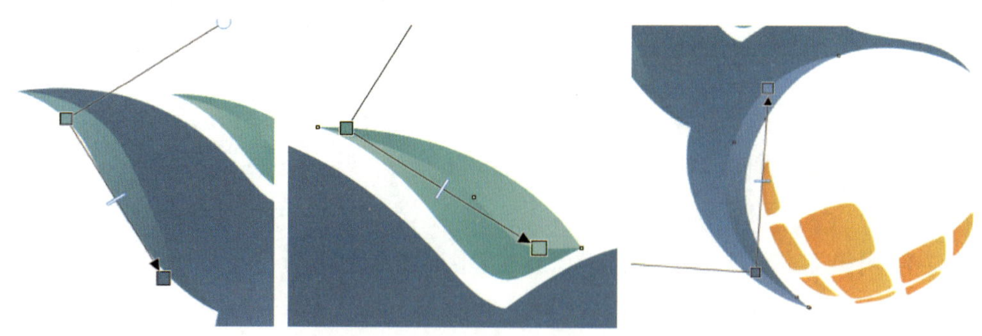
图 3-1-29　填充相交部分颜色

4. 添加文字效果

使用文字工具在页面中输入“百灵鸟科技”，设置字体为“微软雅黑”，字体大小为“60 pt”，填充颜色为蓝色（C：78，M：56，Y：49，K：2）。

5. 组合全部对象

选择全部对象，按 Ctrl+G 组合键组合对象，完成百灵鸟科技标志的制作。

6. 保存文件

执行“文件”→“保存”命令，保存文件。

任务 2　制作招财虎形象

1. 掌握轮廓笔工具的使用方法。
2. 掌握将轮廓转换为对象的方法。

本任务是一个曲线图形绘制实例，主要利用贝塞尔工具、艺术笔工具和轮廓笔工具来制作招财虎形象（见图 3-2-1）。要完成本任务，需要掌握颜色搭配技巧，使绘制的招财虎憨态可掬。

图 3-2-1　招财虎 IP 形象效果图

一、编辑轮廓线

在 CorelDRAW 2021 中，用户通过编辑轮廓线可以制作不同效果的轮廓样式。在默认状态下，CorelDRAW 2021 绘制的图形只有较细的黑色轮廓线。

1. 设置轮廓线

单击工具栏中的“轮廓笔”按钮，选择“轮廓笔”选项，如图 3-2-2 所示，打开“轮廓笔”对话框，如图 3-2-3 所示。

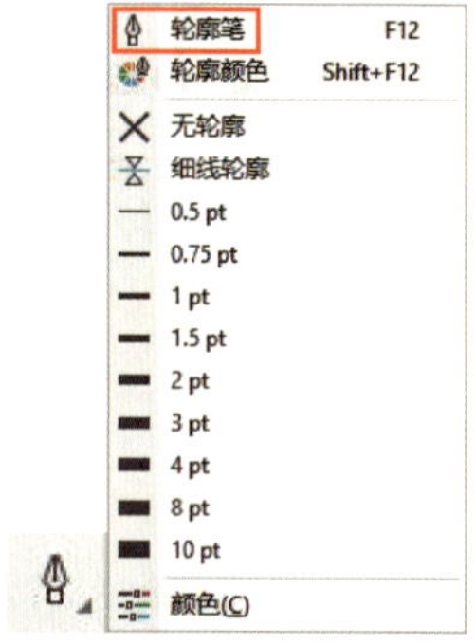

图 3-2-2 选择“轮廓笔”选项

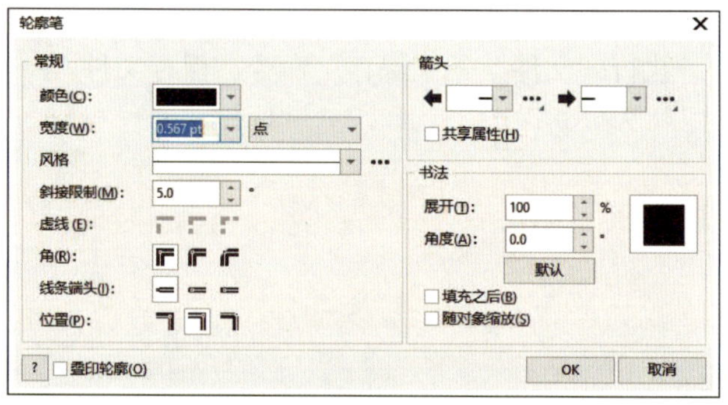

图 3-2-3 “轮廓笔”对话框

“轮廓笔”对话框中各项功能如下。

（1）颜色：单击“颜色”下拉按钮，在展开的颜色选取器中选择合适的轮廓色，如图 3-2-4 所示。

（2）宽度：单击“宽度”下拉按钮，在下拉列表框中选择合适的轮廓宽度，也可手动输入，如图 3-2-5 所示。

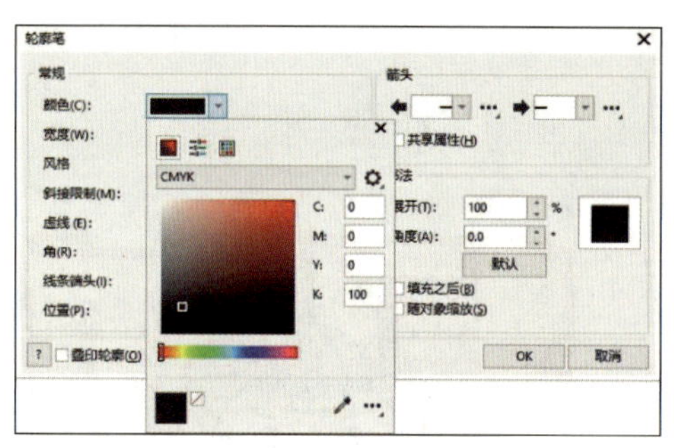

图 3-2-4 设置轮廓色

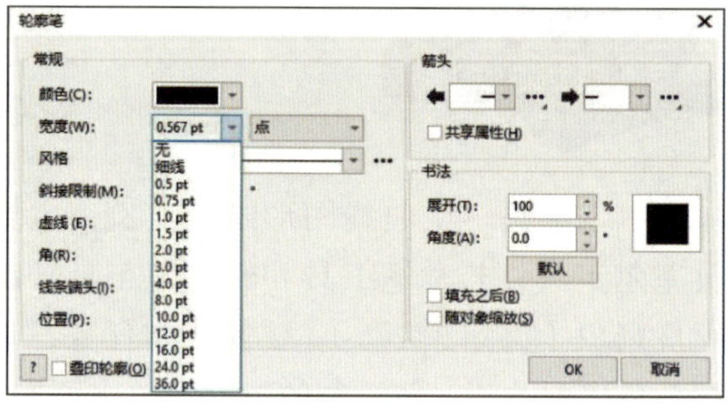

图 3-2-5 设置轮廓宽度

（3）风格：单击“风格”下拉按钮，弹出预设的线条样式列表框，如图 3-2-6 所示。用户可从线条样式列表中选择需要的风格。如果预设的风格不能满足用户的需要，可单击“更多”按钮，从“编辑线条样式”对话框中进行设置，如图 3-2-7 所示。

（4）箭头：此项包含两个下拉列表和以供选择，左侧的用来设置线条开始处的箭头，右侧的用来设置线条结束处的箭头，箭头形状如图 3-2-8 所示。

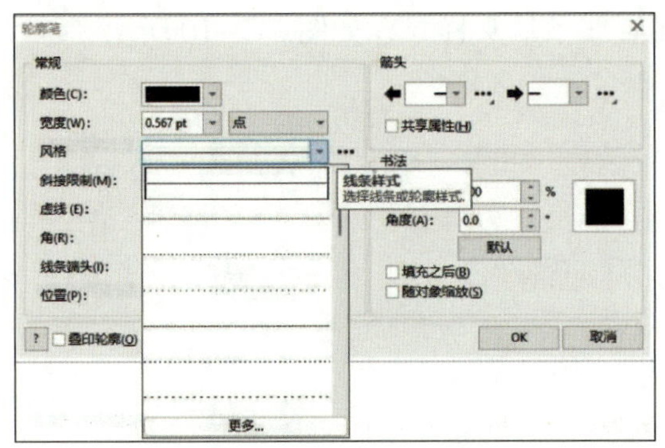

图 3-2-6　设置轮廓样式

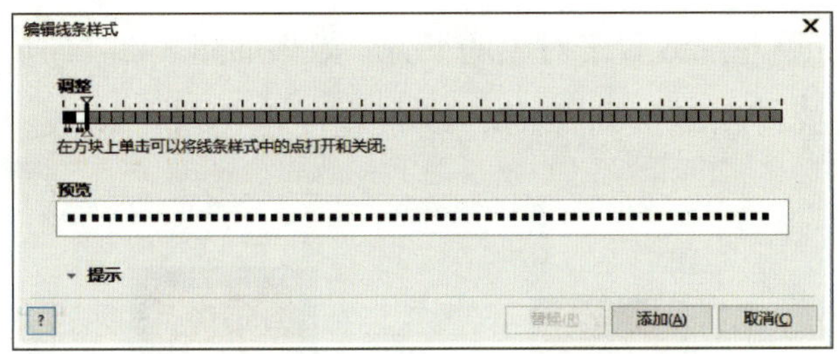

图 3-2-7　“编辑线条样式”对话框

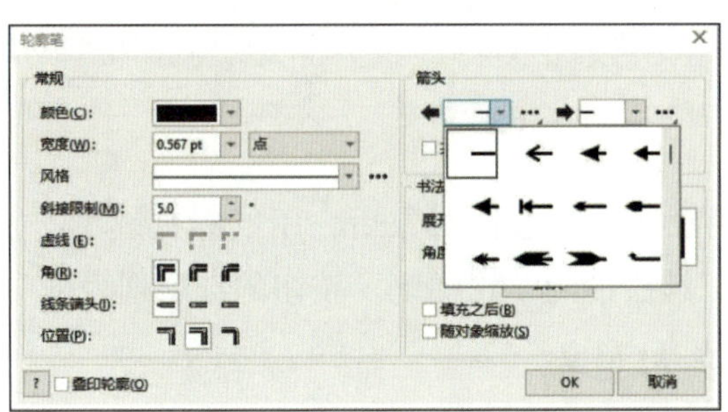

图 3-2-8　设置箭头形状

（5）角：设置轮廓的转角样式，如图 3-2-9 所示。

图 3-2-9　设置转角样式

（6）线条端头：设置线条端头样式，如图 3–2–10 所示。

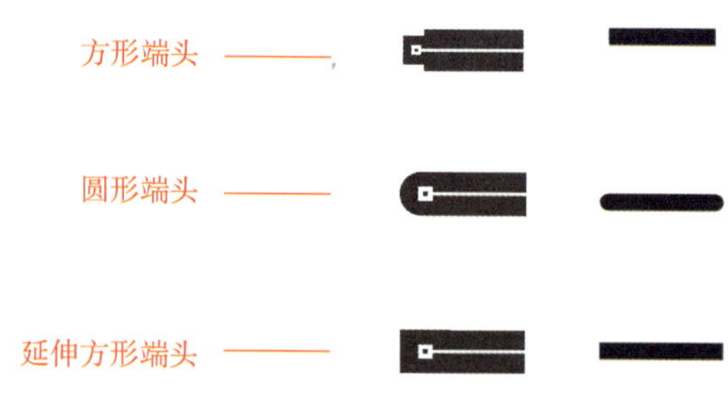

图 3-2-10　设置线条端头样式

（7）填充之后：将轮廓线置于对象的下方，效果如图 3–2–11 所示。

（8）随对象缩放：在缩放对象时，线条宽度也会随之缩放，效果如图 3–2–12 所示。

图 3-2-11　应用“填充之后”的效果

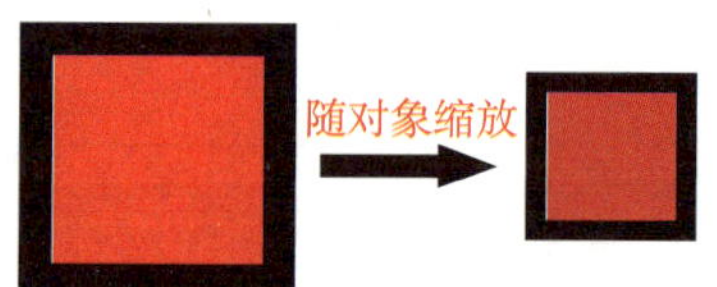

图 3-2-12　应用“随对象缩放”的效果

2. 清除轮廓线

若要清除对象的轮廓线，在选择对象后，用鼠标右键单击工作界面右侧调色板上方的 ⁄ 按钮，或者在工具栏中的“轮廓笔”按钮的选项列表框中选择 ✕ 无轮廓 即可。

二、将轮廓转换为对象

在一般情况下，图形轮廓线只能填充纯色。通过执行“对象”→“将轮廓转换为对象”命令，可以将对象的轮廓线分离为一个单独的对象，此时，不仅可以为轮廓线填充纯色，还可以为其填充纹理或图案，或进行轮廓线的设置，如图 3–2–13 所示。

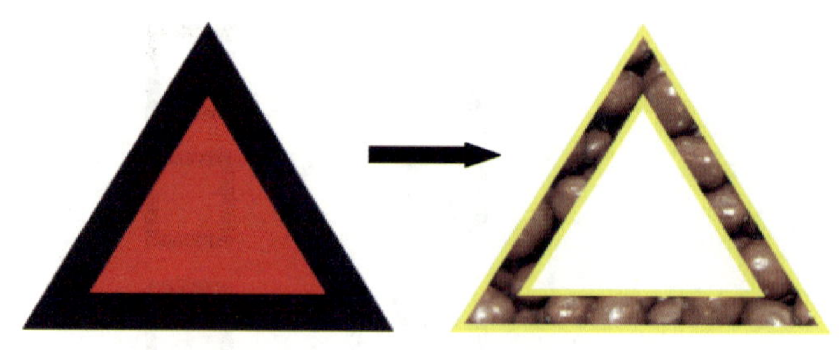

图 3-2-13　转换后的轮廓对象的填充

操作演示

1. 新建 CorelDRAW 2021 文档

启动 CorelDRAW 2021 软件后，在启动界面中单击“新文档”选项，在弹出的“创建新文档”对话框的“名称”选项中输入“招财虎形象”，设置“原色模式”为“CMYK”，“页面大小”为“A4”，“方向”为“纵向”，“分辨率”为“300 dpi”，然后单击“OK”按钮。

2. 绘制虎头

（1）单击工具栏中的“椭圆形工具”按钮，绘制三个椭圆形，使用矩形工具绘制一个矩形，如图 3-2-14a 所示。选择全部对象，在参数属性栏中单击“焊接”按钮，并将生成的对象填充为黄色（C：5，M：49，Y：77，K：0），设置轮廓色为黑色，轮廓宽度为 1.5 pt，如图 3-2-14b 所示。

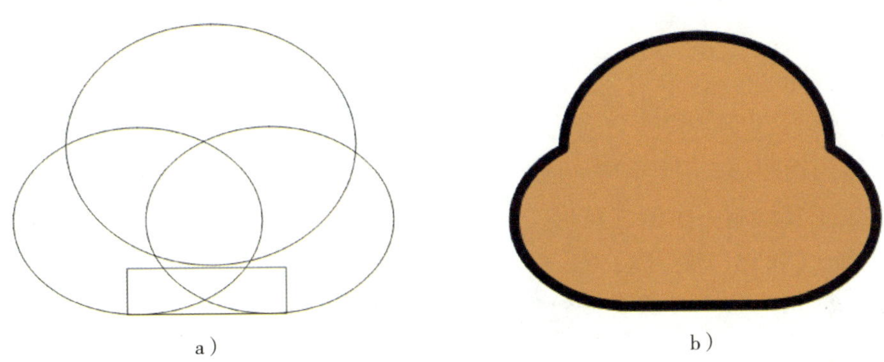

a）　　　　b）

图 3-2-14　绘制招财虎头部

a）绘制三个椭圆形和一个矩形　b）焊接对象并设置颜色

（2）使用贝塞尔工具绘制招财虎头部花纹，填充为黑色，如图 3-2-15a 所示。选中绘制完的一侧花纹，复制一份，单击参数属性栏中的“水平镜像”按钮，然后调整对象位置。再使用贝塞尔工具绘制招财虎额头的“王”字，填充为黑色，效果如图 3-2-15b 所示。

（3）使用椭圆形工具和贝塞尔工具绘制招财虎眼睛，填充黑色和白色，取消轮廓色，如图 3-2-16a 所示。选中绘制完的眼睛，复制一份，单击参数属性栏中的“水平镜像”按钮，然后调整对象位置，效果如图 3-2-16b 所示。

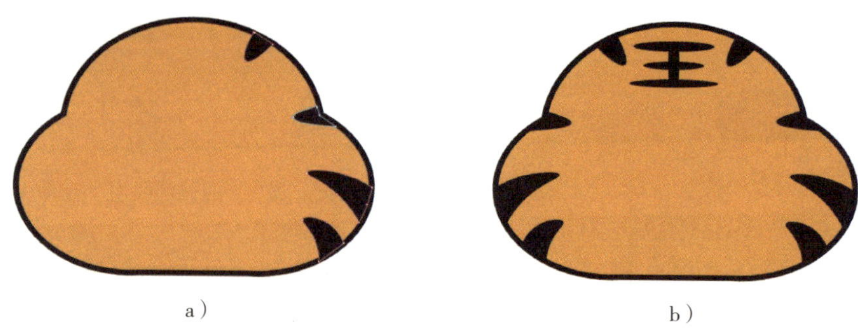

图 3-2-15 绘制招财虎头部花纹
a）绘制右侧花纹 b）绘制左侧花纹和“王”字

图 3-2-16 绘制招财虎的眼睛
a）绘制左侧眼睛 b）绘制并调整右侧眼睛

（4）使用椭圆形工具绘制椭圆形，填充为白色，取消轮廓色，如图 3-2-17a 所示。使用贝塞尔工具绘制一个倒三角形，使用形状工具调整各个节点，并将调整后的图形填充为粉色（C：15，M：44，Y：36，K：0），取消轮廓色。使用椭圆形工具绘制两个椭圆形，使用形状工具将其调整为弧形，设置轮廓宽度为 2 pt，效果如图 3-2-17b 所示。

图 3-2-17 绘制招财虎的鼻子和嘴
a）绘制椭圆形 b）绘制其余部分

3. 绘制虎耳

（1）使用贝塞尔工具绘制招财虎的耳朵，填充为黄色（C：5，M：49，Y：77，K：0），设置轮廓色为黑色，轮廓宽度为 2 pt。使用贝塞尔工具在招财虎的耳朵内侧绘制扇形，填充为淡紫色（C：15，M：44，Y：36，K：0），取消轮廓色，如图 3-2-18a 所示。随后使用贝塞尔工具沿虎耳内侧扇形上端绘制一条曲线，执行“窗口”→“泊坞窗”→“效果”命令，选择“艺术笔”选项，选中绘制好的曲线，单击“艺术笔”泊坞窗中的第一个笔触类型，如图 3-2-18b 所示。虎耳的最终效果如图 3-2-18c 所示。

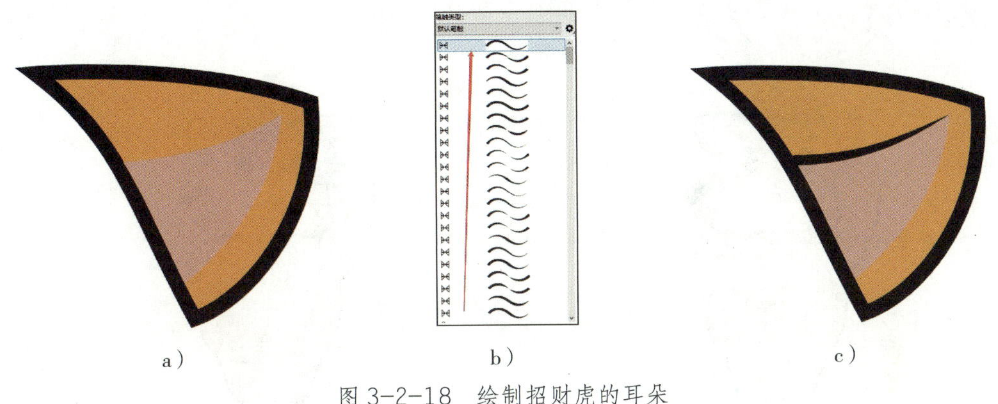
a）　　b）　　c）

图 3-2-18　绘制招财虎的耳朵

a）绘制虎耳形状　b）选择笔触类型　c）虎耳的最终效果

（2）调整招财虎耳朵的位置，执行“对象”→“顺序”→“到图层后面”命令，选中已绘制好的一侧耳朵，复制一份，并将其水平镜像，效果如图 3-2-19 所示。

图 3-2-19　绘制招财虎的两侧耳朵

4. 绘制帽子

使用贝塞尔工具和椭圆形工具绘制出帽子形状，将帽子边缘填充为黑色，帽子内侧填充为浅红色（C：4，M：95，Y：66，K：0），使用贝塞尔工具绘制不规则图形，填充为深红色（C：30，M：100，Y：97，K：0），效果如图 3-2-20 所示。完成绘制后，将帽子放置到虎头上方。

图 3-2-20　绘制帽子

5. 绘制虎身

（1）使用贝塞尔工具绘制招财虎的身体轮廓，使用形状工具调整各个节点，然后将图形填充为橘黄色（C：5，M：49，Y：77，K：0），轮廓宽度设置为 4 pt，效果如图 3–2–21 所示。

（2）使用椭圆形工具绘制招财虎的肚皮，填充为白色；再使用贝塞尔工具绘制招财虎胸前的绒毛，填充为黑色，效果如图 3–2–22 所示。

图 3–2–21　绘制招财虎的身体

图 3–2–22　绘制招财虎的肚皮及胸前绒毛

6. 绘制四肢

（1）使用贝塞尔工具绘制招财虎的腿部细节和身上花纹，填充为黑色，效果如图 3–2–23 所示。

（2）使用贝塞尔工具绘制招财虎的脚趾，填充为白色，设置轮廓宽度为 4 pt，效果如图 3–2–24 所示。选中绘制完的脚趾，复制一份，放在合适位置。

图 3–2–23　绘制招财虎的腿部细节和身上花纹

图 3–2–24　绘制招财虎的脚趾

（3）使用钢笔工具绘制招财虎的左手手指，设置轮廓宽度为 4 pt，轮廓色为黑色，效果如图 3–2–25 所示。

（4）使用贝塞尔工具绘制招财虎的右手以及元宝图形，将手掌部分填充为黄色

（C：5，M：49，Y：77，K：0），元宝部分填充为亮黄色（C：7，M：23，Y：89，K：0），设置轮廓宽度为 4 pt。使用贝塞尔工具绘制元宝高光与阴影，将高光填充为浅黄色（C：3，M：1，Y：30，K：0），阴影填充为深黄色（C：28，M：37，Y：98，K：0），效果如图 3-2-26 所示。

图 3-2-25　绘制招财虎的左手手指

图 3-2-26　绘制招财虎的右手及元宝

7. 导入背景素材

执行“文件”→“导入”命令，导入“招财进宝 .png”素材，调整图像位置和大小，最终效果如图 3-2-1 所示。

8. 组合全部对象

选择全部对象，按 Ctrl+G 组合键组合对象，完成招财虎形象的制作。

9. 保存文件

执行“文件”→“保存”命令，保存文件。

项目四
编辑矢量图形

在 CorelDRAW 2021 中，使用手绘工具、贝塞尔工具和钢笔工具等绘制的对象只能适用于大致轮廓的设计，要想得到较为精确的图形效果，必须对矢量图形进行编辑调整。

CorelDRAW 2021 提供了多种编辑矢量图形的工具，使用户可以快速和便捷地修饰轮廓线形状，让图形更完美。

任务 1　制作海边风光插画

1. 掌握用形状工具编辑矢量图形的方法。
2. 掌握“PowerClip”命令的使用方法。

本任务是一个矢量图形编辑实例，主要利用钢笔工具和交互式填充工具来制作海边风光插画（见图 4–1–1）。要完成本任务，除了须熟练掌握线条绘制的方法外，还要

注意景物的构图，使绘制出的景物协调、自然和生动。

图 4-1-1　海边风光插画效果图

一、形状工具

使用形状工具可以进行多选、单选和节选等选取节点的操作，并可修改对象的形状，形状工具的参数属性栏如图 4-1-2 所示。

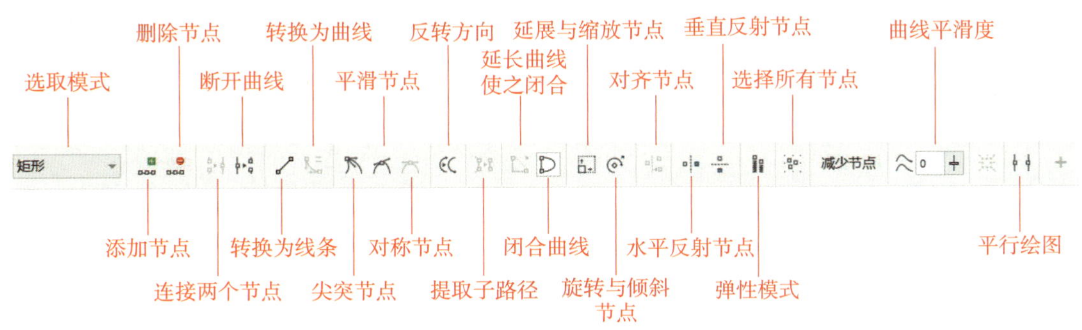

图 4-1-2　形状工具的参数属性栏

选择节点的各方法如下。

选择单独节点：逐个单击节点。

选择全部节点：按住鼠标左键在工作区空白处拖动以框选全部节点；按 Ctrl+A 组合键选择全部节点；在参数属性栏中单击“选择所有节点”按钮。

选择相连的多个节点：按住鼠标左键在工作区空白处拖动，以框选节点范围。

选择不相连的多个节点：按住 Shift 键逐个单击选择。

1．移动、添加和删除节点

（1）移动节点。使用形状工具，用鼠标左键选中想要移动的节点并拖动至合适的位置释放，即可移动节点，如图 4–1–3 所示。

图 4-1-3　移动节点

如果要移动多个节点，使用形状工具，在按住 Shift 键的同时依次单击所需节点，然后单击参数属性栏中的“弹性模式”按钮，在页面中选中想要移动的节点并拖动鼠标至合适的位置释放即可，如图 4–1–4 所示。

图 4-1-4　移动多个节点

（2）添加节点。使用形状工具，在曲线上要添加节点的位置双击鼠标左键，即可添加节点，如图 4–1–5 所示。

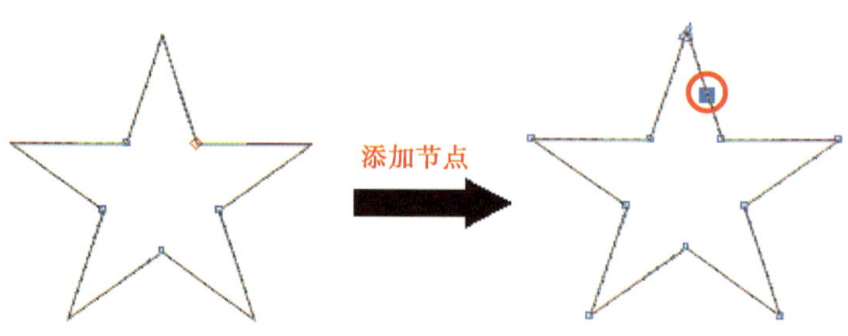

图 4-1-5　添加节点

提示

使用形状工具调整曲线时，在需要添加节点的位置单击鼠标左键，然后单击参数属性栏中的“添加节点”按钮，可以在同一线段上添加等比节点。

（3）删除节点。使用形状工具，双击要删除的节点，或者单击要删除的节点，然后单击参数属性栏中的“删除节点”按钮，即可删除节点。

提示

使用形状工具选取需要删除的节点后，按 Delete 键同样可以删除节点。

2. 更改节点属性

CorelDRAW 2021 中的节点分为三种类型，即尖突节点、平滑节点和对称节点。在编辑曲线的过程中，经常需要进行节点类型的转换，以使绘制出的曲线更加自然和准确。

（1）尖突节点。尖突节点两侧的控制手柄是独立的，在调整节点一侧控制手柄的长度和方向时，另一侧控制手柄的长度和方向不受影响，从而可以制作尖突或凹形曲线，如图 4–1–6 所示。

（2）平滑节点。平滑节点两侧控制手柄的长度和方向不会同步变换，单击节点一侧控制手柄端点并拖动，另一侧控制手柄的长度不受影响，但两者始终位于同一直线上，如图 4–1–7 所示。

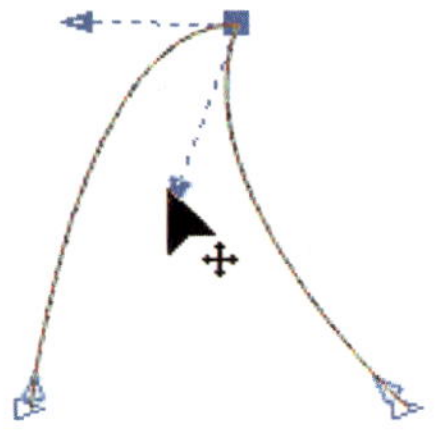

图 4–1–6 尖突节点

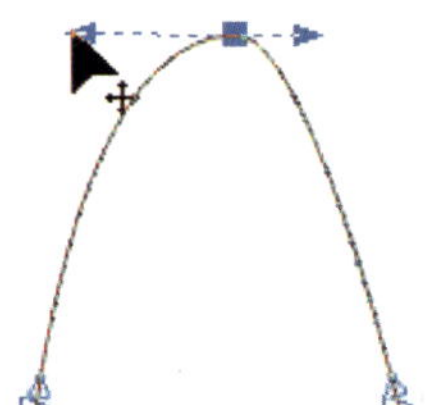

图 4–1–7 平滑节点

（3）对称节点。对称节点两侧控制手柄的长度和方向会同步变换，单击节点一侧控制手柄端点并拖动，另一侧控制手柄的长度和方向会与之同步变换，并且两者始终位于同一直线上，如图 4–1–8 所示。

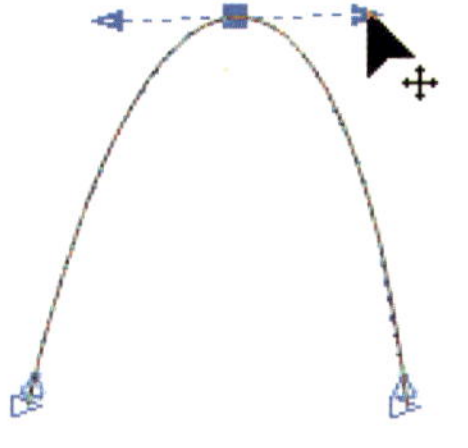
图 4-1-8　对称节点

（4）三种节点类型之间的关系。尖突节点包含平滑节点，平滑节点包含对称节点。

（5）曲线与控制手柄之间的关系。曲线总是与控制手柄相切；控制手柄长度和角度的调整都会使曲线产生相应的变化。

（6）对称节点转尖突节点。使用形状工具，选中需转换的对称节点，如图 4–1–9 所示，在参数属性栏中单击“尖突节点”按钮，即可将其转换为尖突节点，然后拖动节点的一个控制手柄，调节同侧的曲线形状，接着拖动另一边的控制手柄，如图 4–1–10 所示。

图 4-1-9　选中需转换的对称节点

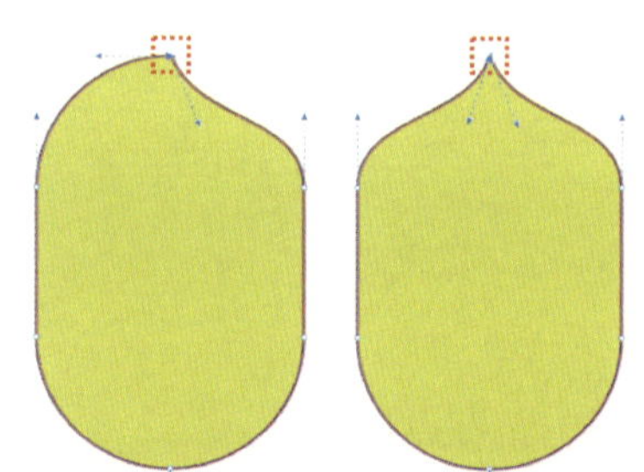
图 4-1-10　拖动节点两侧的控制手柄

（7）尖突节点转平滑节点。使用形状工具，选中需转换的尖突节点，如图 4–1–11 所示，在参数属性栏中单击“平滑节点”按钮，即可将其转换为平滑节点，然后拖动节点的任意一个控制手柄，同时调节两侧的曲线形状，如图 4–1–12 所示。

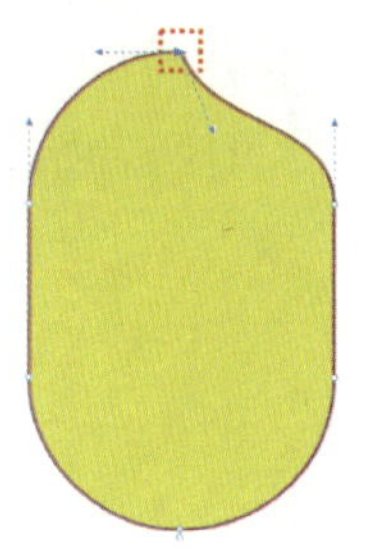
图 4-1-11　选中需转换的尖突节点

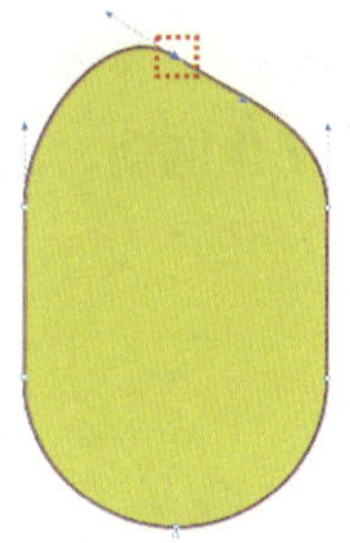
图 4-1-12　调节平滑节点两侧的曲线形状

（8）平滑节点转对称节点。使用形状工具，选中需转换的平滑节点，如图 4–1–13 所示，在参数属性栏中单击“对称节点”按钮，即可将其转换为对称节点，然后拖动节点的任意一个控制手柄，同时调节两侧的曲线形状，如图 4–1–14 所示。

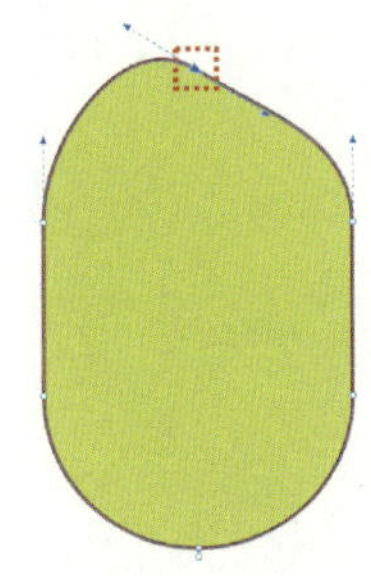

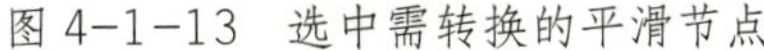

图 4-1-13　选中需转换的平滑节点

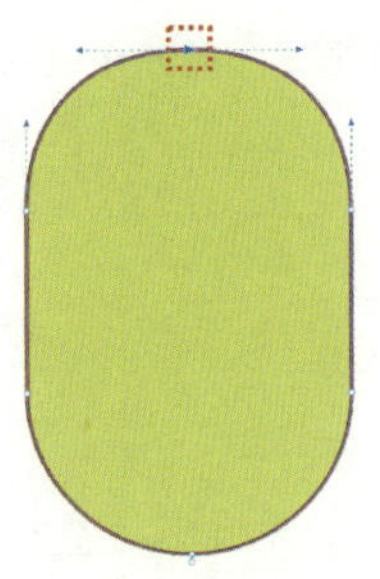

图 4-1-14　调节对称节点两侧的曲线形状

3. 将直线段转换为曲线段

在绘制好的直线段上使用形状工具单击节点，然后单击参数属性栏中的“转换为曲线”按钮，此时直线段上会出现蓝色控制手柄，用鼠标左键选中并拖动控制手柄可以改变直线段的弯曲度，如图 4–1–15 所示。

图 4-1-15　将直线段转换为曲线段

4. 将曲线段转换为直线段

使用形状工具单击曲线上的节点，然后单击参数属性栏中的“转换为线条”按钮，可将所选曲线段转换为直线段，从而改变曲线的形状，如图 4–1–16 所示。

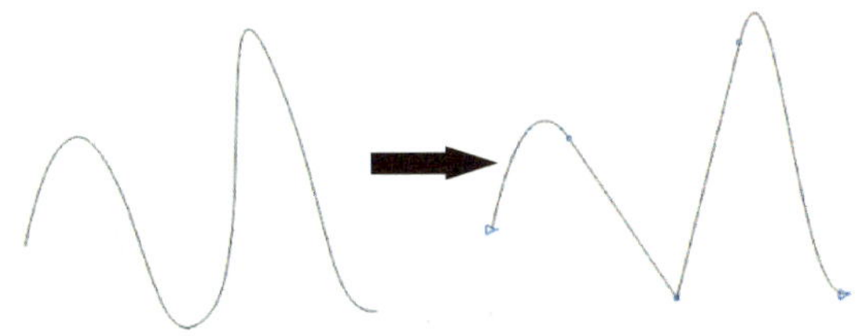

图 4-1-16　将曲线段转换为直线段

5. 闭合和断开曲线

（1）利用“连接两个节点”按钮，可以将同一个对象上断开的两个相邻节点连接成一个节点，从而使不封闭的图形成为封闭图形。

单击工具栏中的“形状工具”按钮，在按住 Shift 键的同时选择两个需要连接的节点，然后在参数属性栏中单击“连接两个节点”按钮，将一个未闭合的图形连接起来，使之成为封闭图形，如图 4–1–17 所示。

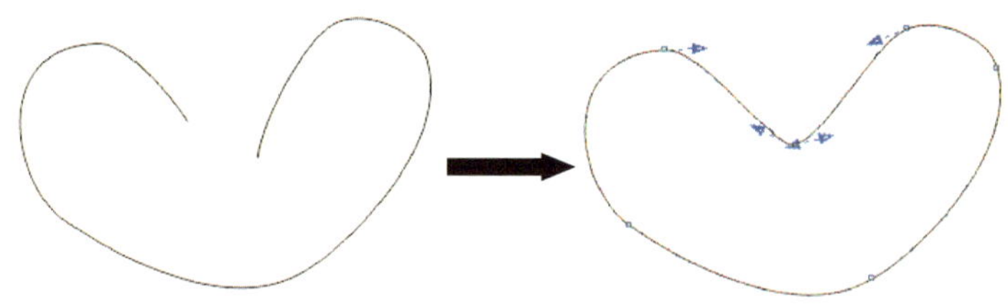

图 4-1-17　闭合曲线

（2）利用“断开曲线”按钮，可以将曲线上的节点断开，使封闭图形变为不封闭图形。

单击工具栏中的“形状工具”，选择需要断开的节点，然后在参数属性栏中单击“断开曲线”按钮，即可断开曲线。移动断点，效果如图 4–1–18 所示。

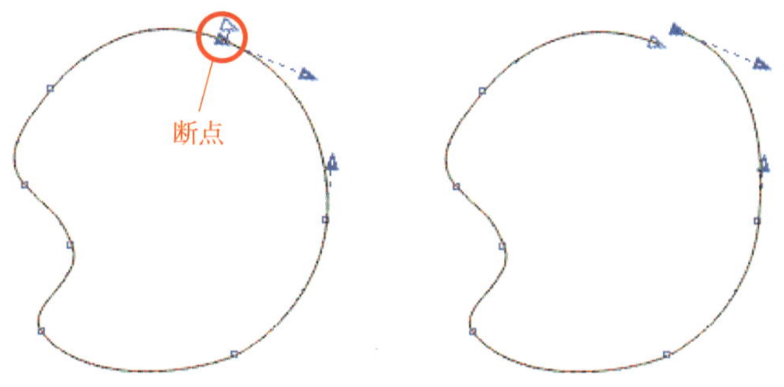

图 4-1-18　断开曲线

提示

当节点断开时无法形成封闭曲线，因此原图形的填充色无法显示，将曲线重新闭合后会重新显示填充色。

选中所有节点，然后在参数属性栏中单击“断开曲线”按钮，就可以将闭合曲线拆分成多条线段分别移动。

6. 自动闭合曲线

利用“闭合曲线”按钮可以将开放曲线的起始节点和终止节点自动闭合，以形成闭合的曲线。

单击工具栏中的“形状工具”按钮，选择需要闭合的曲线，单击参数属性栏中的“闭合曲线”按钮，即可将曲线自动闭合为封闭图形，如图 4–1–19 所示。

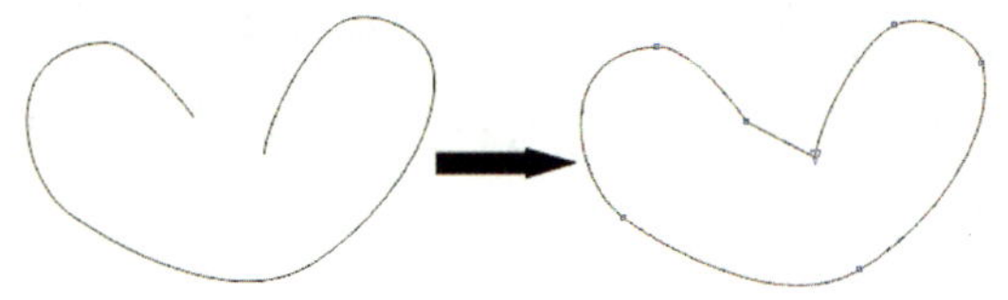

图 4-1-19　自动闭合曲线

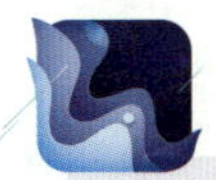

提示

使用形状工具选取曲线的起始节点和终止节点，然后单击参数属性栏中的“延长曲线使之闭合”按钮，也可以自动闭合曲线。

7. 对齐节点

使用形状工具参数属性栏中的“对齐节点”按钮可将所选节点沿水平或垂直方向对齐。

使用形状工具选择两个节点，然后单击参数属性栏中的“对齐节点”按钮，可弹出“节点对齐”对话框，如图 4-1-20 所示。在对话框中选择需要的选项，单击“OK”按钮，即可对齐节点，效果如图 4-1-21 所示。

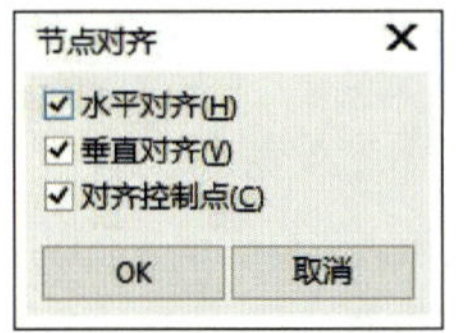

图 4-1-20　“节点对齐”对话框

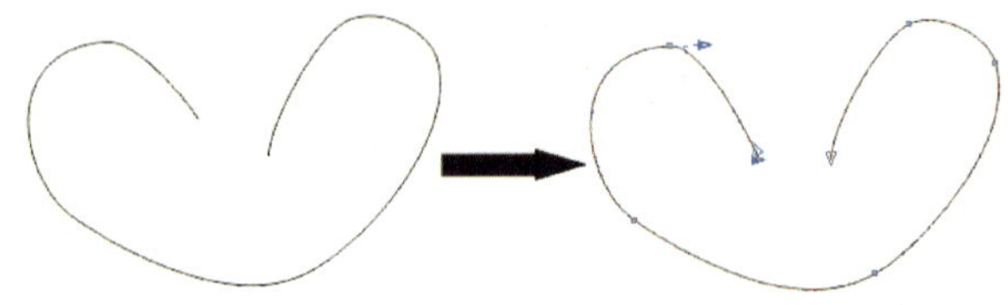

图 4-1-21　水平对齐所选的节点

（1）水平对齐。依次选择图 4-1-22a 中的节点 1、2、4 进行水平对齐，效果如图 4-1-22b 所示，选择全部节点进行水平对齐，效果如图 4-1-22c 所示。

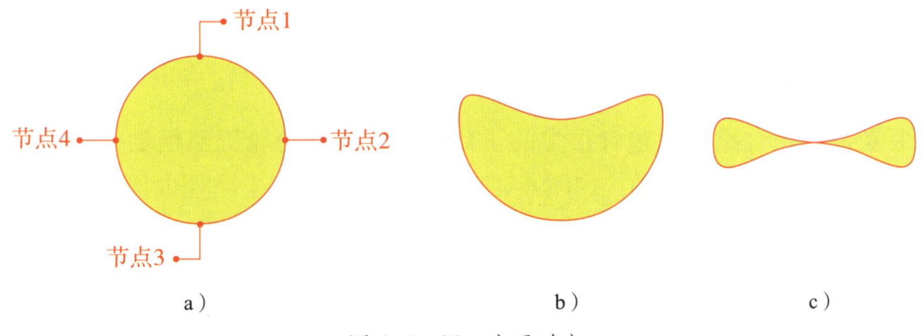

图 4-1-22　水平对齐
a）曲线的节点　b）水平对齐 3 个节点　c）水平对齐全部节点

（2）垂直对齐。依次选择图 4–1–22a 中的节点 1、2、3 进行垂直对齐，效果如图 4–1–23a 所示，选择全部节点进行垂直对齐，效果如图 4–1–23b 所示。

a）　　b）

图 4–1–23　垂直对齐
a）垂直对齐 3 个节点　b）垂直对齐全部节点

若同时勾选“水平对齐”和“垂直对齐”选项，依次选择图 4–1–22a 中的节点 1、2、4 进行对齐，效果如图 4–1–24a 所示，此时若选择全部节点进行对齐，则效果如图 4–1–24b 所示。

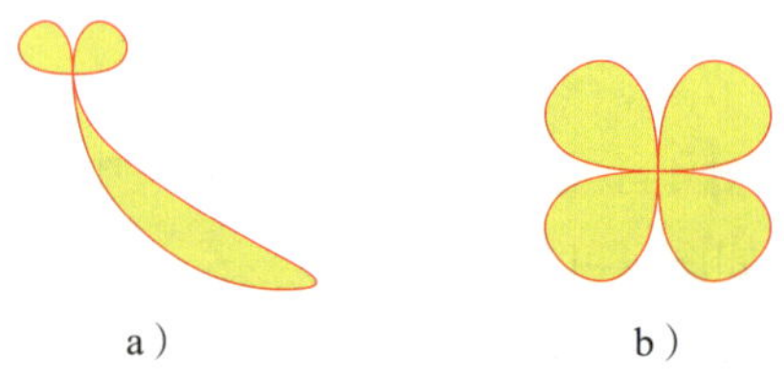

a）　　b）

图 4–1–24　同时勾选“垂直对齐”和“水平对齐”
a）选择 3 个节点　b）选择全部节点

（3）对齐控制点。依次选择图 4–1–22a 中的节点 1、3 进行对齐控制点操作，会将两个节点重合并以控制点为基准进行对齐，效果如图 4–1–25 所示。

图 4–1–25　对齐控制点

8. 提取子路径

一个复杂的闭合路径中包含很多的子路径，最外面的轮廓路径是主路径，在主路径内部的其他路径都是子路径，如图 4–1–26 所示。可以将主路径内部的子路径提取出来用于其他编辑用途。

使用形状工具，在需提取的子路径上任选一个节点，然后在参数属性栏中单击“提取子路径”按钮，可以将提取的子路径移到主路径外部进行单独编辑，如图 4–1–27 所示。

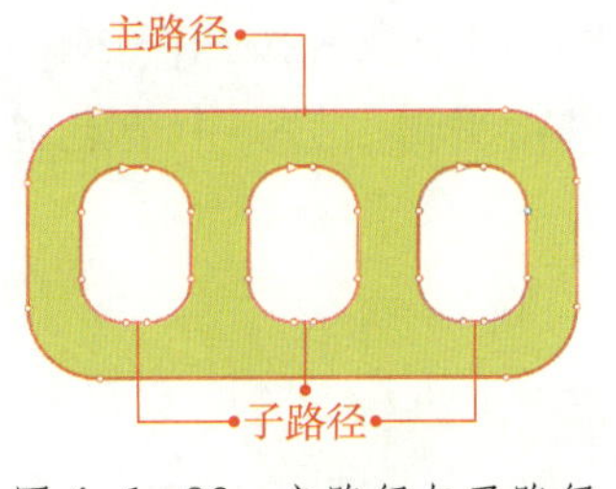

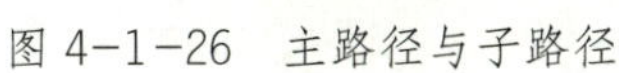
图 4-1-26　主路径与子路径

图 4-1-27　提取子路径

9. 延展与缩放节点

“延展与缩放节点”命令用于选定节点的延展和缩放操作。使用形状工具，按住鼠标左键框选图 4–1–28a 中的 3 个子路径，然后单击参数属性栏中的“延展与缩放节点”按钮，将鼠标指针移动到缩放手柄上，按住鼠标左键拖动可进行缩放，在缩放时按住 Shift 键可进行中心缩放，效果如图 4–1–28b 所示。

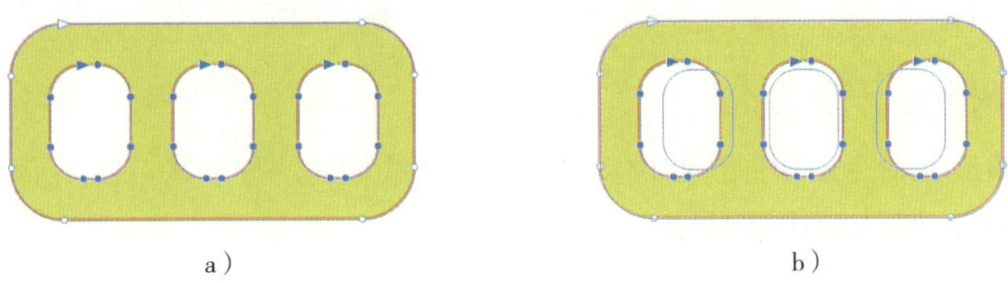
a）　b）

图 4-1-28　缩放节点

10. 旋转与倾斜节点

“旋转与倾斜节点”命令用于选定节点的旋转和倾斜操作。使用形状工具，按住鼠标左键框选图 4–1–28a 中的 3 个子路径，然后单击参数属性栏中的“旋转与倾斜节点”按钮，将鼠标指针移动到旋转手柄上，按住鼠标左键拖动可进行旋转，如图 4–1–29a 所示；将鼠标指针移动到倾斜手柄上，按住鼠标左键拖动可进行倾斜，如图 4–1–29b 所示。

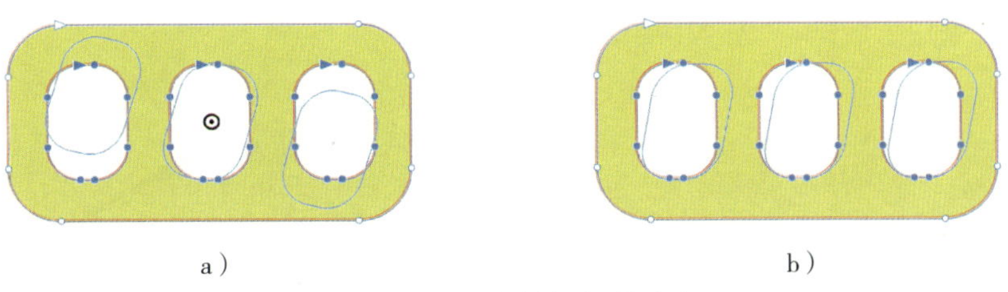
a）　b）

图 4-1-29　旋转与倾斜节点

11. 反射节点

“反射节点”命令用于对称图形中对称节点的编辑。使用形状工具，选中对称图形中的对称节点，然后在参数属性栏中单击“水平反射节点”按钮或“垂直反射节点”按钮，将鼠标指针移动到其中一个节点上进行编辑，另一个节点也会执行相应的操作，效果如图 4–1–30 所示。

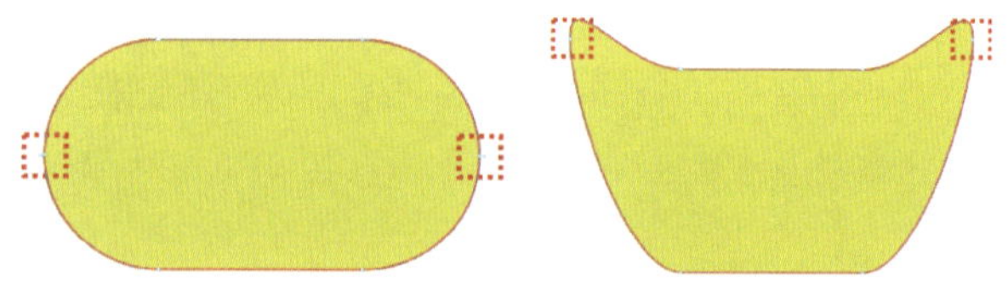

图 4–1–30　用“反射节点”命令编辑对称节点

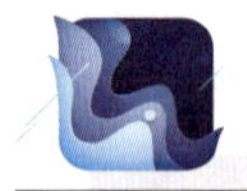

提示

对非对称图形也可执行“反射节点”命令，但不常用。

12. 弹性模式

“弹性模式”命令用于像拉伸橡皮筋一样为曲线创建一种形状。使用形状工具，选中对应的节点，如图 4–1–31 所示。

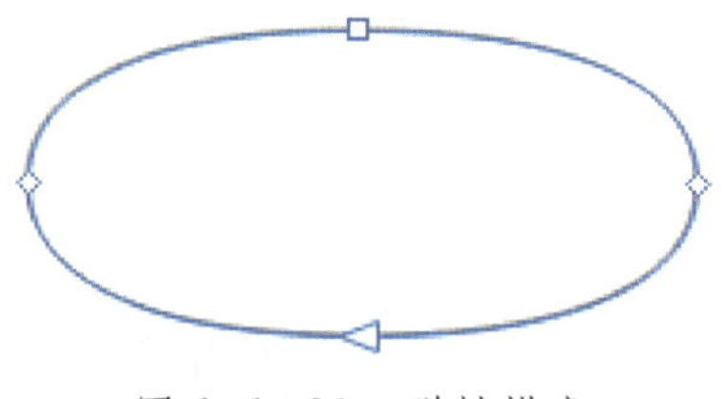

图 4–1–31　弹性模式

在普通模式下，使用方向键向下移动节点，效果如图 4–1–32 所示。单击参数属性栏中的“弹性模式”按钮，进入弹性模式，再使用方向键向下移动节点，效果如图 4–1–33 所示。

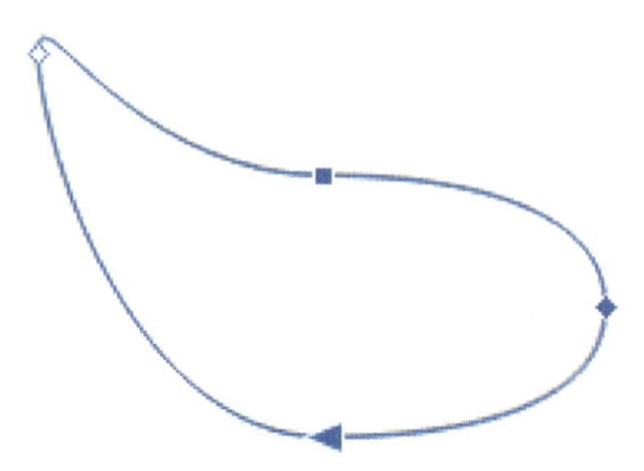

图 4–1–32　在普通模式下向下移动节点

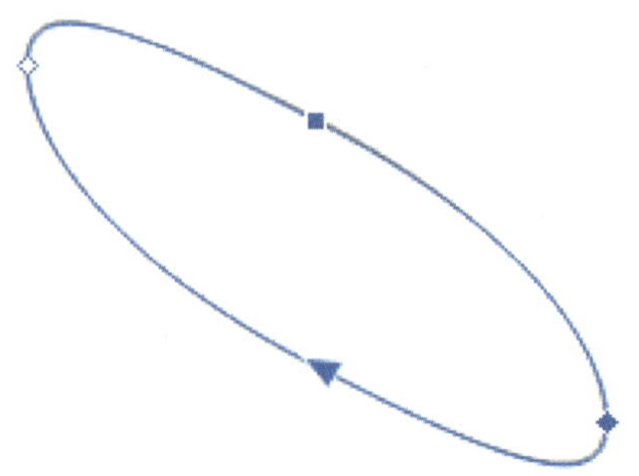

图 4–1–33　在弹性模式下向下移动节点

二、平滑工具

平滑工具用于使尖锐的曲线变平滑，平滑工具的参数属性栏如图 4–1–34 所示。

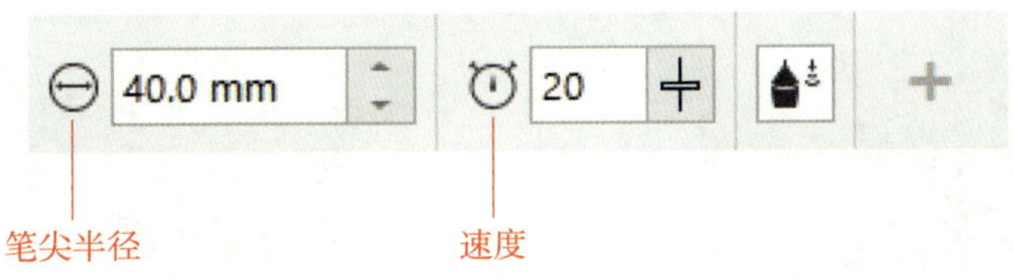

图 4–1–34　平滑工具的参数属性栏

参数属性栏中的各项功能如下。

笔尖半径：在输入框中输入数值，可设置笔尖的半径。

速度：可设置产生变换效果的速度。在对象上按住鼠标左键的时间越长，产生变换的效果越明显。

使用平滑工具，按住鼠标左键沿对象轮廓拖动，尖锐的曲线随即转换成平滑的曲线，效果如图 4–1–35 所示。

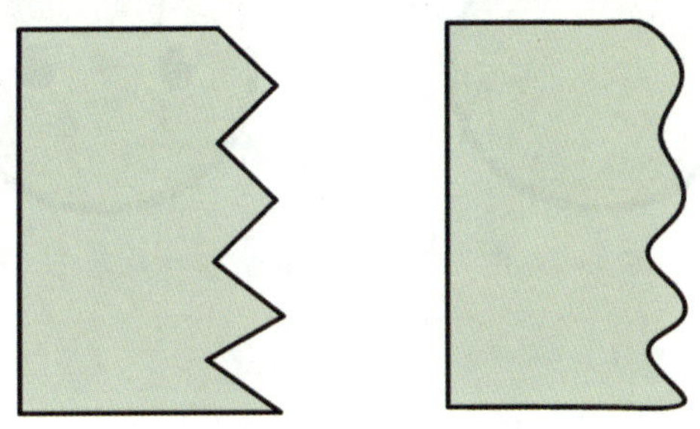

图 4–1–35　平滑曲线

三、涂抹工具

使用涂抹工具沿对象轮廓拖动可调整对象边缘形状，涂抹工具的参数属性栏如图 4–1–36 所示。

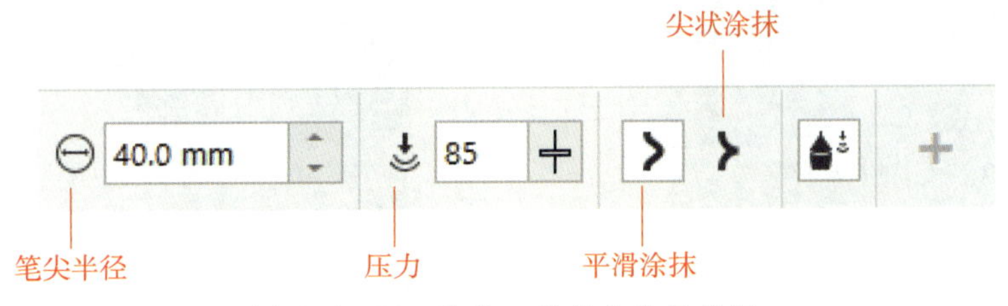

图 4–1–36　涂抹工具的参数属性栏

参数属性栏中的各项功能如下。

平滑涂抹：激活后以平滑曲线进行涂抹，如图 4–1–37 所示。

尖状涂抹：激活后以尖突曲线进行涂抹，如图 4–1–38 所示。

图 4–1–37　以平滑曲线进行涂抹

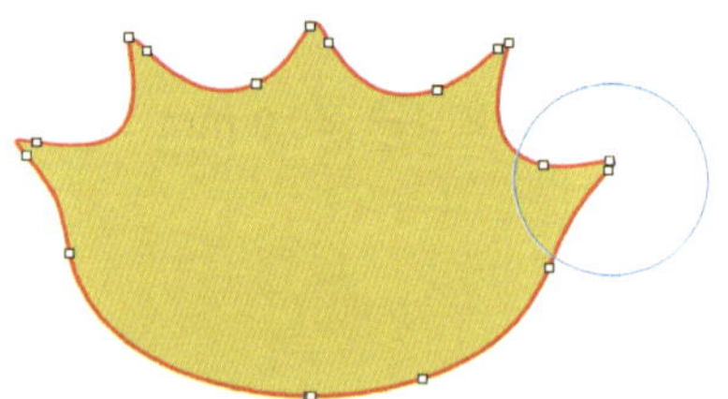

图 4–1–38　以尖突曲线进行涂抹

1. 调整单一对象

选中要调整的对象，使用涂抹工具在对象轮廓上按住鼠标左键拖动而后松开鼠标，就会产生扭曲效果。可以向对象轮廓内拖动鼠标，也可以向对象轮廓外拖动鼠标，利用涂抹工具可以制作特殊图形，效果如图 4–1–39 所示。

图 4–1–39　用涂抹工具制作特殊图形

2. 调整组合对象

选中要调整的组合对象，使用涂抹工具在对象轮廓上按住鼠标左键拖动而后松开鼠标，就会产生扭曲效果。在调整后组合中的每一个对象都会被等比例拉伸，效果如图 4–1–40 所示。

图 4–1–40　用涂抹工具调整组合对象

四、转动工具

使用转动工具在对象轮廓上按住鼠标左键，可使边缘产生转动效果，转动工具的参数属性栏如图 4–1–41 所示。

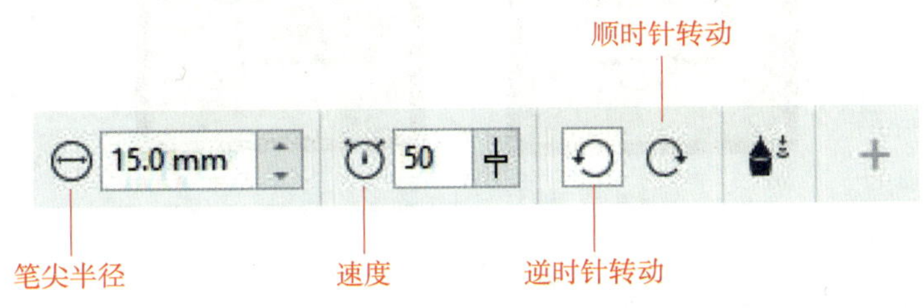

图 4–1–41 转动工具的参数属性栏

1. 线段的转动

选中线段，使用转动工具，将鼠标指针移动到线段上，按住鼠标左键，笔尖范围内会出现预览效果，松开鼠标左键完成编辑。可以使用转动工具绘制浪花样图形，效果如图 4–1–42 所示。

图 4–1–42 用转动工具绘制浪花样图形

提示

在使用转动工具时，转动的圈数是由按住鼠标左键的时间长短来决定的，时间越长圈数越多，时间越短圈数越少。

在使用转动工具进行涂抹时，笔尖范围不能离开被转动的对象，鼠标指针所在的位置会影响转动的效果。若鼠标指针的中心在线段外，则转动效果为尖角；若鼠标指针的中心在线段上，则转动效果为圆角；若鼠标指针的中心在起始节点或终止节点上，则转动效果为单线条螺旋纹。

2. 闭合路径的转动

选中闭合路径，使用转动工具，将鼠标指针移动到闭合路径上，按住鼠标左键，笔尖范围内会出现预览效果，松开鼠标左键完成编辑，效果如图 4–1–43 所示。

图 4-1-43　闭合路径的转动

提示

转动闭合路径时，若鼠标指针的中心在轮廓线外，则转动效果为闭合尖角；若鼠标指针的中心在轮廓线上，则转动效果为封闭圆角。

3. 组合对象的转动

选中组合对象，使用转动工具，将鼠标指针移动到组合对象的边缘上，按住鼠标左键，笔尖范围内会出现预览效果，松开鼠标左键完成编辑，效果如图 4-1-44 所示。

图 4-1-44　组合对象的转动

五、吸引和排斥工具

使用吸引和排斥工具，在对象轮廓上按住鼠标左键，可使对象轮廓产生吸引或推离的效果。吸引和排斥工具可以应用于组合对象，其参数属性栏如图 4-1-45 所示。

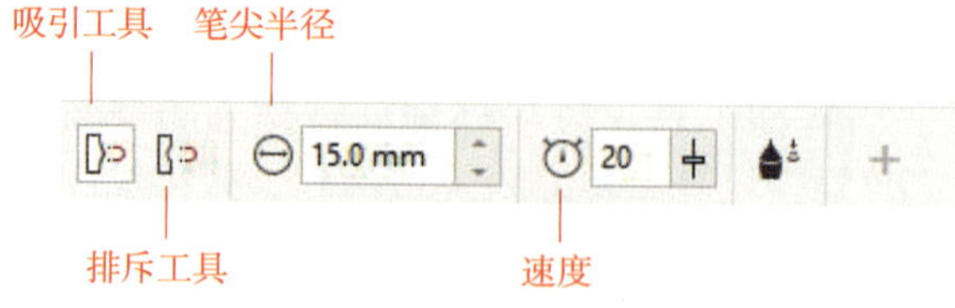

图 4-1-45　吸引和排斥工具的参数属性栏

1. 吸引工具

吸引工具通过将节点吸引到鼠标指针的中心来调整对象的形状。选中对象，使用吸引和排斥工具，在参数属性栏中激活“吸引工具”按钮，将鼠标指针移动到对象上，按住鼠标左键，笔尖范围内会出现预览效果，松开鼠标左键完成编辑，效果如图 4–1–46 所示。

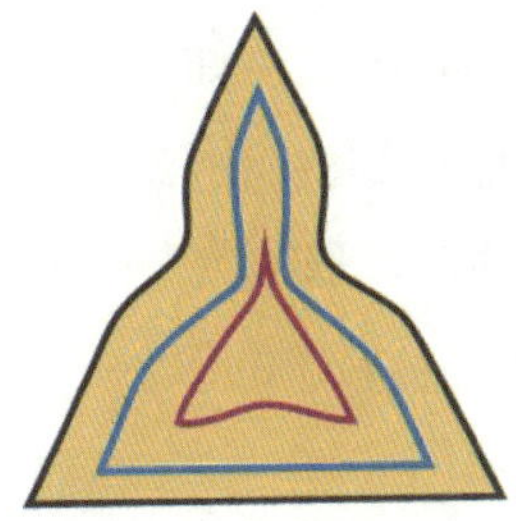

图 4–1–46　吸引工具

2. 排斥工具

排斥工具通过将节点推离鼠标指针的中心来调整对象的形状。选中对象，使用吸引和排斥工具，在参数属性栏中激活“排斥工具”按钮，将鼠标指针移动到对象上，按住鼠标左键，笔尖范围内会出现预览效果，松开鼠标左键完成编辑，效果如图 4–1–47 所示。

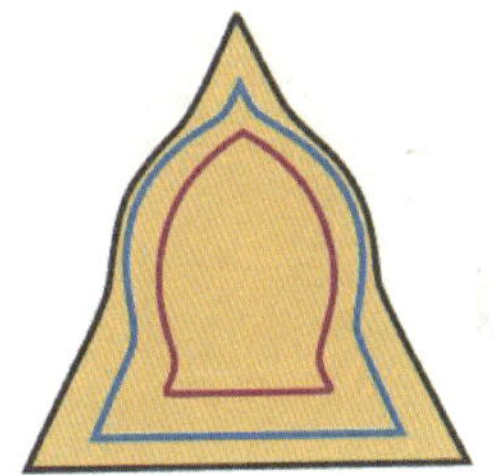

图 4–1–47　排斥工具

提示

在使用吸引和排斥工具时，只有对象轮廓在笔尖范围内才能产生效果。在产生吸引或排斥效果的过程中，若移动鼠标指针，所产生的效果也会随之移动。

六、沾染工具

沾染工具可通过沿对象轮廓拖动鼠标指针来更改对象的形状。沾染工具不能应用于组合对象，只能应用于单一的对象。沾染工具的参数属性栏如图 4-1-48 所示。

图 4-1-48　沾染工具的参数属性栏

参数属性栏中的各项功能如下。

干燥：设置在拖动调整时逐渐放大或缩小笔尖大小，其取值范围为 -10 ~ 10。其数值为 0 时，笔尖不渐变；数值为 -10 时，笔尖逐渐变大；数值为 10 时，笔尖逐渐变小。

笔倾斜：设置笔尖尖端的倾斜程度，其取值范围为 15° ~ 90°。其数值越大笔尖越圆，数值越小笔尖越尖。

笔方位：通过指定固定值更改笔尖的方位。

1. 线条的更改

选中线条，使用沾染工具，按住鼠标左键在线条上拖动，如图 4-1-49 所示，笔尖的拖动方向决定对象的挤出方向，笔尖的拖动距离决定对象的挤出长度，注意笔尖经过的位置会被剪掉。

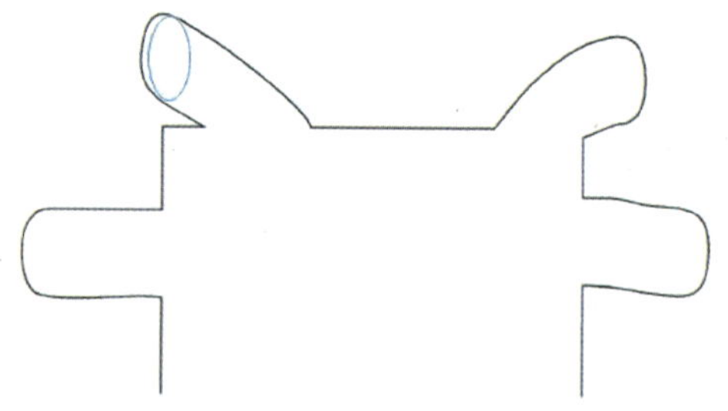

图 4-1-49　线条的更改

2. 闭合路径的更改

选中闭合路径，使用沾染工具，按住鼠标左键在轮廓上拖动，笔尖向内拖动为修剪对象，笔尖向外拖动为扩展对象，效果如图 4-1-50 所示。

图 4-1-50　闭合路径的更改

提示

此处的修剪不是真正的修剪，当笔尖向外拖动超出对象的轮廓范围时，轮廓仍然保持连接状态，不会将对象拆分成多个对象。

七、粗糙工具

使用粗糙工具沿对象轮廓拖动，其轮廓形状将变得粗糙。粗糙工具不能应用于组合对象，只能应用于单一的对象。粗糙工具的参数属性栏如图 4–1–51 所示。

图 4–1–51　粗糙工具的参数属性栏

参数属性栏中的各项功能如下。

尖突的频率：通过设定固定值改变粗糙区域中的尖突频率，其取值最小为 1，此时尖突比较平缓，如图 4–1–52 所示；取值最大为 10，此时尖突比较密集，像锯齿，如图 4–1–53 所示。

笔倾斜：设置粗糙尖突的方向。

使用粗糙工具，在对象轮廓位置按住鼠标左键拖动，会形成连续均匀的粗糙尖突效果；在对象轮廓位置单击，则会形成单个的粗糙尖突效果，如图 4–1–54 所示。

图 4–1–52　尖突的频率为 1

图 4–1–53　尖突的频率为 10

图 4–1–54　粗糙工具的使用

八、PowerClip

使用“PowerClip”命令可以将对象置入到目标对象的内部，使其按目标对象的轮廓进行精确裁剪。通俗地说，精确裁剪就是将一个对象作为物品，另一个对象作为容

器，并将物品放置到容器中去，如果物品大于容器，其超出的部分就会被隐藏。

通过执行“对象”→“PowerClip”命令可实现图框精确裁剪功能。

1. 置于图文框内部

使用多边形工具绘制一个多边形，执行“文件”→“导入”命令，导入一幅图片，如图 4–1–55 所示。

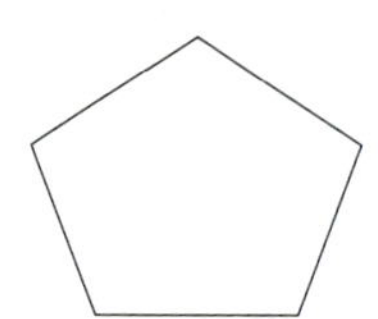

图 4–1–55　绘制多边形对象并导入图片

选中图片，执行“对象”→“PowerClip”→“置于图文框内部”命令，如图 4–1–56 所示。此时鼠标指针变为黑色箭头形状，然后单击多边形对象，效果如图 4–1–57 所示。

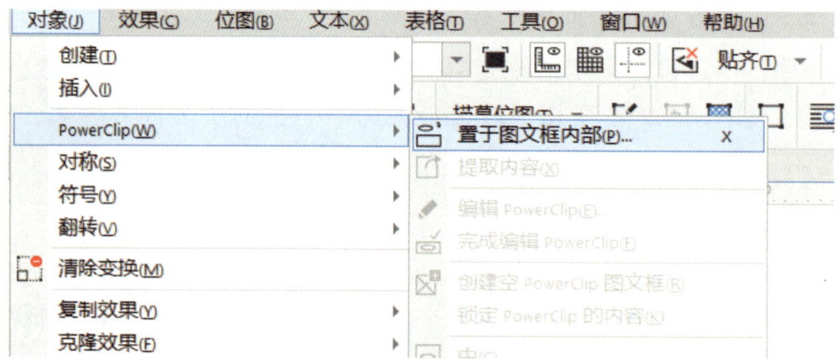

图 4–1–56　“置于图文框内部”命令

图 4–1–57　置于图文框内部的效果

在没有执行“PowerClip”命令前，“PowerClip”命令组中除了“置于图文框内部”命令外，其余命令均不可用，如图 4–1–56 所示。在执行了“PowerClip”命令后，其命令组如图 4–1–58 所示。

图 4-1-58　“PowerClip”命令组

提示

打开“工具”→“选项”→“CorelDRAW”→“PowerClip”→“自动居中新内容”选项卡，勾选“始终”选项，可使精确裁剪的对象被放置在容器图形的正中心；反之，取消此选项时，精确裁剪的对象则保持原位置不动。

2. 编辑内容

对象被放入图文框内部后，可执行“对象”→“PowerClip”→“编辑 PowerClip”命令，对对象进行编辑处理，如图 4-1-58 所示。容器内部的编辑窗口如图 4-1-59 所示，可以进行缩放、旋转或移动位置等一系列的调整。

图 4-1-59　编辑对象

在编辑结束后，可执行“对象”→“PowerClip”→“完成编辑 PowerClip”命令，结束对象的编辑，如图 4-1-60 所示。页面效果如图 4-1-61 所示。

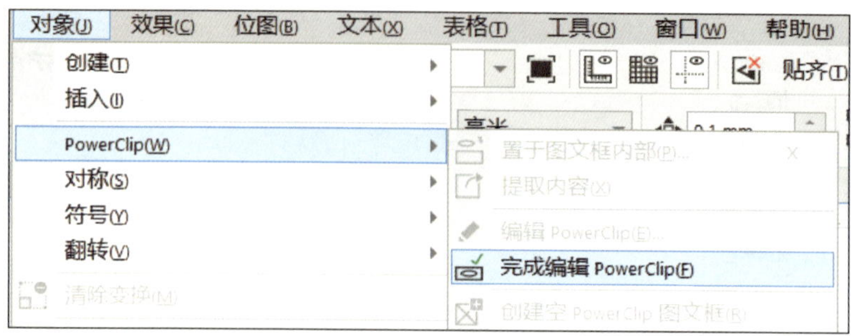

图 4-1-60 “完成编辑 PowerClip”命令

图 4-1-61 编辑完成后的页面效果

3. 提取内容

执行“对象”→“PowerClip”→“提取内容”命令，可将对象从图文框内部提取出来，使对象与容器相分离，如图 4-1-62 所示。

图 4-1-62 分离对象与容器

提示

对美术字文本也可执行“PowerClip”命令，从而制作出具有图片填充效果的文字。

操作演示

1. 新建 CorelDRAW 2021 文档

启动 CorelDRAW 2021 软件后，在启动界面中单击“新文档”选项，在弹出的“创建新文档”对话框的“名称”选项中输入“海边风光插画”，设置“原色模式”为“CMYK”，“页面大小”为“A4”，“方向”为“纵向”，“分辨率”为“300 dpi”，然后单击“OK”按钮。

2. 绘制背景

双击工具栏中的“矩形工具”以绘制与页面同样大小的矩形，填充蓝色（C：62，M：0，Y：3，K：0）到青色（C：31，M：0，Y：8，K：0）的线性渐变。执行“对象”→“锁定”命令，锁定矩形背景，效果如图 4-1-63 所示。

图 4-1-63　渐变填充效果背景

3. 绘制沙滩

（1）使用矩形工具绘制一个宽度为 210 mm、高度为 89 mm 的矩形，填充为土黄色（C：0，M：20，Y：40，K：0），效果如图 4-1-64 所示。

图 4-1-64 绘制沙滩背景

（2）使用钢笔工具绘制石头轮廓，填充为石灰色（C：47，M：37，Y：23，K：0），效果如图 4-1-65 所示。继续使用钢笔工具绘制出两块大石头的立体效果，分别填充浅灰色（C：36，M：29，Y：14，K：0）、灰色（C：56，M：44，Y：26，K：0）和深灰色（C：69，M：59，Y：42，K：0）。对表示立体效果的图形部分执行“PowerClip”命令，将其添加到石头轮廓内部，效果如图 4-1-66 所示。

图 4-1-65 绘制石头轮廓

图 4-1-66 绘制石头的立体效果

（3）使用钢笔工具绘制海星，填充为橙色（C：0，M：71，Y：99，K：0），效果如图 4–1–67 所示。

图 4–1–67　绘制海星

（4）使用钢笔工具绘制草坪，将其底色填充绿色（C：64，M：42，Y：100，K：0）到深绿色（C：75，M：60，Y：100，K：29）的线性渐变，取消轮廓色。将草坪上的图形填充黄绿色（C：60，M：39，Y：100，K：0）到嫩绿色（C：47，M：20，Y：100，K：0）的线性渐变，效果如图 4–1–68 所示。

图 4–1–68　绘制草坪

4. 绘制海洋

（1）使用钢笔工具绘制海面的形状，填充蓝色（C：62，M：0，Y：9，K：0）到青蓝色（C：47，M：0，Y：7，K：0）的线性渐变，将浪花填充为白色，效果如图 4–1–69 所示。

（2）使用钢笔工具绘制水波纹的形状，填充深蓝色（C：70，M：0，Y：4，K：0）到浅蓝色（C：65，M：0，Y：9，K：0）的线性渐变，效果如图 4–1–70 所示。

图 4-1-69　绘制海面

图 4-1-70　绘制水波纹

（3）将绘制好的水波纹放到海面的上层、浪花的下层，效果如图 4-1-71 所示。

图 4-1-71　绘制海洋

5. 绘制岛屿

使用多边形工具分别绘制宽度为 126 mm、高度为 48 mm 和宽度为 70 mm、高度为 34 mm 的三角形，填充为绿色（C：73，M：38，Y：93，K：1）。选中两个三角形，执行“对象”→“转换为曲线”命令，使用形状工具在曲线上双击以添加节点，调整图形。使用钢笔工具绘制出岛屿的立体效果，填充为深绿色（C：80，M：44，Y：100，K：5），对立体效果图形部分执行“PowerClip”命令，将其放置到底图形内部，效果如图 4–1–72 所示。

图 4–1–72　绘制岛屿

6. 绘制云朵和海鸥

使用钢笔工具绘制云朵和海鸥，填充为白色，效果如图 4–1–73 所示。

图 4–1–73　绘制云朵和海鸥

7. 绘制椰子树

（1）使用钢笔工具绘制树干，填充橙棕色（C：22，M：74，Y：99，K：0）到红棕色（C：45，M：98，Y：100，K：15）的线性渐变。再使用钢笔工具绘制树干纹理，填充棕色（C：36，M：91，Y：100，K：3）到深棕色（C：46，M：100，Y：100，K：24）的线性渐变，将填充好的树干纹理组合，执行“对象”→“PowerClip”命令，将树干纹理放置到树干内部，效果如图 4-1-74 所示。

图 4-1-74　绘制树干

（2）使用钢笔工具绘制几片叶子，分别填充蓝绿色（C：100，M：65，Y：88，K：50）到墨绿色（C：100，M：70，Y：84，K：55）、深绿色（C：95，M：53，Y：100，K：24）到绿色（C：83，M：42，Y：96，K：4），以及绿色（C：85，M：46，Y：100，K：9）到墨绿色（C：93，M：53，Y：100，K：38）的线性渐变。将画好的叶子组合起来，再使用钢笔工具绘制叶脉，填充为淡绿色（C：71，M：12，Y：78，K：0）。将绘制好的叶脉放置到叶子上面并组合，效果如图 4-1-75 所示。

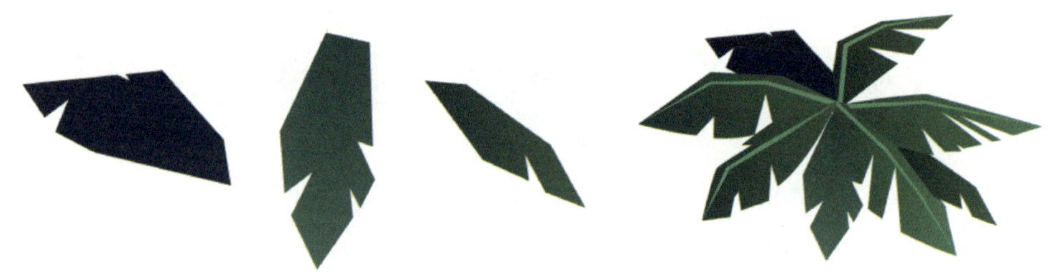

图 4-1-75　绘制叶子

（3）使用椭圆形工具绘制两个椰果，填充红棕色（C：56，M：91，Y：85，K：40）到红黑色（C：80，M：91，Y：91，K：75）的线性渐变。然后将画好的树干、叶子和椰果放置到一起，按 Ctrl+G 组合键组合对象，效果如图 4-1-76 所示。

8. 绘制植物

使用钢笔工具绘制植物，分别填充蓝绿色（C：89，M：42，Y：100，K：5）、墨绿色（C：100，M：58，Y：93，K：37）和橄榄绿色（C：82，M：59，Y：100，K：35），效果如图 4-1-77 所示。

图 4-1-76　绘制椰子树

图 4-1-77　绘制植物

9. 组合画面

将画好的椰子树和植物放置到页面相应位置，然后使用矩形工具绘制与页面同样大小的矩形，取消填充色。选中椰子树和植物，执行“对象”→“PowerClip”命令，将椰子树和植物放置到矩形框内部，效果如图 4-1-78 所示。

图 4-1-78　将椰子树和植物置入画面

10. 组合全部对象

选择全部对象，按 Ctrl+G 组合键组合对象，完成海边风光插画的制作。

11. 保存文件

执行“文件”→“保存”命令，保存文件。

任务 2　制作卡通人物插画

1. 掌握阴影工具的使用方法。
2. 掌握透明度工具的使用方法。
3. 掌握裁剪工具的使用方法。

本任务是一个矢量图形编辑实例，主要利用钢笔工具和交互式填充工具来制作卡通人物插画（见图 4-2-1）。要完成本任务，除了须熟练掌握线条绘制的方法外，还要注意人体各部分的比例关系，使绘制出的人物协调、自然和生动。

图 4-2-1　卡通人物插画效果图

一、阴影工具

阴影工具可以为对象创建光线照射的阴影效果，使对象产生较强的立体感。选中要添加阴影的对象，单击工具栏中的“阴影工具”按钮，在对象上按住鼠标左键不放，拖动鼠标至适当位置后松开，即可为对象创建阴影效果，如图 4-2-2 所示。

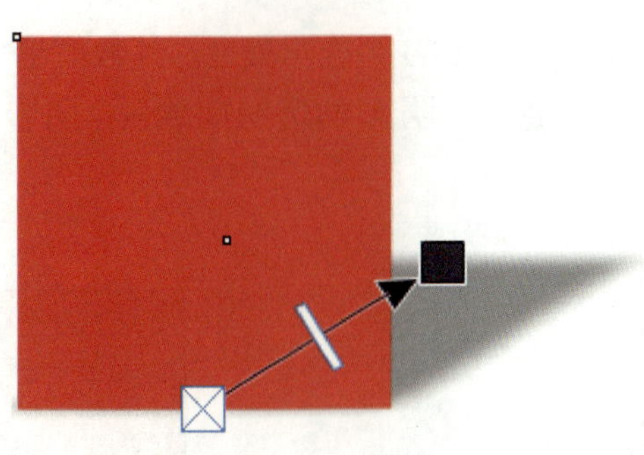

图 4-2-2 创建阴影效果

阴影工具的参数属性栏如图 4-2-3 所示。

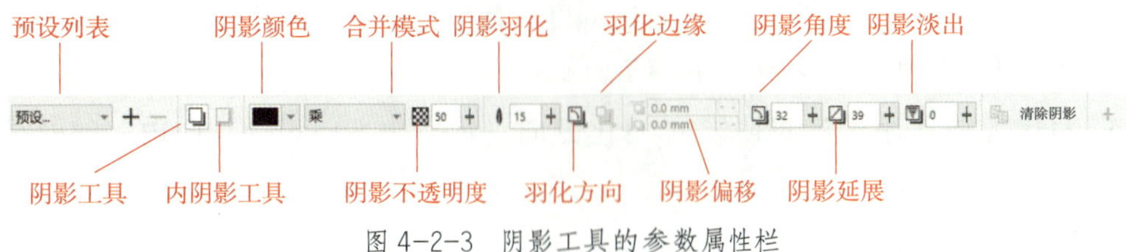

图 4-2-3 阴影工具的参数属性栏

参数属性栏中的各项功能如下。

1. 预设列表：此列表中预设了一些阴影的透视类型，用户可以从中选择需要的阴影效果，如图 4-2-4 所示。

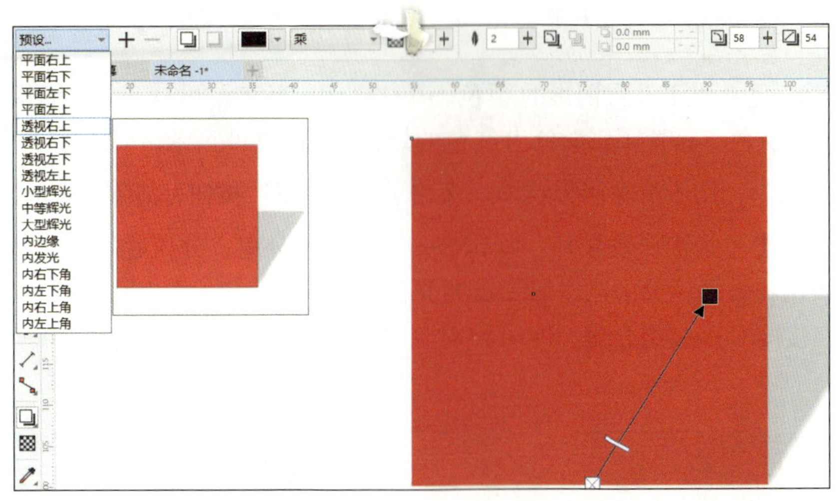

图 4-2-4 使用预设阴影效果

2. 阴影角度：用于设置对象与阴影之间的透视角度。只有在对象上创建阴影效果后才可使用此项。将阴影角度设为 20° 的效果如图 4-2-5 所示。

3. 阴影不透明度：用于设置阴影的不透明程度。其数值越大，阴影的透明度越弱，阴影颜色越深；反之，其数值越小，阴影的透明度越强，阴影颜色越浅。将阴影不透明度设为 80 的效果如图 4–2–6 所示。

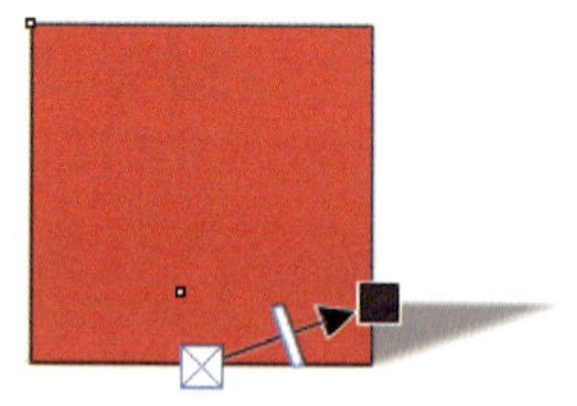
图 4–2–5　阴影角度为 20° 的效果

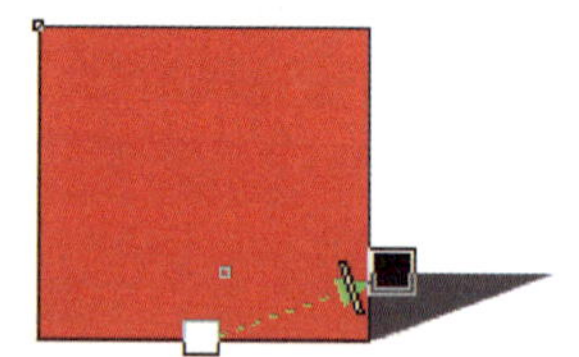
图 4–2–6　阴影不透明度为 80 的效果

4. 阴影羽化：用于设置阴影的羽化程度，使阴影产生不同程度的边缘柔和效果。将阴影羽化值设为 50 的效果如图 4–2–7 所示。

5. 羽化方向：用于设置阴影的羽化方向。将羽化方向设为“向内”的效果如图 4–2–8 所示。

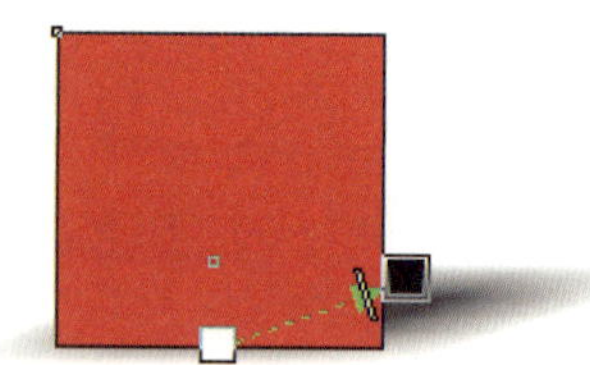
图 4–2–7　阴影羽化值为 50 的效果

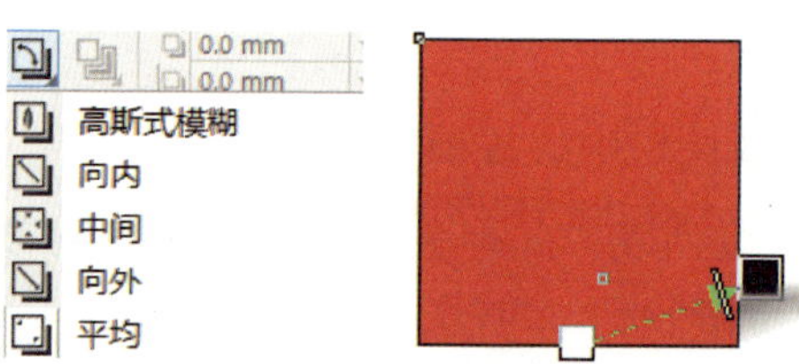

图 4–2–8　羽化方向为“向内”的效果

6. 阴影颜色：用于设置阴影的颜色。单击“阴影颜色”可打开下拉面板，即可选择相应的阴影颜色。设置阴影颜色为红色的效果如图 4–2–9 所示。

7. 清除阴影：用于清除阴影效果。单击“清除阴影”按钮可清除设置的阴影效果。

当需要创建一些特殊效果时，可以将对象和阴影分离，分离后的对象和阴影仍保持原有的颜色和效果。选中已添加阴影效果的对象，执行“对象”→“拆分墨滴阴影”命令，或直接按 Ctrl+K 组合键，即可将对象和阴影分离，效果如图 4–2–10 所示。

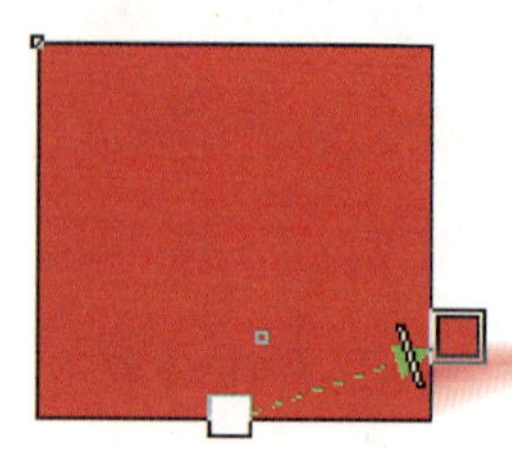
图 4–2–9　阴影颜色为红色的效果

图 4–2–10　分离对象和阴影

二、透明度工具

透明度工具可以为对象制作渐变透明效果，如图 4–2–11 所示。

图 4-2-11 渐变透明效果

透明度工具的参数属性栏如图 4–2–12 所示。

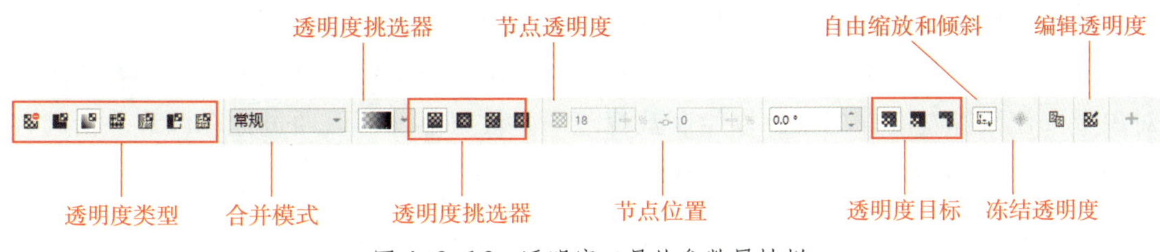

图 4-2-12 透明度工具的参数属性栏

参数属性栏中的各项功能如下。

1. 透明度类型：用于选择透明度的类型。

2. 合并模式：选择透明度颜色与下层对象颜色调和的方式。

3. 透明度挑选器：用于应用程序预设的透明度。

4. 节点透明度：指定选定节点的透明度，其数值范围为 0 ~ 100。数值越大越透明，数值越小越不透明。

5. 节点位置：指定中间节点相对于第一个和最后一个节点的位置。

6. 透明度目标：用于设置对象应用透明效果的范围，包括“全部”“填充”和“轮廓”三个选项，系统默认为“全部”选项。

7. 自由缩放和倾斜：允许透明度不按比例倾斜或延展显示。

8. 冻结透明度：冻结对象当前视图的透明度，这样即使对象发生移动，视图也不会变化。

9. 编辑透明度：更改透明度属性。

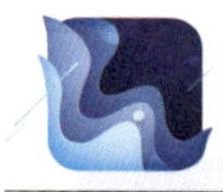

提示

使用透明度工具与使用交互式填充工具的方法相似，不同的是，透明度工具的控制手柄中只有一个黑色节点和一个白色节点，黑色节点代表完全透明，白色节点代表完全不透明，通过拖动起始节点和终止节点，可以调整渐变透明效果的位置和方向。拖动透明度工具控制手柄上的矩形滑块，可以调整过渡效果。

三、裁剪工具组

裁剪工具组包括裁剪工具、刻刀工具、虚拟段删除工具和橡皮擦工具。

1. 裁剪工具

裁剪工具可以裁剪选定内容外的区域，被裁剪对象可以是矢量图形、位图、组合对象，以及文本等。选中需要被裁剪的对象，单击工具栏中的“裁剪工具”按钮，在对象上按住鼠标左键并拖动，以绘制裁剪范围。裁剪范围可以通过拖动调节手柄进行调整，按 Enter 键或双击裁剪范围即可完成裁剪，如图 4–2–13 所示。

图 4–2–13　裁剪图像的效果

提示

在调整裁剪范围时，单击调整区域可以进行裁剪范围的旋转，按 Enter 键或双击裁剪范围即可完成裁剪。如需退出裁剪过程，按 Esc 键即可。

2. 刻刀工具

刻刀工具可以将对象按直线或曲线形状拆分成多个独立的对象。

刻刀工具的参数属性栏如图 4–2–14 所示。

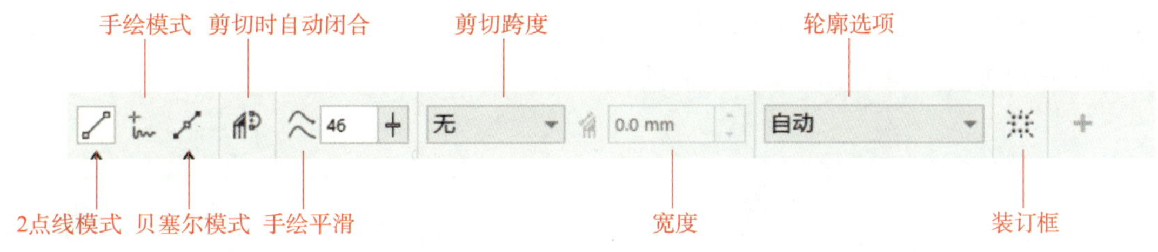

图 4-2-14　刻刀工具的参数属性栏

剪切时自动闭合：激活该按钮，在剪切时将自动闭合分割对象形成的路径，此功能只适用于对闭合路径的剪切，对开放路径的剪切不会产生闭合效果。

剪切跨度：包括“无”“间隙”和“叠加”三个选项。选择“无”选项，会以宽度为 0 的剪切线为基准拆分对象；选择“间隙”选项，会以一定宽度的间隙为基准拆分对象，在“宽度”输入框中可输入宽度数值；选择“叠加”选项，会以一定宽度的叠加状态为基准拆分对象，在“宽度”输入框中可输入宽度数值。

轮廓选项：用于选择在拆分对象时要将轮廓转换为曲线还是保留轮廓，或是让 CorelDRAW 自行选择能最好地保留轮廓外观的选项。

（1）以直线模式拆分对象。选中对象，单击工具栏中的“刻刀工具”按钮，激活“2 点线模式”按钮，当鼠标指针变为形状时，在需要被拆分的位置绘制一条直线，如图 4-2-15 所示。对象即被拆分为两个独立的对象，并可以分别进行移动，如图 4-2-16 所示。

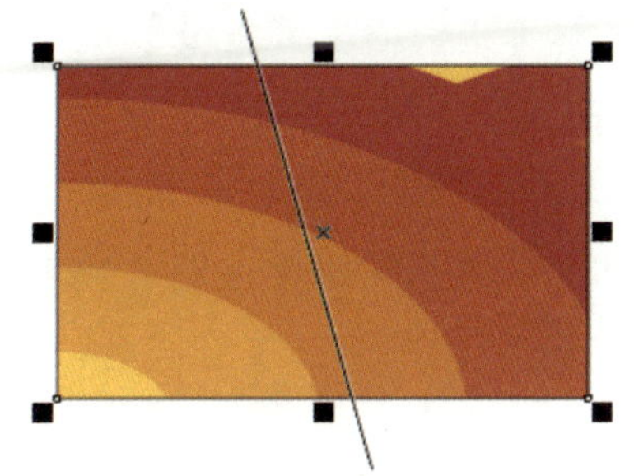

图 4-2-15　在需要被拆分的位置绘制一条直线

图 4-2-16　以直线模式拆分对象

（2）以手绘模式拆分对象。选中对象，单击工具栏中的“刻刀工具”按钮，激活“手绘模式”按钮，当鼠标指针变为形状时，在需要被拆分的位置绘制一条跨越曲线，如图 4-2-17 所示。对象即被拆分为两个独立的对象，并可以分别进行移动，如图 4-2-18 所示。

（3）以贝塞尔模式拆分对象。选中对象，单击工具栏中的“刻刀工具”按钮，激活“贝塞尔模式”按钮，当鼠标指针变为形状时，在需要被拆分的位置绘制一条跨越曲线，如图 4–2–19 所示，按 Enter 键完成绘制，对象即被拆分为两个独立的对象，并可以分别进行移动，如图 4–2–20 所示。

图 4-2-17　在需要被拆分的位置绘制一条跨越曲线

图 4-2-18　以手绘模式拆分对象

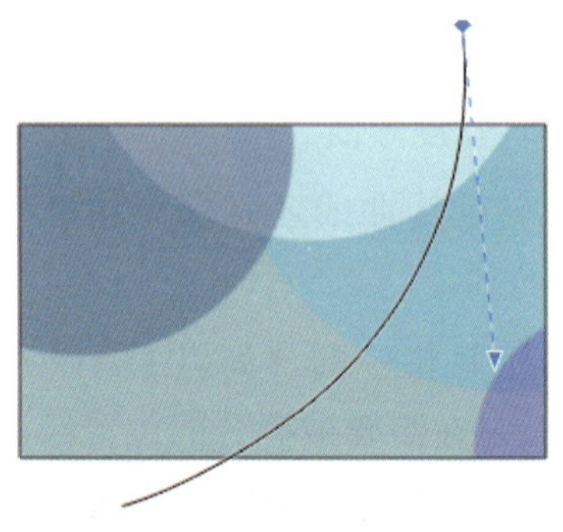
图 4-2-19　在需要被拆分的位置绘制一条跨越曲线

图 4-2-20　以贝塞尔模式拆分对象

3. 虚拟段删除工具

虚拟段删除工具可以移除对象中重叠或不需要的虚拟段。

选中对象，单击工具栏中的“虚拟段删除工具”按钮，此时鼠标指针变为形状，对象如图 4–2–21 所示，将鼠标指针移动到要删除的虚拟段上时，鼠标指针变为形状，单击选中的虚拟段将其删除，如图 4–2–22 所示。

图 4-2-21　删除虚拟段前

图 4-2-22　删除虚拟段后

删除虚拟段后对象的节点是断开的，如图 4–2–23 所示，使用形状工具连接断开的节点，然后进行填充操作，如图 4-2-24 所示。

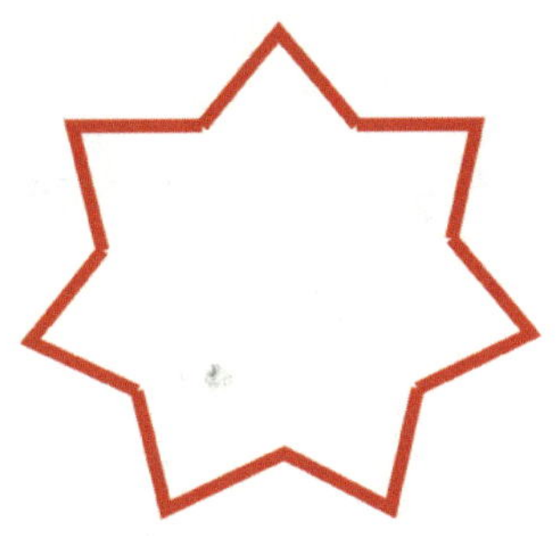
图 4-2-23　删除虚拟段后断开的节点

图 4-2-24　连接断开的节点并填充

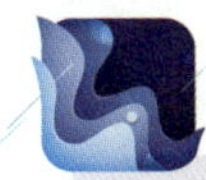
提示

若要同时删除多条虚拟段，可以按住鼠标左键框选所要删除的虚拟段。虚拟段删除工具可以应用于组合对象，但不能应用于文本、阴影和位图。

4. 橡皮擦工具

橡皮擦工具可以擦除位图或矢量图中不需要的部分，包括组合对象和文本等。

选中对象，单击工具栏中的“橡皮擦工具”，在对象上按住鼠标左键即可进行拖动擦除，如图 4-2-25 所示。与刻刀工具不同的是，橡皮擦工具可以在对象内进行擦除，如图 4-2-26 所示。

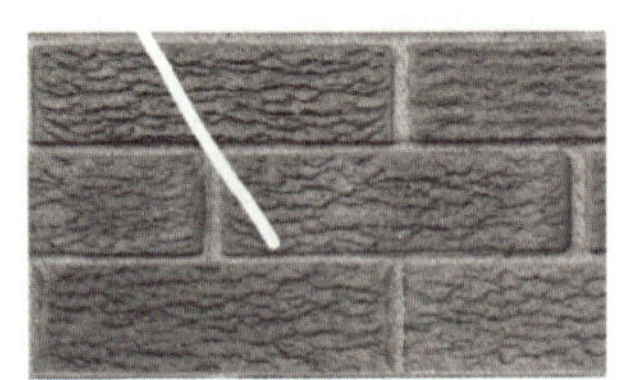
图 4-2-25　用橡皮擦工具进行拖动擦除

图 4-2-26　用橡皮擦工具在对象内进行擦除

提示

使用橡皮擦工具时，被擦除的对象没有被拆分。如要进行拆分，则须按 Ctrl+K 组合键，即可将原对象拆分成两个独立的对象。

橡皮擦工具的参数属性栏如图 4-2-27 所示。

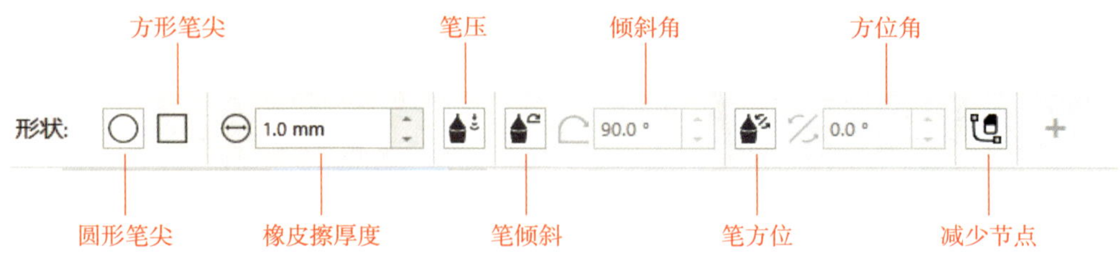

图 4-2-27　橡皮擦工具的参数属性栏

（1）形状：默认为圆形笔尖，可选择方形笔尖，单击按钮可以切换笔尖形状。

（2）橡皮擦厚度：在其输入框中输入数值，可以调节橡皮擦笔尖的厚度；也可按住 Shift 键上下拖动鼠标以进行笔尖大小的调节。

（3）减少节点：激活该按钮，可以减少擦除区域节点的数量。

操作演示

1. 新建 CorelDRAW 2021 文档

启动 CorelDRAW 2021 软件后，在启动界面中单击“新文档”选项，打开“创建新文档”对话框，在对话框的“名称”选项中输入“卡通人物插画”，设置“原色模式”为“CMYK”，“页面大小”为“A4”，“方向”为“横向”，“分辨率”为“300 dpi”，然后单击“OK”按钮。

2. 绘制草坪

（1）使用贝塞尔工具绘制草坪，填充青绿色（C：20，M：0，Y：55，K：0）到绿色（C：49，M：2，Y：78，K：0）的线性渐变，取消轮廓色，效果如图 4-2-28 所示。

图 4-2-28　绘制草坪

（2）使用椭圆形工具绘制小草，填充为绿色（C：48，M：15，Y：84，K：0），取消轮廓色，调整对象的位置和大小，效果如图 4-2-29 所示。

图 4-2-29　绘制小草

（3）使用椭圆形工具绘制四个大小不等的椭圆形。选中这四个椭圆形，将它们焊接合并成一个图形，填充为黄色（C：0，M：5，Y：24，K：0），取消轮廓色。在合并的图形中心绘制椭圆形，填充为姜黄色（C：16，M：24，Y：60，K：0），取消轮廓色。调整以上对象的大小和位置，效果如图 4-2-30 所示。

图 4-2-30　绘制花朵

3. 绘制草丛

（1）使用钢笔工具绘制三组草丛，将左侧的两组草丛填充浅绿色（C：27，M：0，Y：64，K：0）到绿色（C：67，M：28，Y：87，K：0）的线性渐变，将右侧的一组草丛填充黄色（C：8，M：7，Y：71，K：0）到浅绿色（C：44，M：8，Y：87，K：0）的线性渐变。调整以上对象的大小和位置，效果如图 4-2-31 所示。

图 4-2-31　绘制草丛

（2）使用钢笔工具绘制植物，将叶子填充黄色（C：11，M：5，Y：73，K：0）到绿色（C：69，M：32，Y：89，K：0）的线性渐变，取消轮廓色。将叶脉的轮廓填充为淡黄色（C：7，M：0，Y：42，K：0），将其轮廓宽度设置为 1.5 pt。调整以上对象的大小和位置，效果如图 4-2-32 所示。

图 4-2-32　绘制植物

4. 绘制画架

（1）使用贝塞尔工具绘制画板，将图 4-2-33 左所示的三个画板部件从左至右依次填充为橙色（C：9，M：48，Y：71，K：0）、黄色（C：4，M：16，Y：52，K：0）、淡橙色（C：0，M：20，Y：39，K：0）和橙色，取消轮廓色。调整以上对象的大小和位置，效果如图 4-2-33 右图所示。

图 4-2-33　绘制画板

（2）使用贝塞尔工具绘制画架，将画架背面填充为黄色（C：2，M：6，Y：53，K：0），将画架侧面填充为土橙色（C：13，M：50，Y：77，K：0），取消轮廓色。将绘制好的画架和画板组合，效果如图 4-2-34 所示。

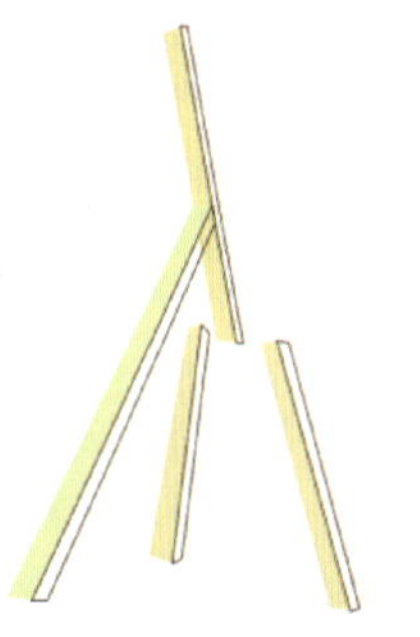

图 4-2-34　绘制画架

（3）选中画架和画板，使用阴影工具为画架添加投影，设置“阴影不透明度”为“22”，“阴影羽化”为“2”，效果如图 4-2-35 所示。

图 4-2-35 绘制画架投影

5. 绘制人物

（1）使用贝塞尔工具绘制帽子，填充为黄色（C：3，M：9，Y：61，K：0），取消轮廓色。使用贝塞尔工具绘制白色曲线，选中白色曲线，执行“对象”→“PowerClip”命令，然后单击黄色帽子，将曲线放置到帽子内部。使用贝塞尔工具绘制两个图形，填充为绿色（C：45，M：5，Y：63，K：0），取消轮廓色。调整以上对象的位置，效果如图 4-2-36 所示。

图 4-2-36 绘制帽子

（2）使用椭圆形工具绘制帽檐，填充橙色（C：3，M：15，Y：70，K：0）到深橙色（C：16，M：60，Y：100，K：0）的线性渐变，取消轮廓色，效果如图 4-2-37 所示。

图 4-2-37 绘制帽檐

（3）使用钢笔工具绘制头发，填充为棕色（C：58，M：76，Y：98，K：34），取消轮廓色，效果如图 4–2–38 所示。

图 4-2-38　绘制头发

（4）使用钢笔工具绘制面部轮廓，填充为肤色（C：1，M：22，Y：31，K：0），取消轮廓色，效果如图 4–2–39 所示。

图 4-2-39　绘制面部轮廓

（5）使用钢笔工具绘制额发，填充为棕色（C：58，M：76，Y：98，K：34），取消轮廓色，效果如图 4–2–40 所示。

图 4-2-40　绘制额发

（6）使用椭圆形工具绘制椭圆形，填充为白色，取消轮廓色。选中椭圆形，按Ctrl+Q组合键将其转换为曲线，使用形状工具调整该对象的外轮廓。复制以上对象，取消填充色，设置轮廓色为棕色（C：58，M：76，Y：100，K：34），轮廓宽度为1.5 pt，选中对象最下面的节点，点击参数属性栏中的“断开曲线”按钮，将下面的两个节点删除。然后使用贝塞尔工具绘制睫毛，使用椭圆形工具绘制眼珠，分别填充为棕色（C：55，M：78，Y：95，K：28）和白色，取消轮廓色。选中眼珠，执行“对象”→“PowerClip”命令，然后单击作为眼白的白色图形，将绘制好的眼珠放置到眼白内部，效果如图4-2-41所示。

图4-2-41　绘制眼睛

（7）复制眼睛，将其水平镜像，并调整到合适的位置。使用钢笔工具绘制眉毛，填充为棕色（C：57，M：78，Y：100，K：36），取消轮廓色。使用椭圆形工具绘制鼻子，填充为粉色（C：0，M：62，Y：47，K：0），取消轮廓色。使用钢笔工具绘制腮红，设置其轮廓为粉色（C：0，M：60，Y：56，K：0），效果如图4-2-42所示。

图4-2-42　绘制眉毛、鼻子和腮红

（8）使用椭圆形工具绘制三个椭圆形，并分别填充为白色、粉色（C：0，M：62，Y：47，K：0）和红色（C：7，M：93，Y：100，K：0），取消轮廓色，选中白色和红色椭圆形，执行“对象”→“PowerClip”命令，然后单击粉色椭圆形，以将牙齿和舌头放置到嘴巴内部，效果如图4-2-43所示。

图 4-2-43　绘制嘴巴

（9）使用钢笔工具绘制耳朵，将其底部填充肉粉色（C：3，M：61，Y：57，K：0）到浅粉色（C：1，M：22，Y：31，K：0）的线性渐变，将其内部线条填充为褐色（C：33，M：85，Y：87，K：1），如图 4-2-44 所示。将绘制好的耳朵组合并水平镜像，放置到面部两侧。使用钢笔工具绘制脖子，填充为粉色（C：0，M：36，Y：43，K：0），放置到面部图层的下方。将绘制好的帽子放置到头部上方，调整以上对象的大小、位置和顺序，然后按 Ctrl+G 组合键组合头部，效果如图 4-2-45 所示。

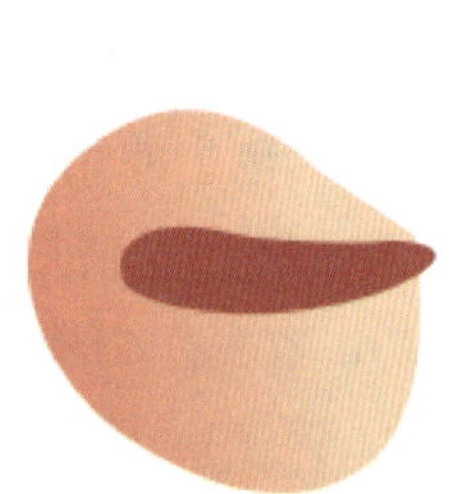

图 4-2-44　绘制耳朵

图 4-2-45　组合头部

（10）使用钢笔工具绘制裙子，从上至下依次填充为深红色（C：0，M：73，Y：67，K：0）、粉色（C：0，M：62，Y：51，K：0）、绿色（C：53，M：5，Y：65，K：0）和浅粉色（C：0，M：33，Y：38，K：0）。使用椭圆形工具绘制花边，填充为米白色（C：0，M：5，Y：9，K：0），效果如图 4-2-46 所示。

图 4-2-46　绘制裙子和花边

（11）使用钢笔工具绘制袖子，填充为浅粉色（C：0，M：33，Y：38，K：0）和米白色（C：0，M：5，Y：9，K：0），效果如图 4-2-47 所示。

图 4-2-47　绘制袖子

（12）使用钢笔工具绘制腿部、袜子和鞋子。将腿部左侧填充为肤色（C：0，M：18，Y：25，K：0），腿部右侧填充为深肤色（C：0，M：29，Y：32，K：0），袜子填充为黄色（C：5，M：2，Y：56，K：0），鞋子填充为棕色（C：62，M：63，Y：93，K：23），效果如图 4-2-48 所示。

图 4-2-48　绘制腿部

（13）使用钢笔工具绘制调色盘底盘，将其上层填充为淡黄色（C：1，M：0，Y：18，K：0），下层填充为土黄色（C：5，M：9，Y：22，K：0）。使用椭圆形工具绘制四个椭圆形，并使用形状工具进行调整，将它们分别填充为橙色（C：6，M：47，Y：82，K：0）、蓝色（C：40，M：0，Y：14，K：0）、粉色（C：0，M：47，Y：39，K：0）和黄色（C：3，M：16，Y：60，K：0）。调整以上对象的位置和大小，效果如图 4-2-49 所示。

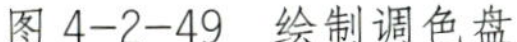

图 4-2-49　绘制调色盘

（14）调整头部、裙子、腿部和调色盘的大小和位置，按 Ctrl+G 组合键组合对象。使用阴影工具为人物添加投影，设置“阴影不透明度”为“20”，“阴影羽化”为“6”，效果如图 4-2-50 所示。

图 4-2-50 绘制投影

6. 组合全部对象

将绘制好的小女孩和画架放置到草坪上，并调整位置、大小和顺序。选择全部对象，按 Ctrl+G 组合键组合对象，完成卡通人物插画的制作。

7. 保存文件

执行“文件”→“保存”命令，保存文件。

项目五
处理对象特效

CorelDRAW 2021 提供了各式各样的特效工具，利用这些工具可以对绘制的图形进行调和或变形操作，也可以添加轮廓图、立体化、阴影及透明等交互式效果。灵活地运用这些工具，可以创作出异彩纷呈且充满魅力的作品。

任务 1　制作昆虫展览入场券

1. 掌握调和工具的使用方法。
2. 掌握立体化工具的使用方法。

本任务是一个对象特效处理实例，主要利用椭圆形工具、贝塞尔工具和艺术笔工具来制作瓢虫，并将其应用在昆虫展览入场券上（见图 5–1–1）。要完成本任务，除了须掌握图形的绘制和颜色的填充方法外，还要学会利用调和工具、透明度工具和立体化工具制作特殊效果，使绘制出的瓢虫生动自然，具有立体感和层次感。

图 5-1-1　昆虫展览入场券效果图

一、调和工具

调和工具又称混合工具，是 CorelDRAW 2021 中功能最强大且用途最广泛的工具之一，使用调和工具可以在两个分离的对象之间产生形状和颜色的平滑变化。在进行调和时，对象的外形、排列次序、填充方式、调和方向、控制点位置和调和步数等都会直接影响调和结果。

1. 创建调和效果

单击工具栏中的“调和工具”按钮，将鼠标指针移至要调和的对象上，按住鼠标左键将其拖动至另一个对象上，如图 5-1-2a 所示，松开鼠标左键即可得到调和效果，如图 5-1-2b 所示。

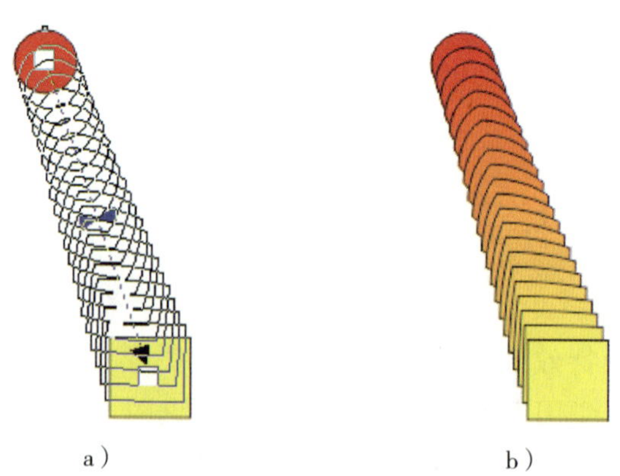

图 5-1-2　创建调和效果
a）进行调和操作　b）调和操作后

2. 设置调和属性

创建调和效果后，调和工具的参数属性栏如图 5–1–3 所示。

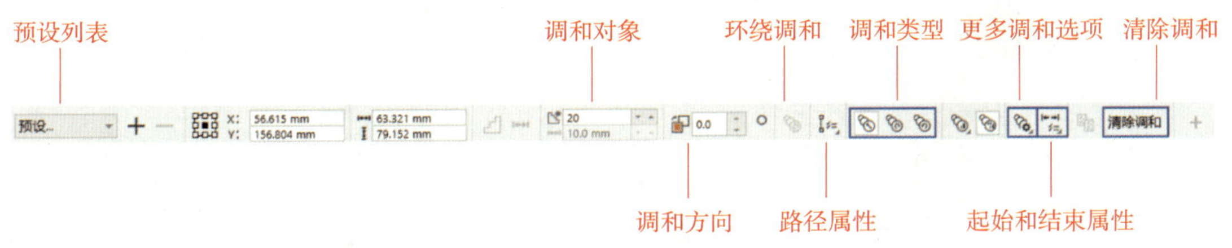

图 5–1–3　调和工具的参数属性栏

参数属性栏中的各项功能如下。

（1）预设列表：此列表中预设了一些调和样式，用户可从中选择需要的调和效果，如图 5–1–4 所示。

（2）调和对象：用于设置调和效果中的调和步数或对象之间的偏移距离。调和步数为 3 时的调和效果如图 5–1–5 所示。

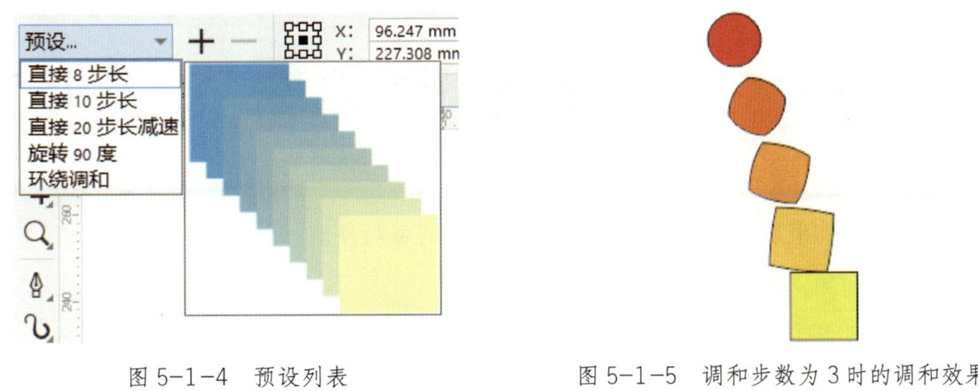

图 5–1–4　预设列表　　　　图 5–1–5　调和步数为 3 时的调和效果

（3）调和方向：用于设置调和对象的旋转角度。调和方向为 200° 时的调和效果如图 5–1–6 所示。

（4）环绕调和：当“调和方向”的值不为零时，将激活“环绕调和”按钮，单击此按钮，则调和的中间对象除了自身会旋转外，还将以起始对象和终点对象的中间位置为旋转中心进行旋转分布，形成一种弧形旋转调和效果。调和方向为 200° 时的环绕调和效果如图 5–1–7 所示。

（5）路径属性：将调和移动到新路径、显示路径或使调和从路径中脱离出来。

（6）调和类型：调和类型分为“直接调和”、“顺时针调和”和“逆时针调和”三种，通过选择不同的调和类型，可改变光谱色彩的变化方式。三种调和类型的颜色过渡效果如图 5–1–8 所示。

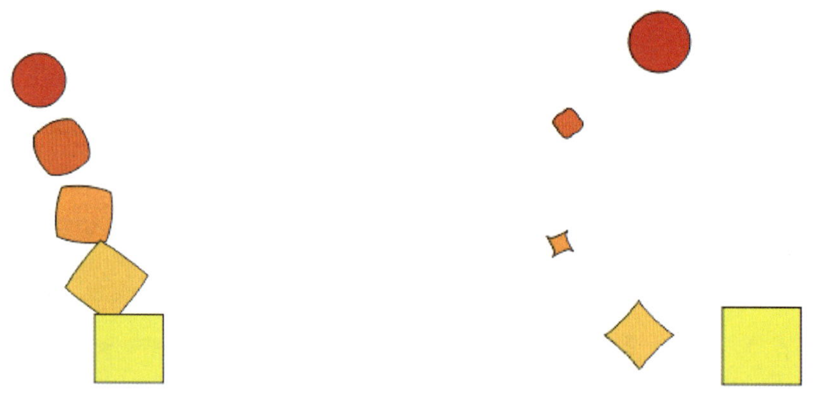

图 5-1-6　调和方向为 200° 时的调和效果　　图 5-1-7　调和方向为 200° 时的环绕调和效果

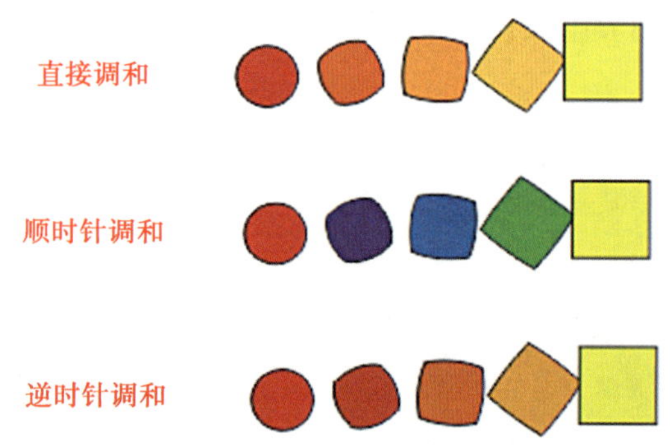

图 5-1-8　三种调和类型的颜色过渡效果

（7）起始和结束属性：用于选择调和开始和结束对象。

（8）清除调和：用于清除设置的调和效果。

3. 沿路径调和

在创建好调和效果后，可以使用参数属性栏中的“路径属性”选项使调和对象按照指定的路径进行调和。

使用贝塞尔工具绘制一条曲线，选中调和对象，单击参数属性栏中的“路径属性”按钮，如图 5-1-9 所示。在弹出的下拉列表框中选择“新建路径”命令，此时鼠标指针变为形状，单击曲线路径，即可使调和对象沿路径进行调和，效果如图 5-1-10 所示。

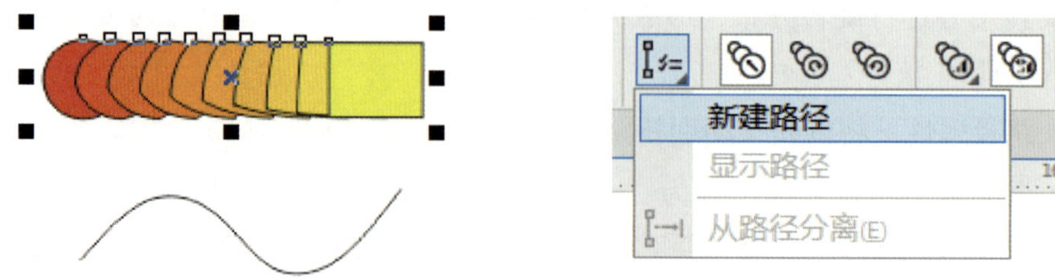

图 5-1-9　“路径属性”选项

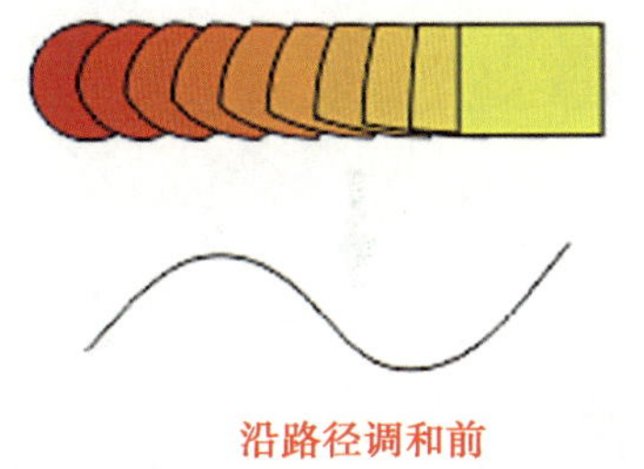

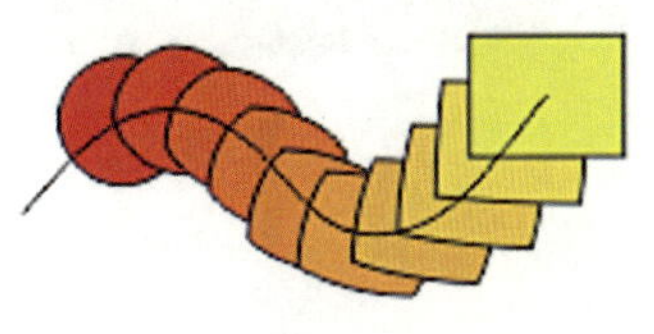

图 5-1-10　沿路径调和对象

选择调和对象，执行“对象”→“顺序”→“逆序”命令，可使调和开始对象和结束对象进行逆序排列，效果如图 5-1-11 所示。

使用选择工具选中调和开始对象或结束对象，按住鼠标左键进行拖动，可改变对象在路径上的位置，效果如图 5-1-12 所示。

图 5-1-11　逆序排列调和对象

图 5-1-12　改变调和对象在路径上的位置

提示

选中调和的曲线路径，用鼠标右键单击调色板上方的☒按钮，将路径隐藏，可使调和效果更加自然和美观。

4. 拆分调和对象

选中调和对象，执行“对象”→“拆分混合”命令或按 Ctrl+K 组合键，可将调和的开始对象和结束对象分离出来，如图 5-1-13 所示。开始和结束对象之间的对象以群组的形式组合在一起，若要将它们完全拆分，可按 Ctrl+U 组合键取消组合，效果如图 5-1-14 所示。

二、立体化工具

立体化工具用于为对象制作 3D 效果，利用其参数属性栏还可以设置立体样式、灭点坐标和照明效果。

1. 创建立体化效果

单击工具栏中的“立体化工具”按钮，在对象上按住鼠标左键并拖动，即可创建立体化效果，如图 5-1-15 所示。

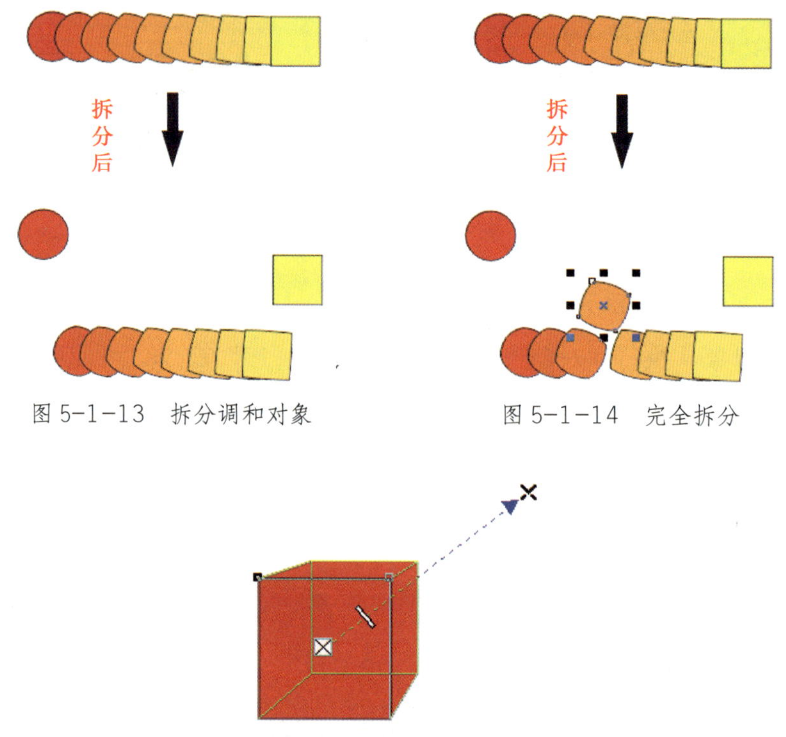

图 5-1-13　拆分调和对象　　图 5-1-14　完全拆分

图 5-1-15　创建立体化效果

2. 设置立体化属性

创建完立体化效果后，立体化工具的参数属性栏如图 5-1-16 所示。

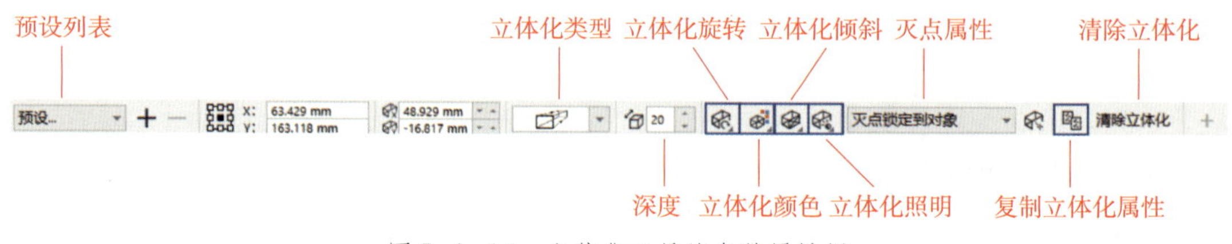

图 5-1-16　立体化工具的参数属性栏

（1）预设列表：此列表中预设了一些立体化样式，用户可从中选择需要的立体化效果，如图 5-1-17 所示。

（2）立体化类型：此列表提供了六种立体化类型供用户选择。单击“立体化类型”选项，展开立体化类型面板，从中选择立体化类型，如图 5-1-18 所示。

（3）深度：用于调整立体化效果的深度。数值越大，深度越大；数值越小，深度越小。不同深度的立体化效果如图 5-1-19 所示。

（4）立体化旋转：用于改变立体化效果的角度。单击此按钮弹出立体化旋转面板，如图 5-1-20 所示，在面板中按住鼠标左键并拖动可改变立体化对象的方向。

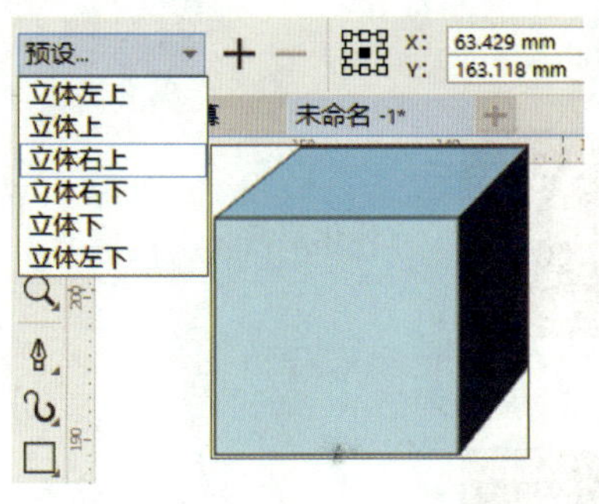

图 5-1-17 预设列表

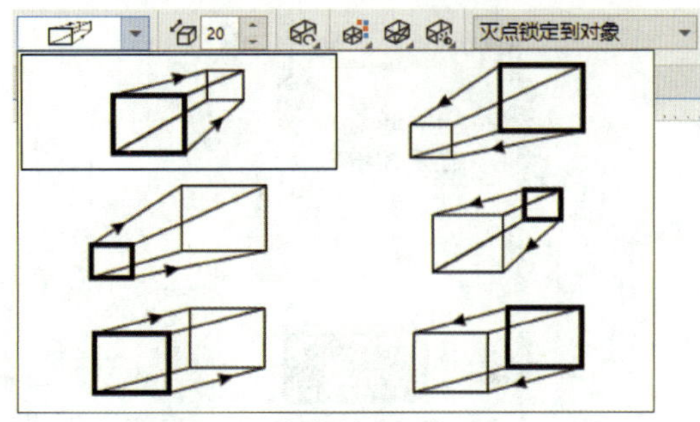

图 5-1-18 立体化类型

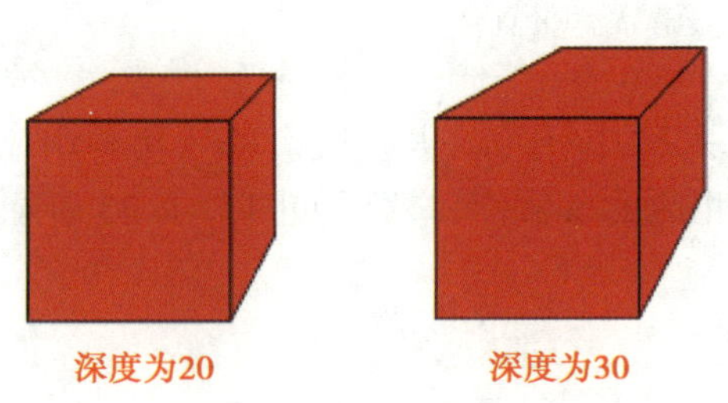

图 5-1-19 不同深度的立体化效果

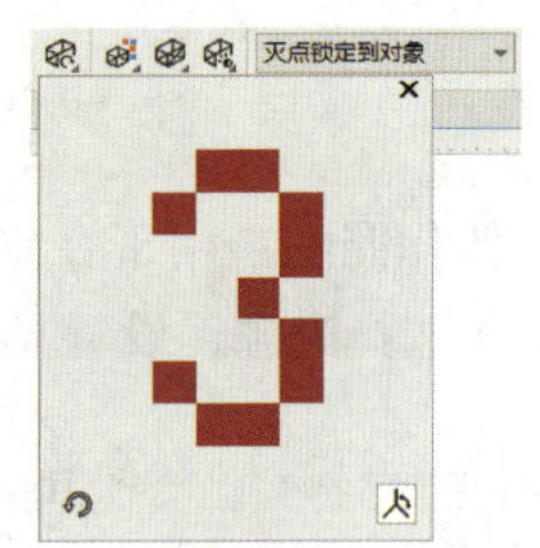

图 5-1-20 立体化旋转面板

（5）立体化颜色：用于设置立体化效果的颜色。单击此按钮弹出立体化颜色面板，面板提供了三种不同的颜色填充方式，分别为“使用对象填充”“使用纯色”和“使用递减的颜色”，如图 5-1-21 所示。

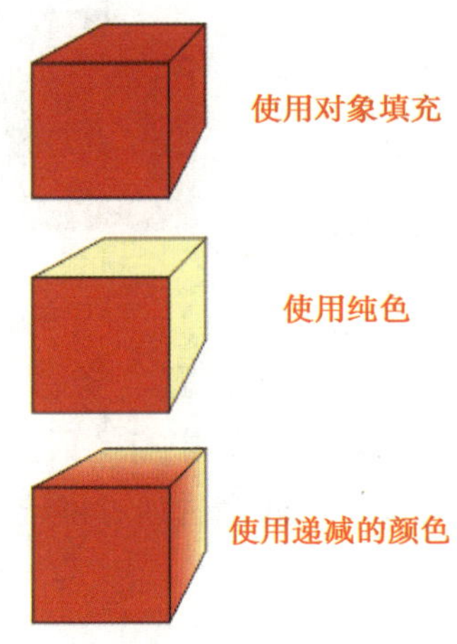

图 5-1-21 不同颜色填充方式的立体化效果

（6）立体化倾斜：用于设置立体化效果的倾斜。单击此按钮弹出立体化倾斜面板，从中勾选“使用斜角”选项，可设置斜角效果，如图 5-1-22 所示。

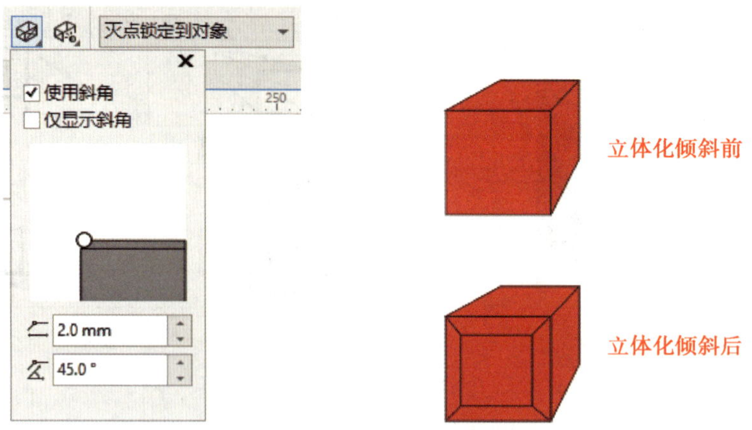

图 5-1-22　设置立体化倾斜

（7）立体化照明：用于在立体化对象上应用灯光效果。单击此按钮弹出立体化照明面板，从中选择光源，设置光源位置和相应的参数值，效果如图 5-1-23 所示。

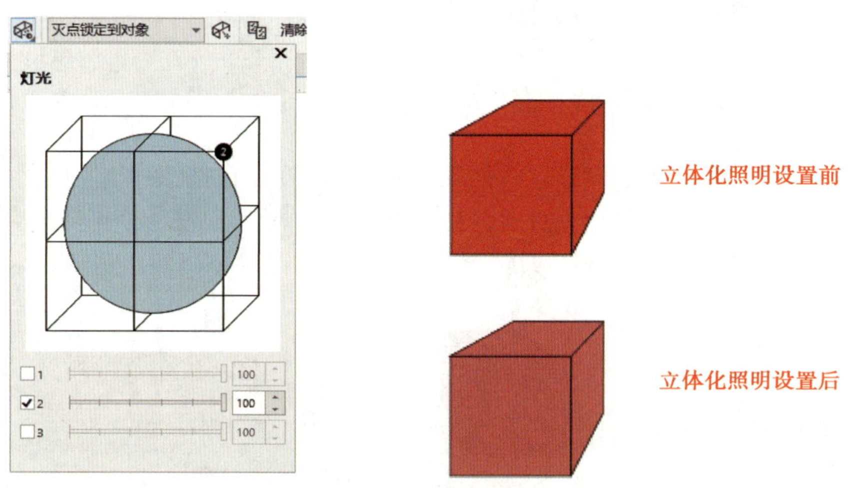

图 5-1-23　设置立体化照明

（8）灭点属性：用于更改灭点的锁定位置、复制灭点或在对象间共享灭点。单击“灭点属性”选项，打开下拉列表框，其中有“灭点锁定到对象”“灭点锁定到页面”“复制灭点，自…”和“共享灭点”四个选项可供选择。

提示

灭点是立体化透视时的消失点，是指图形各点延伸线向远处延伸的相交点。

操作演示

1. 新建 CorelDRAW 2021 文档

启动 CorelDRAW 2021 软件后，在启动界面中单击“新文档”选项，打开“创建新文档”对话框，在对话框的“名称”选项中输入“昆虫展览入场券”，设置“原色模式”为“CMYK”，“页面大小”为“A4”，“方向”为“横向”，“分辨率”为“300 dpi”，然后单击“OK”按钮。

2. 绘制瓢虫身体

（1）使用椭圆形工具绘制椭圆形，填充红色（C：20，M：100，Y：100，K：0）到暗橘色（C：15，M：75，Y：96，K：0）的椭圆形渐变，取消轮廓色，效果如图 5-1-24 所示。

（2）使用贝塞尔工具绘制瓢虫身体中间的不规则图形，填充为黑色，取消轮廓色。选中以上图形，执行“对象”→“PowerClip”命令，将不规则图形精确地放置到瓢虫身体中，效果如图 5-1-25 所示。

图 5-1-24　绘制瓢虫身体

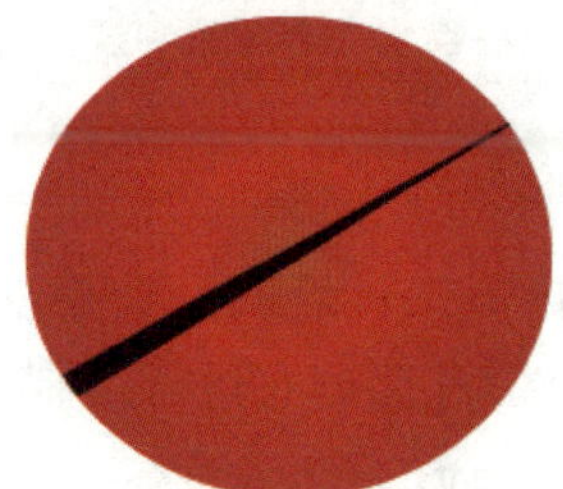

图 5-1-25　在瓢虫身体上绘制不规则图形

3. 绘制瓢虫头部

（1）使用椭圆形工具绘制椭圆形，填充为黑色，取消轮廓色，效果如图 5-1-26 所示。

（2）使用椭圆形工具绘制正圆形，填充暗黄色（C：17，M：49，Y：95，K：0）到灰黄色（C：10，M：25，Y：69，K：0）的椭圆形渐变，取消轮廓色。复制以上正圆形，调整两个正圆形的位置，效果如图 5-1-27 所示。

（3）将组成瓢虫头部的三个对象组合。选中以上图形，执行“对象”→“PowerClip”命令，将组合对象精确地放置到瓢虫身体中，效果如图 5-1-28 所示。

（4）使用椭圆形工具绘制椭圆形，填充为黑色，取消轮廓色，并移动至瓢虫身体的后部。单击工具栏中的“艺术笔工具”按钮，在参数属性栏中设置笔触宽度为 1.5 pt，在页面中按住鼠标左键并拖动以绘制触角，效果如图 5-1-29 所示。

图 5-1-26　绘制瓢虫头部

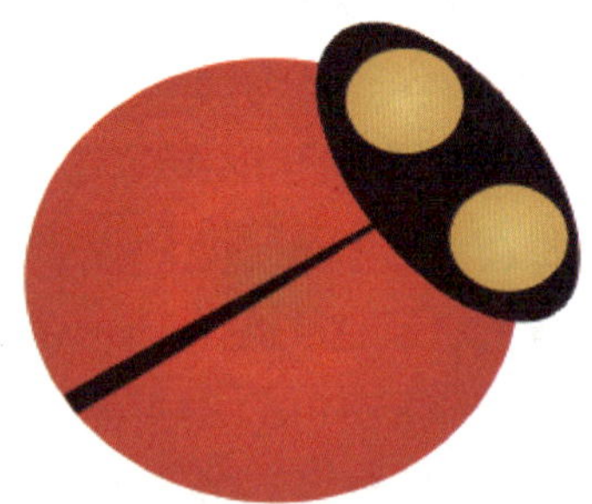
图 5-1-27　绘制瓢虫眼睛

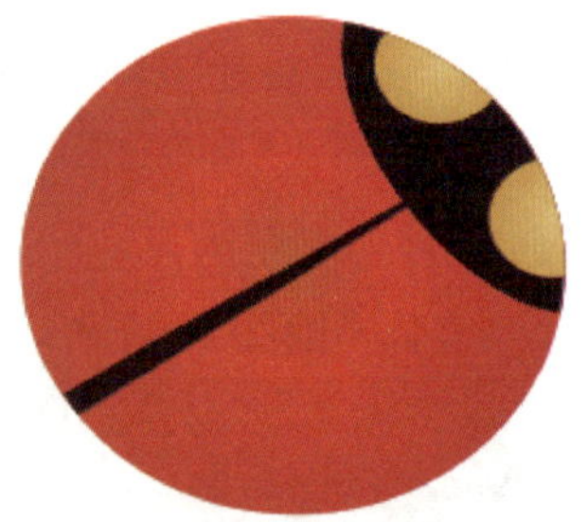
图 5-1-28　将瓢虫头部放置到瓢虫身体中

图 5-1-29　绘制瓢虫头部和触角

4. 绘制斑点

（1）使用矩形工具绘制一个矩形，填充为绿色，执行“对象”→“锁定”命令，锁定该矩形，将其作为画布进行绘制。

（2）使用椭圆形工具绘制一大一小两个椭圆形，填充为黑色，取消轮廓色，效果如图 5-1-30 所示。

图 5-1-30　绘制两个黑色椭圆形

（3）使用透明度工具将大椭圆形的透明度调整为 100，即完全透明，将小椭圆形的透明度调整为 80，效果如图 5-1-31 所示。

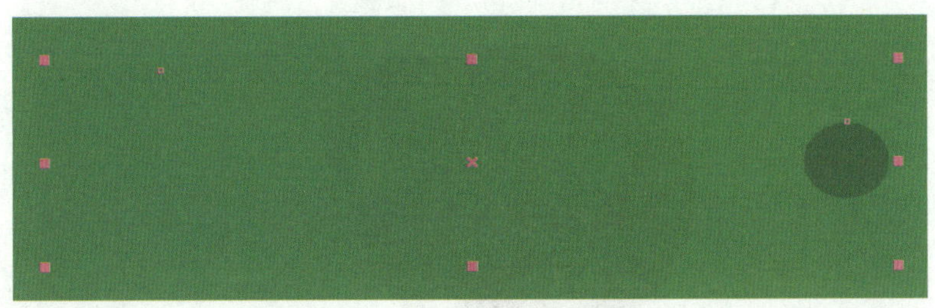

图 5-1-31 调整椭圆形的透明度

（4）使用调和工具并按住鼠标左键从大椭圆形拖动至小椭圆形进行调和，将调和对象的步长设为 20，效果如图 5-1-32 所示。

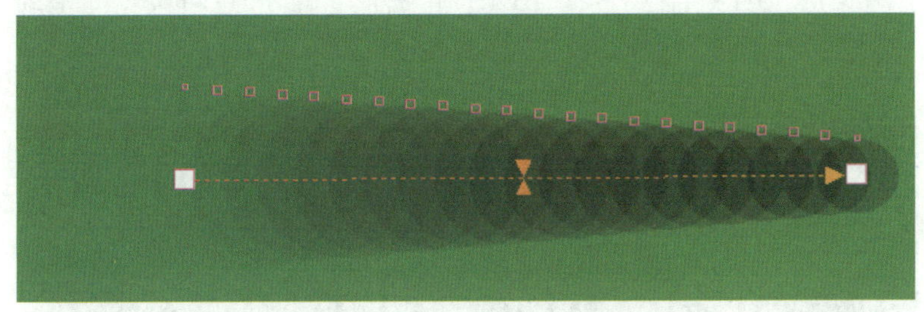

图 5-1-32 调和两个椭圆形

（5）按住 Shift 键，同时选中大椭圆形和小椭圆形，执行“对象”→“对齐与分布”命令，中心对齐对象，以绘制斑点效果。选择全部对象，按 Ctrl+G 组合键组合对象，效果如图 5-1-33 所示。

（6）将斑点移至瓢虫身体适当位置。复制出多个斑点，调整它们的位置和大小，效果如图 5-1-34 所示。

图 5-1-33 绘制斑点效果

图 5-1-34 复制和调整斑点

（7）选中所有斑点，按 Ctrl+G 组合键组合对象。选中以上图形，执行“对象”→“PowerClip”命令，将斑点放置到瓢虫身体内部，效果如图 5-1-35 所示。

图 5-1-35　将斑点放置到瓢虫身体内部

5．制作瓢虫身体高光效果

（1）使用椭圆形工具绘制一大一小两个椭圆形，填充为白色，取消轮廓色，效果如图 5-1-36 所示。

图 5-1-36　绘制两个白色椭圆形

（2）使用透明度工具将大椭圆形的透明度调整为 100，即完全透明，将小椭圆形的透明度调整为 85，效果如图 5-1-37 所示。

图 5-1-37　调整椭圆形的透明度

（3）使用调和工具并按住鼠标左键从大椭圆形拖动至小椭圆形进行调和，将调和对象的步长设为 20，效果如图 5-1-38 所示。

图 5-1-38　调和两个椭圆形

（4）按住 Shift 键，同时选中大椭圆形和小椭圆形，执行“对象”→“对齐与分布”命令，中心对齐对象，以绘制高光效果。选择全部对象，按 Ctrl+G 组合键组合对象，效果如图 5–1–39 所示。

（5）将高光效果移至瓢虫身体适当位置，调整其大小，效果如图 5–1–40 所示。

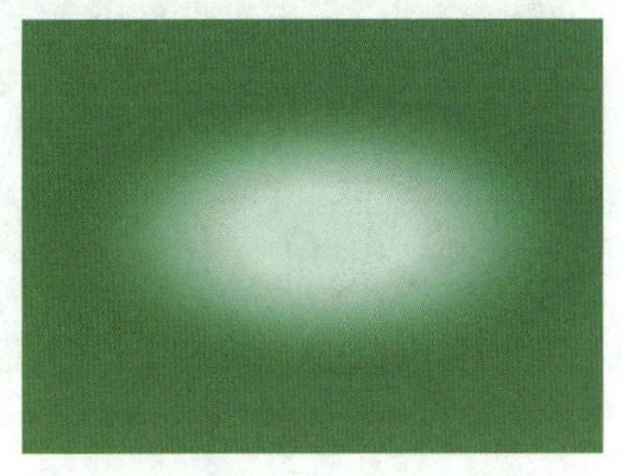

图 5–1–39　制作高光效果

图 5–1–40　调整高光

6. 制作瓢虫身体光照效果

（1）使用椭圆形工具绘制与瓢虫身体大小相同的圆形，填充为白色，取消轮廓色。单击工具栏中的“透明度工具”按钮，在其参数属性栏中设置透明度类型为“渐变透明度”，在控制手柄上添加黑色节点并将透明中心点值设置为 100，调整节点的位置，制作出白色月牙状的透明效果，如图 5–1–41 所示。

提示

一般情况下，透明度工具的控制手柄上只有一个黑色节点和一个白色节点，如果想制作出较好的透明效果，可通过拖动调色板中的颜色块到控制手柄上来添加节点。

（2）使用椭圆形工具绘制与瓢虫身体大小相同的圆形，填充为黑色，取消轮廓色。单击工具栏中的“透明度工具”按钮，在其参数属性栏中设置透明度类型为“渐变透明度”，在合并模式下拉列表框中选择“如果更暗”，调整控制手柄，制作出黑色月牙状的透明效果，如图 5–1–42 所示。

（3）分别将白色月牙状的透明效果和黑色月牙状的透明效果移动至瓢虫身体的适当位置上，效果如图 5–1–43 所示。

7. 制作阴影效果

选中全部对象，按 Ctrl+G 组合键组合对象。使用阴影工具，在瓢虫身体上按住鼠标左键并从左至右拖动，添加阴影效果，设置“阴影不透明度”为“50”，“阴影羽化”

为“15”，效果如图 5-1-44 所示。

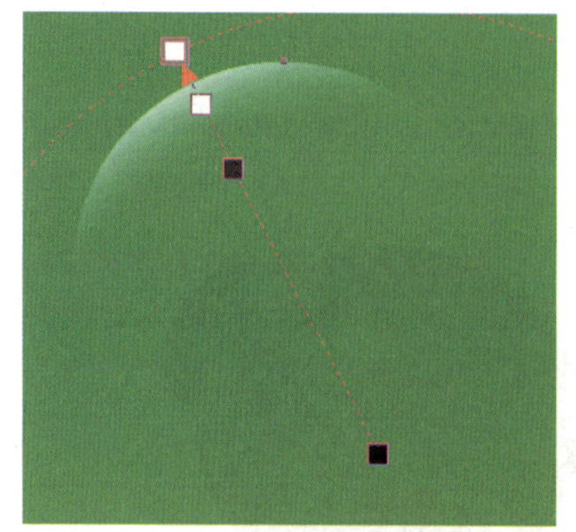
图 5-1-41　制作白色月牙状的透明效果

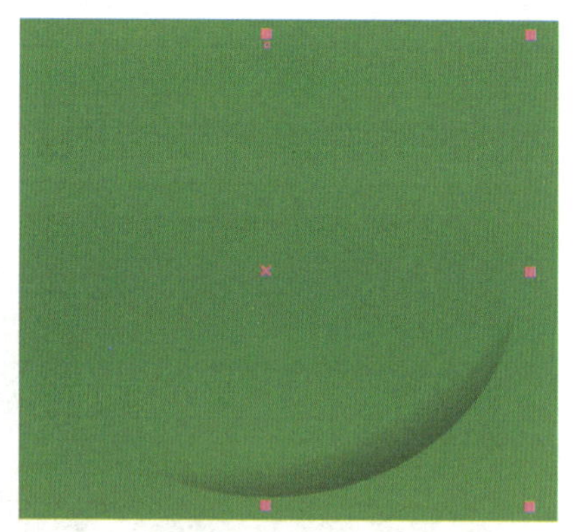
图 5-1-42　制作黑色月牙状的透明效果

图 5-1-43　调整光照

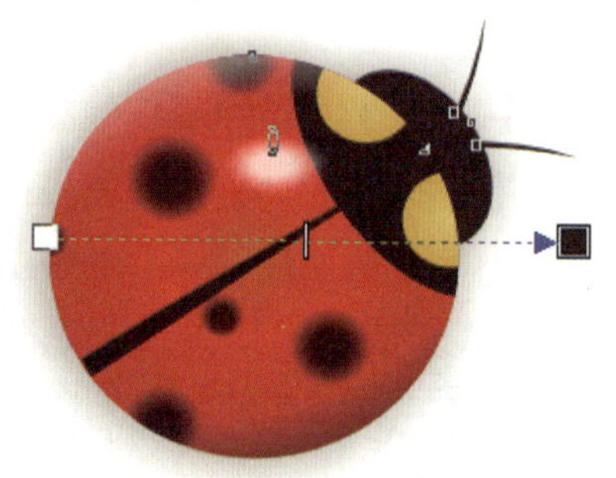
图 5-1-44　制作阴影效果

8. 导入背景素材

执行“文件”→“导入”命令，导入“入场券底图.jpg”素材，将其置于页面最底层。把绘制好的瓢虫放到相应的三个位置上，调整好瓢虫的大小和方向，效果如图 5-1-45 所示。

图 5-1-45　导入背景素材

9. 添加文字效果

（1）使用文本工具在页面中输入“昆虫春游记”，设置字体为“方正锐正黑简体”，填充颜色为浅绿色（C：9，M：0，Y：18，K：0）。

（2）选中文字，使用立体化工具，设置填充颜色为浅绿色（C：86，M：26，Y：100，K：0）到深绿色（C：94，M：70，Y：100，K：65）的线性渐变。将立体化文字描边的颜色填充为深绿色（C：94，M：70，Y：100，K：65），效果如图 5-1-46 所示。

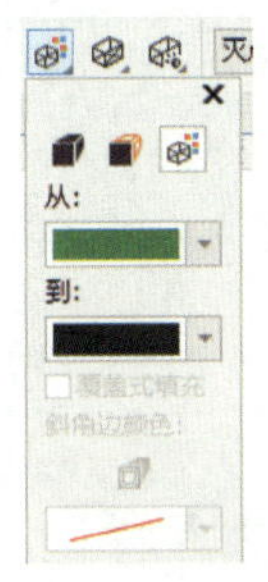

图 5-1-46　添加文字效果

10. 组合全部对象

将文字放到入场券中，选择全部对象，按 Ctrl+G 组合键组合对象，完成昆虫展览入场券的制作。

11. 保存文件

执行“文件”→“保存”命令，保存文件。

任务 2　制作新春海报

1. 掌握轮廓图工具的使用方法。
2. 掌握变形工具的使用方法。
3. 掌握封套工具的使用方法。
4. 掌握块阴影工具的使用方法。

本任务是一个对象特效处理实例，主要利用调和工具、轮廓图工具、变形工具和钢笔工具制作毛球挂件，反复利用变形工具中的“推拉变形”和“拉链变形”选项变形圆形以制作毛绒球，利用钢笔工具和调和工具制作流苏，利用轮廓图工具制作花朵，最终制作出新春海报（见图 5-2-1）。

图 5-2-1　新春海报效果图

一、轮廓图工具

轮廓图工具可以使对象的轮廓向内或向外增加一系列的同心线圈，从而产生一种放射状的层次效果。

1. 创建轮廓图效果

单击工具栏中的“轮廓图工具”按钮，将鼠标指针移至要创建轮廓图的对象上，按住鼠标左键并将其向外拖动，即可创建出由对象中心向外放射的轮廓图效果，如图 5-2-2 所示。

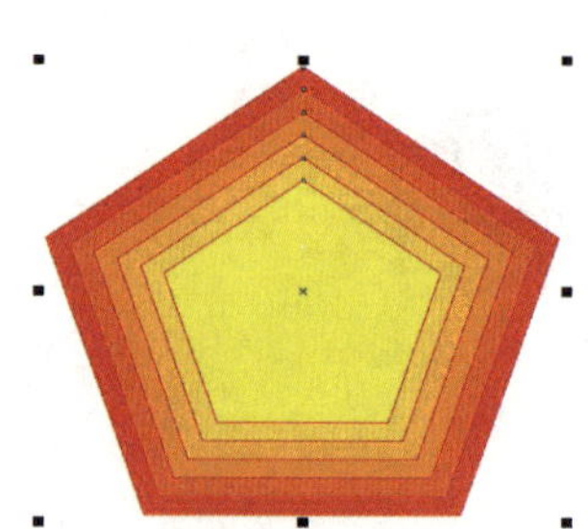

图 5-2-2　创建轮廓图效果

2. 设置轮廓图属性

创建轮廓图效果后，轮廓图工具的参数属性栏如图 5-2-3 所示。

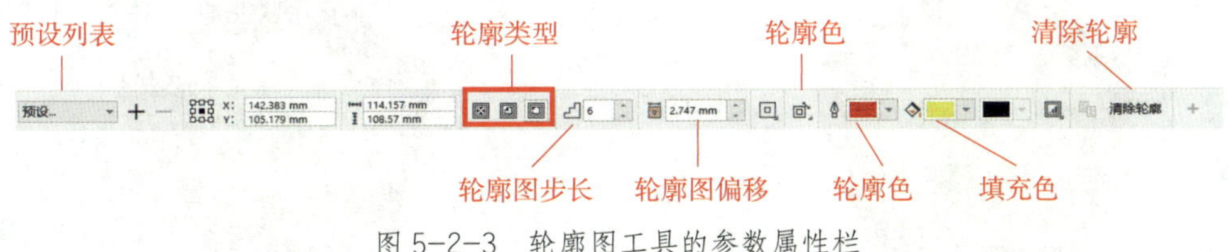

图 5-2-3　轮廓图工具的参数属性栏

参数属性栏中的各项功能如下。

（1）预设列表：此列表中预设了一些轮廓图样式，用户可从中选择需要的轮廓图效果，如图 5-2-4 所示。

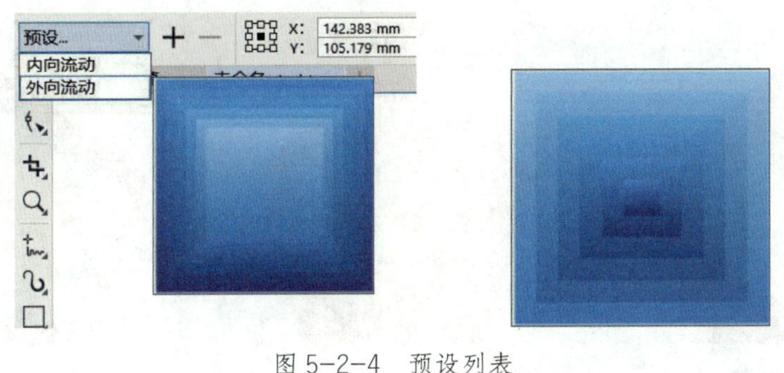

图 5-2-4　预设列表

（2）轮廓类型：用于调整轮廓图放射的效果，分为“到中心”“内部轮廓”和“外部轮廓”三种类型。三种类型的轮廓图效果如图 5-2-5 所示。

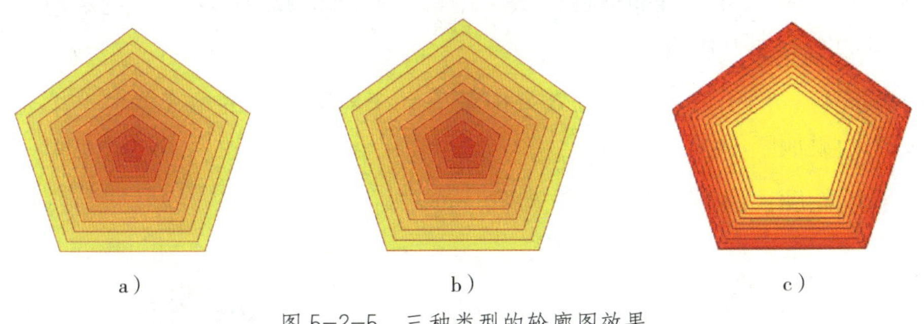

图 5-2-5　三种类型的轮廓图效果
a）到中心　b）内部轮廓　c）外部轮廓

（3）轮廓图步长：用于调整对象中轮廓图步长的数量。轮廓图步长为 3 时的轮廓图效果如图 5-2-6 所示。

（4）轮廓图偏移：用于调整对象中轮廓间的距离。轮廓图偏移为 10 时的轮廓图效果如图 5–2–7 所示。

图 5-2-6　轮廓图步长为 3 时的轮廓图效果

图 5-2-7　轮廓图偏移为 10 时的轮廓图效果

（5）轮廓色：用于设置在轮廓产生过程中填充颜色的过渡方式，分为“线性轮廓色”“顺时针轮廓色”和“逆时针轮廓色”三种。三种轮廓色的过渡方式如图 5–2–8 所示。

a）

b）

c）

图 5-2-8　三种轮廓色的过渡方式

a）线性轮廓色　b）顺时针轮廓色　c）逆时针轮廓色

（6）轮廓色：用于设置轮廓图效果中最后一圈轮廓线的颜色。轮廓色为黄色的轮廓图效果如图 5–2–9 所示。

（7）填充色：用于设置轮廓图效果中最后一个轮廓对象的填充颜色。填充色为绿色的轮廓图效果如图 5–2–10 所示。

（8）清除轮廓：用于清除轮廓图效果。

图 5-2-9　轮廓色为黄色的轮廓图效果

图 5-2-10　填充色为绿色的轮廓图效果

3. 拆分轮廓图对象

选中轮廓图对象，执行“对象”→“拆分轮廓图”命令或按 Ctrl+K 组合键，可将轮廓图对象分离，如图 5–2–11 所示。被添加的轮廓图对象以群组的方式组合在一起，执行取消组合操作可完全将对象分离，效果如图 5–2–12 所示。

图 5–2–11　拆分轮廓图对象

图 5–2–12　完全拆分

二、变形工具

变形工具用于为对象设置变形效果，其参数属性栏中提供了“推拉变形”“拉链变形”和“扭曲变形”三种变形方式。

1. 推拉变形

单击工具栏中的“变形工具”按钮，在其参数属性栏中选择“推拉变形”按钮，将鼠标指针移至要创建变形效果的对象上，按住鼠标左键并向左拖动至适当位置，即可创建推拉变形效果，如图 5–2–13 所示。

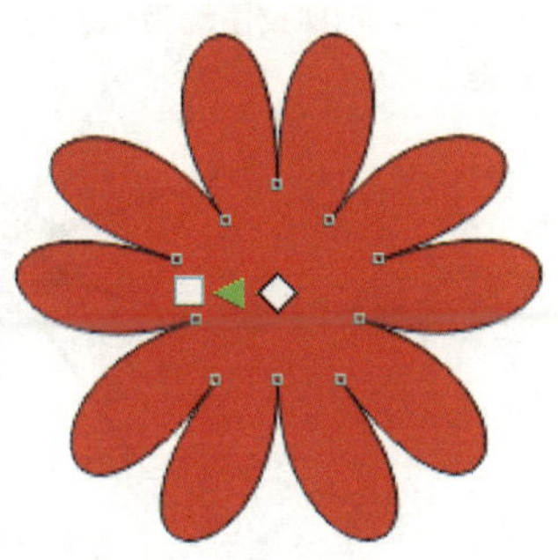
图 5–2–13　创建推拉变形效果

创建推拉变形效果后，变形工具的参数属性栏如图 5–2–14 所示。

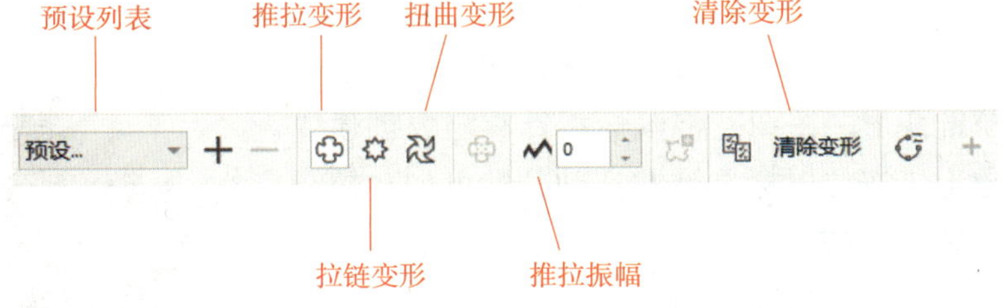

图 5–2–14　变形工具推拉变形后的参数属性栏

参数属性栏中的各项功能如下。

（1）预设列表：此列表中预设了一些变形样式，用户可从中选择需要的变形效果。

（2）推拉变形：通过向对象的中心或外部推拉，产生不同的推拉变形效果。

（3）拉链变形：使对象产生像拉链一样的锯齿状变形效果。

（4）扭曲变形：使对象绕其自身旋转，产生螺旋变形效果。

（5）推拉振幅：用于调整对象的变形幅度。推拉振幅的取值范围为 -200 ~ 200，输入正值，可使变形效果向对象外部扩展；输入负值，可使变形效果向对象内部收缩。不同振幅值的推拉变形效果如图 5-2-15 所示。

制作推拉变形效果时如果不能确定推拉振幅的数值，可用鼠标选中变形控制手柄上的▸□控制点任意拖动，调整推拉振幅效果。在控制手柄上拖动◇控制点，可调整对象的推拉变形角度，效果如图 5-2-16 所示。

图 5-2-15　不同振幅值的推拉变形效果

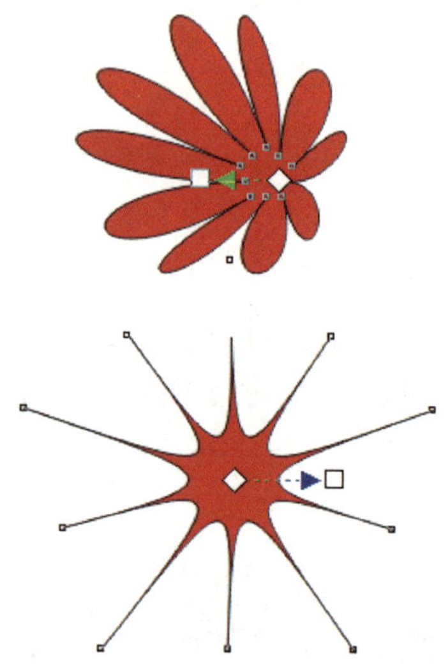
图 5-2-16　调整推拉振幅与推拉变形角度的变形效果

（6）清除变形：用于清除变形效果。

2. 拉链变形

单击工具栏中的“变形工具”按钮，在其参数属性栏中选择“拉链变形”按钮，将鼠标指针移至要创建变形效果的对象上，按住鼠标左键并拖动，即可创建拉链变形效果，如图 5-2-17 所示。

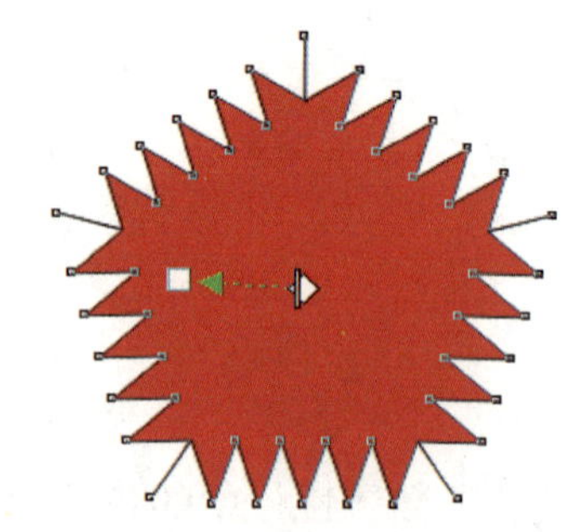
图 5-2-17　创建拉链变形效果

此时，变形工具的参数属性栏如图 5-2-18 所示。

在参数属性栏的“拉链振幅”输入框中输入“80”，在“拉链频率”输入框中输入“20”，拉链变形效果如图 5-2-19 所示。

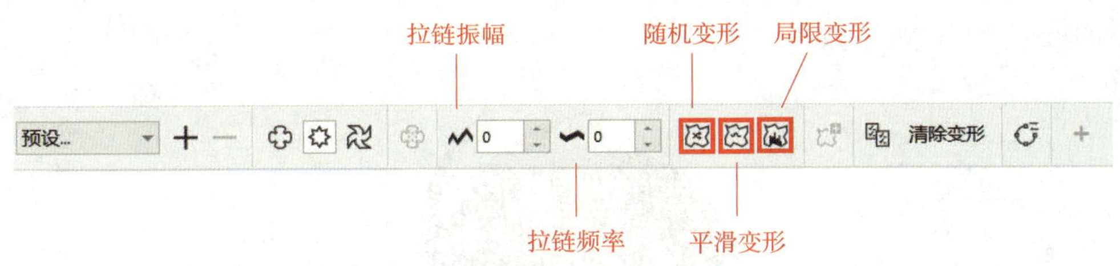

图 5-2-18 变形工具拉链变形后的参数属性栏

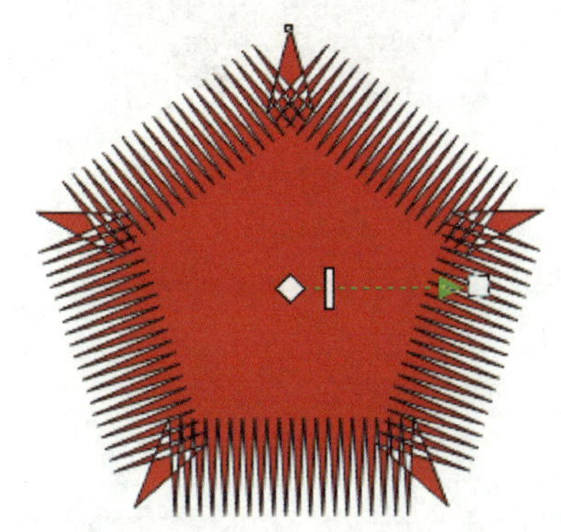

图 5-2-19 调整拉链振幅与拉链频率的变形效果

单击参数属性栏中的“随机变形”按钮，可产生随机变形效果，如图 5-2-20 所示。

单击参数属性栏中的“平滑变形”按钮，可使变形对象的节点排列变得平滑，如图 5-2-21 所示。

单击参数属性栏中的“局限变形”按钮，可使对象仅一部分产生变形效果，如图 5-2-22 所示。

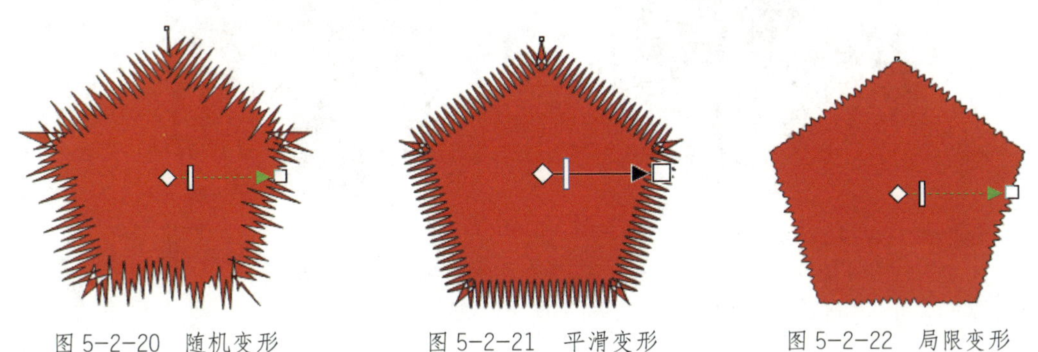

图 5-2-20 随机变形　　图 5-2-21 平滑变形　　图 5-2-22 局限变形

3. 扭曲变形

单击工具栏中的“变形工具”按钮，在其参数属性栏中选择“扭曲变形”按钮，将鼠标指针移至要创建变形效果的对象上，按住鼠标左键按顺时针或逆时针的方向移动，即可创建扭曲变形效果，如图 5-2-23 所示。

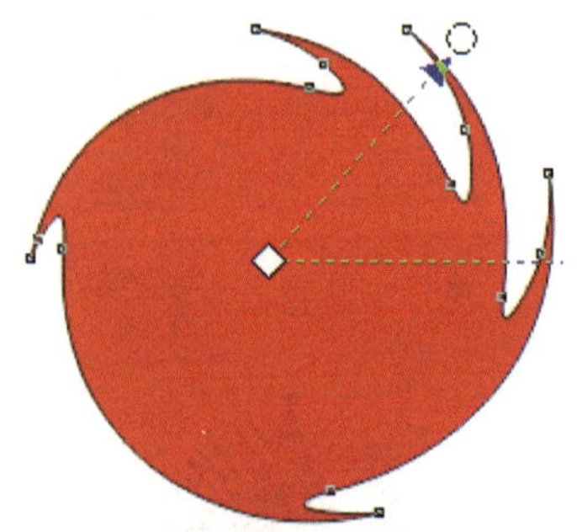

图 5-2-23　创建扭曲变形效果

此时，变形工具的参数属性栏如图 5-2-24 所示。

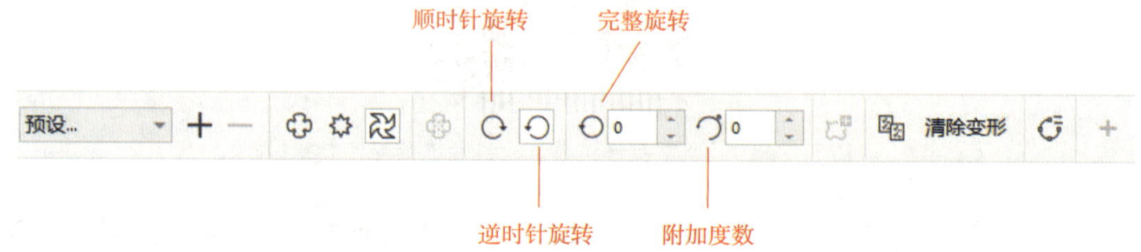

图 5-2-24　变形工具扭曲变形后的参数属性栏

单击参数属性栏中的“顺时针旋转”或“逆时针旋转”按钮，可产生不同旋转方向的扭曲变形效果，如图 5-2-25 所示。

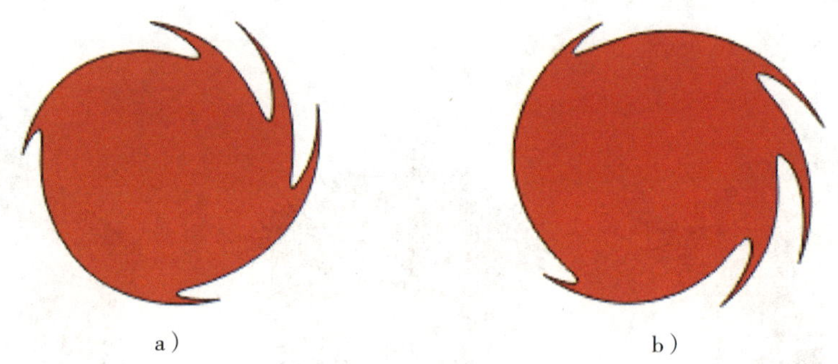

a）　　b）

图 5-2-25　不同旋转方向的扭曲变形效果

a）顺时针旋转　b）逆时针旋转

在参数属性栏的“完整旋转”输入框中输入数值，可设置变形对象的旋转圈数。完整旋转为 2 时的扭曲变形效果如图 5-2-26 所示。

在参数属性栏的“附加度数”输入框中输入数值，可设置变形对象超出原有旋转基础的旋转角度。附加度数为 200 时的扭曲变形效果如图 5-2-27 所示。

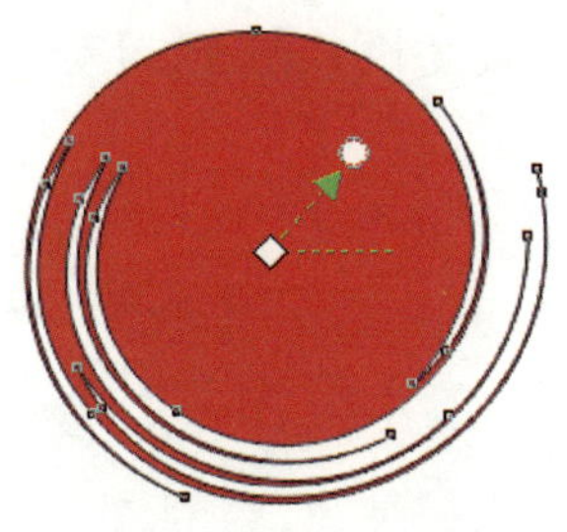

图 5-2-26　完整旋转为 2 时的扭曲变形效果

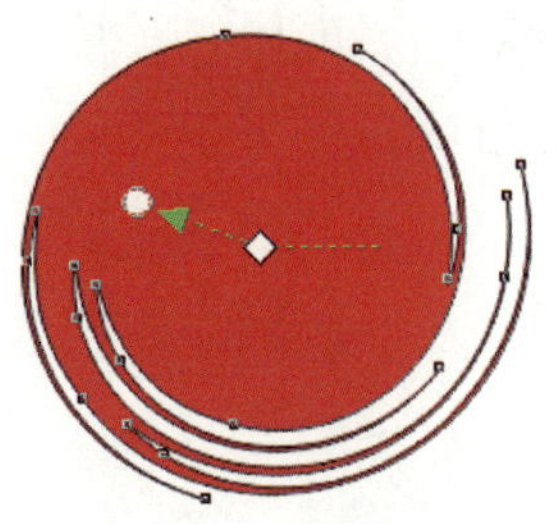

图 5-2-27　附加度数为 200 时的扭曲变形效果

三、封套工具

封套工具可以为对象添加封套，以对对象外观进行复杂和快速的变形操作。

1. 创建封套效果

选中要添加封套的对象，单击工具栏中的“封套工具”按钮，对象上将出现蓝色的封套编辑框，如图 5-2-28 所示。在蓝色封套编辑框或节点处按住鼠标左键进行拖动，即可创建封套效果，如图 5-2-29 所示。

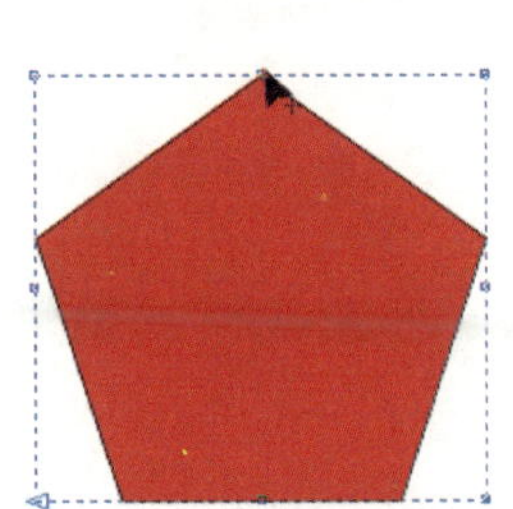

图 5-2-28　封套编辑框

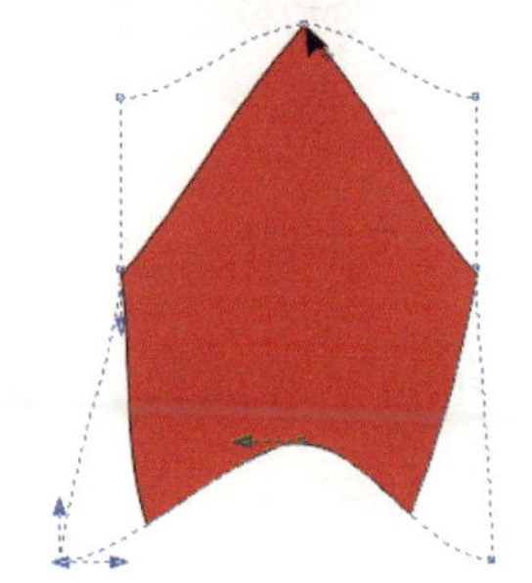

图 5-2-29　创建封套效果

提示

编辑封套节点的方法与编辑曲线节点的方法类似，也可以移动、添加、删除节点或改变节点的属性。

2. 设置封套属性

创建完封套效果后，封套工具的参数属性栏如图 5-2-30 所示。

参数属性栏中的各项功能如下。

直线模式：单击“直线模式”按钮，即可以直线模式编辑封套，效果如图 5-2-31 所示。

单弧模式：单击“单弧模式”按钮，即可以单一弧度模式编辑封套，效果如图 5-2-32 所示。

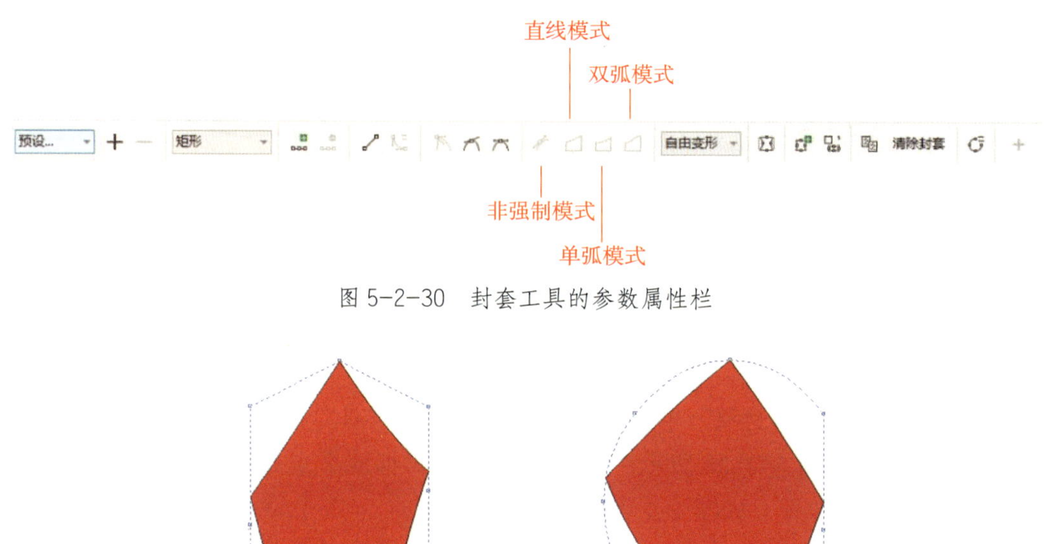

图 5-2-30　封套工具的参数属性栏

图 5-2-31　直线模式　　图 5-2-32　单弧模式

双弧模式：单击“双弧模式”按钮，即可以 S 形弧线模式编辑封套，效果如图 5-2-33 所示。

非强制模式：单击“非强制模式”按钮，即可不受任何约束地编辑封套，如图 5-2-34 所示。

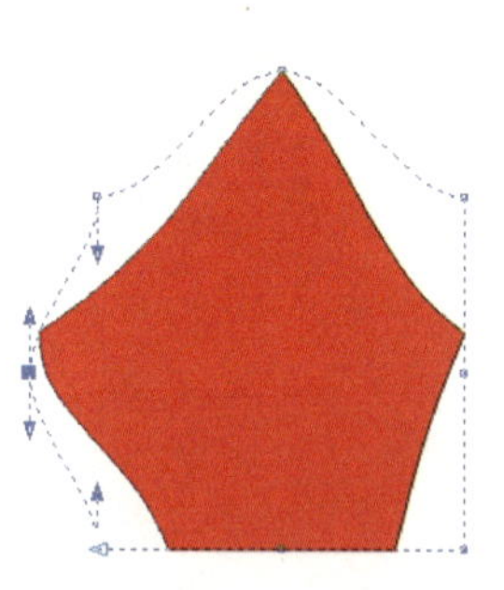

图 5-2-33　双弧模式

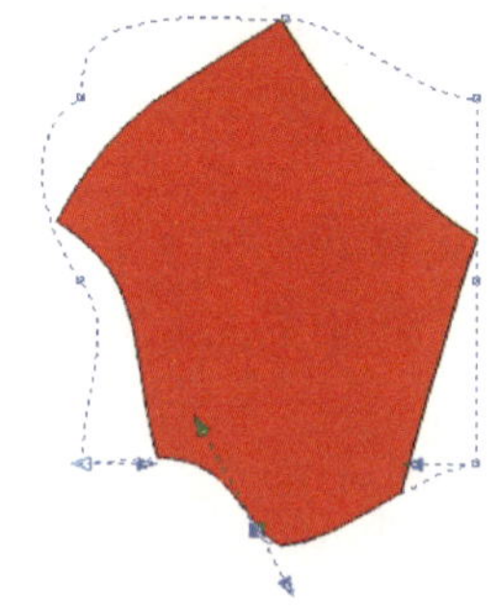

图 5-2-34　非强制模式

3. 清除封套效果

选中已添加封套效果的对象，在参数属性栏中单击“清除封套”按钮即可。

四、块阴影工具

块阴影工具可以将矢量阴影添加到对象或文本中，块阴影和阴影及立体化不同，它由简单的线条构成，常被用于屏幕打印和标牌的制作。

1. 创建块阴影效果

使用块阴影工具，将鼠标指针移动到对象中心，按住鼠标左键进行拖动，如图 5-2-35 所示。松开鼠标左键即可创建块阴影效果，如图 5-2-36 所示。可以移动块阴影工具控制手柄来改变块阴影效果，如图 5-2-37 所示。

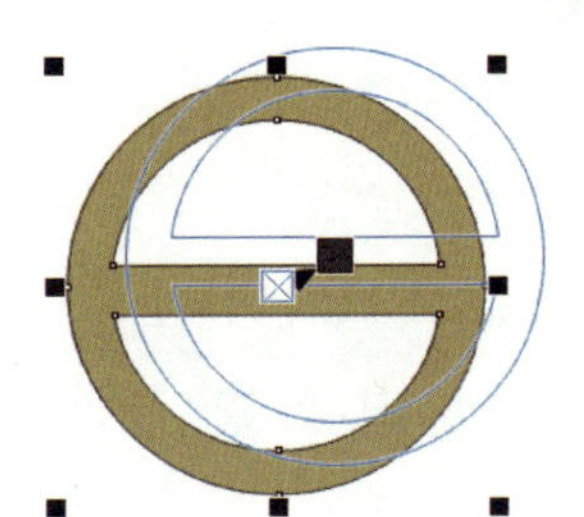

图 5-2-35　拖动出块阴影

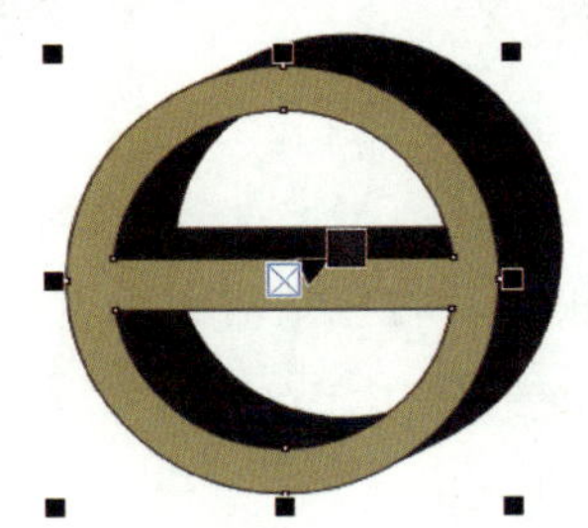

图 5-2-36　创建块阴影效果

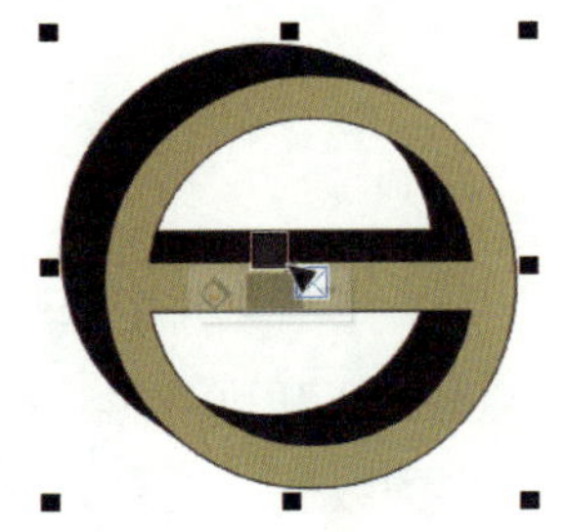

图 5-2-37　改变块阴影效果

2. 设置块阴影参数

创建块阴影效果后，可以在块阴影工具的参数属性栏中设置参数。

块阴影工具的参数属性栏如图 5-2-38 所示。

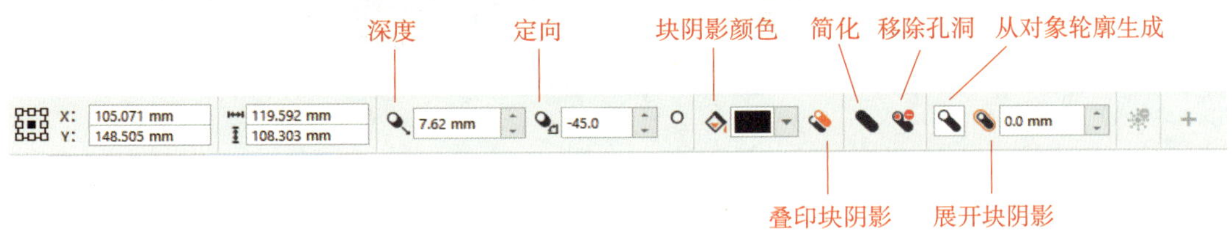

图 5-2-38　块阴影工具的参数属性栏

参数属性栏中的各项功能如下。

（1）深度：用于调整块阴影的深度，可以在其后的输入框中输入深度数值。

（2）定向：用于设置块阴影的角度，可以在其后的输入框中输入角度数值。

（3）块阴影颜色：可以在其后的下拉面板中设置块阴影的颜色，如图 5-2-39 所示。

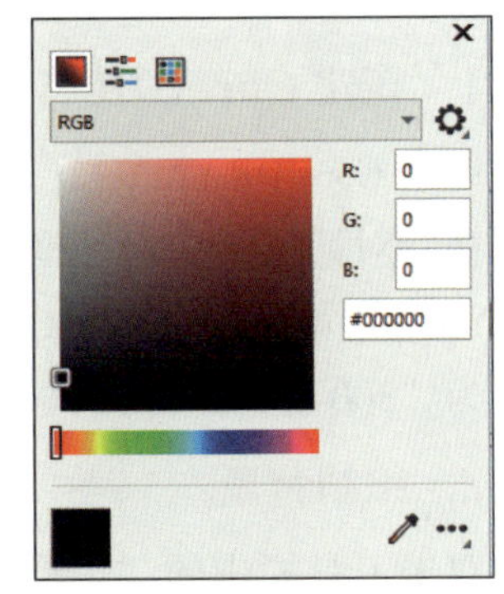

图 5-2-39　“块阴影颜色”下拉面板

（4）叠印块阴影：激活该按钮，可设置块阴影在底层对象之上打印。

（5）简化：激活该按钮，可修剪块阴影与对象之间的叠加区域。

（6）移除孔洞：将块阴影设置为不带孔的闭合曲线对象，效果如图 5-2-40 所示。

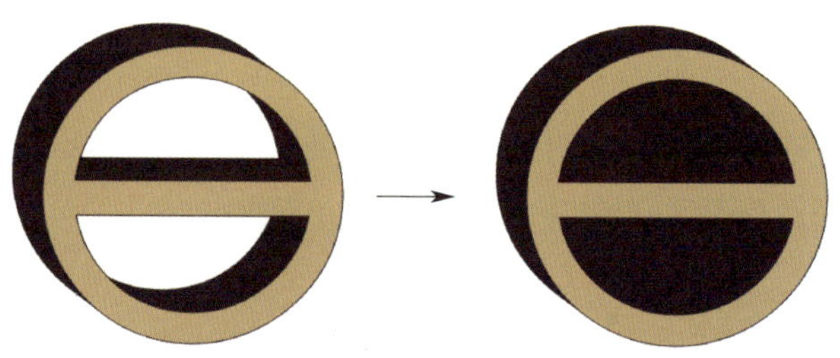

图 5-2-40　移除孔洞

（7）从对象轮廓生成：创建块阴影时包括对象轮廓，该按钮默认为激活状态。

（8）展开块阴影：按指定量增加块阴影的范围，在其后的输入框中可以输入展开块阴影的数值，效果如图 5-2-41 所示。

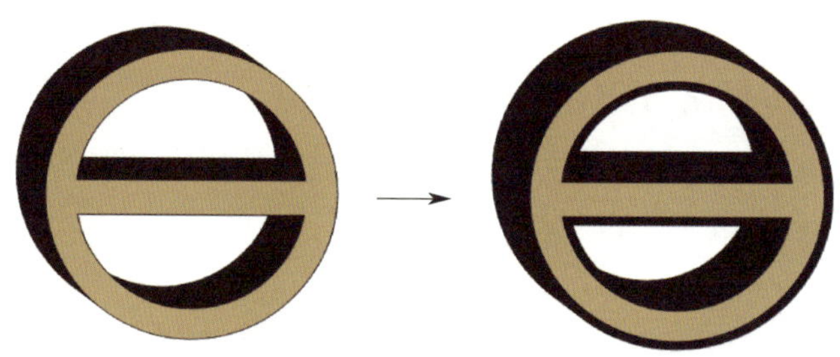

图 5-2-41　展开块阴影

操作演示

1. 新建 CorelDRAW 2021 文档

启动 CorelDRAW 2021 软件后，在启动界面中单击“新文档”选项，打开“创建新文档”对话框，在对话框的“名称”选项中输入“新春海报”，设置“原色模式”为“CMYK”，“宽度”为“600 mm”，“高度”为“900 mm”，“方向”为“纵向”，“分辨率”为“300 dpi”，然后单击“OK”按钮。

2. 绘制背景

双击工具栏中的“矩形工具”按钮，绘制一个与页面相同大小的矩形，将其填充为红色（C：42，M：100，Y：100，K：0），取消轮廓色。

3. 绘制毛绒球

（1）使用椭圆形工具绘制一个正圆形，填充为浅粉色（C：0，M：25，Y：36，K：0），取消轮廓色。

（2）单击工具栏中的“变形工具”按钮，在参数属性栏中选择“拉链变形”，将“拉链振幅”设置为“15”，“拉链频率”设置为“5”，效果如图 5-2-42 所示。

（3）选择参数属性栏中的“推拉变形”，将“推拉振幅”设置为“-7”，效果如图 5-2-43 所示。

图 5-2-42　创建拉链变形效果

图 5-2-43　创建推拉变形效果

（4）选择参数属性栏中的“拉链变形”，将“拉链振幅”设置为“6”，“拉链频率”设置为“5”，效果如图 5-2-44 所示。

（5）选择参数属性栏中的“推拉变形”，将“推拉振幅”设置为“-20”，得到浅粉色毛球，效果如图 5-2-45 所示。

图 5-2-44　再次应用拉链变形

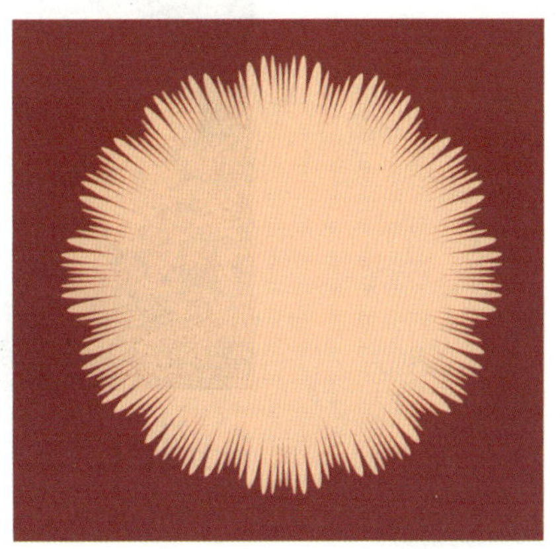

图 5-2-45　再次应用推拉变形

（6）单击工具栏中的“透明度工具”按钮，在参数属性栏中选择“均匀透明度”，在合并模式的下拉列表中选择“常规”，将“节点透明度”设置为“60”，效果如图 5-2-46 所示。

（7）复制毛球，并将其等比例缩小，填充为白色，得到白色毛球。单击“透明度工具”按钮，在参数属性栏中选择“均匀透明度”，在合并模式的下拉列表中选择“常规”，将“节点透明度”设置为“0”，效果如图 5-2-47 所示。

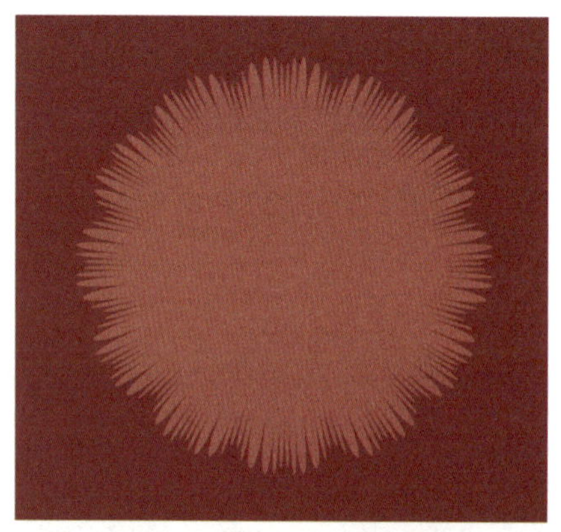
图 5-2-46　设置透明度

图 5-2-47　复制毛球并设置透明度

（8）单击工具栏中的“混合工具”按钮，在白色毛球和浅粉色毛球上按住鼠标左键并拖动，得到毛绒球，效果如图 5-2-48 所示。

图 5-2-48　绘制毛绒球

4. 绘制流苏

（1）使用钢笔工具绘制五条红色轮廓的流苏，设置轮廓宽度为 8 pt，效果如图 5-2-49 所示。

图 5-2-49　绘制流苏

（2）使用调和工具在每两个流苏之间进行调和，在参数属性栏中将每组流苏的调和步数都设置为 5，效果如图 5-2-50 所示。

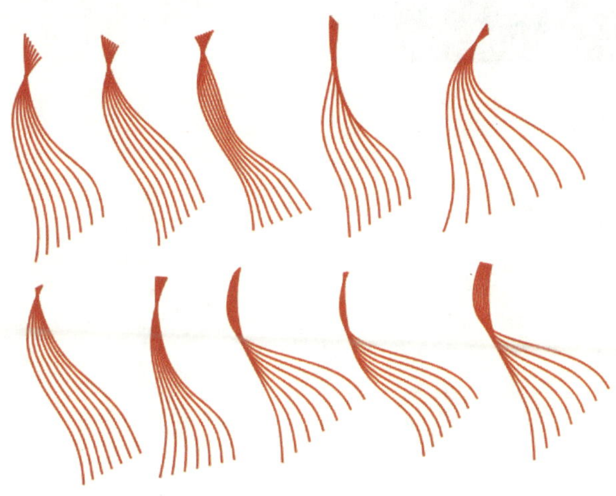

图 5-2-50　调和流苏

（3）将这几组流苏组合，摆放到毛绒球的下方，组合以上对象，效果如图 5-2-51 所示。

5. 绘制花朵

（1）使用椭圆形工具绘制一个正圆形，填充为黄色（C：0，M：21，Y：95，K：0），取消轮廓色。

（2）单击工具栏中的“变形工具”按钮，在参数属性栏中选择“拉链变形”，将“拉链振幅”设置为“1”，“拉链频率”设置为“1”，效果如图 5-2-52 所示。

（3）选择参数属性栏中的“推拉变形”，将“推拉振幅”设置为“-80”，效果如图 5-2-53 所示。

（4）单击工具栏中的“轮廓图工具”按钮，在参数属性栏中将轮廓类型设置为

"到中心"，并将对象轮廓填充为浅黄色（C：0，M：5，Y：30，K：0），绘制花瓣，效果如图 5-2-54 所示。

图 5-2-51　组合流苏和毛绒球

图 5-2-52　创建拉链变形效果

图 5-2-53　创建推拉变形效果

图 5-2-54　绘制花瓣

（5）复制花瓣，并将其等比例缩小、旋转一定角度以得到内层花瓣，效果如图 5-2-55 所示。

（6）将外层花瓣和内层花瓣组合，得到花朵，并将其放置到流苏的顶端，效果如图 5-2-56 所示。

6. 绘制挂绳

（1）使用钢笔工具绘制一条红色轮廓的挂绳，设置轮廓宽度为 20 pt，效果如图 5-2-57 所示。

（2）选中花朵、流苏、毛绒球和挂绳，将其组合，得到毛球挂件，效果如图 5-2-58 所示。

图 5-2-55 复制并调整花瓣

图 5-2-56 放置花朵

图 5-2-57 绘制挂绳

图 5-2-58 绘制毛球挂件

7. 导入素材并制作标题

（1）执行“文件”→“导入”命令，导入“新春海报底图.jpg”素材，将其置于页面中，将该对象的宽度调整为 600 mm，高度调整为 900 mm。

（2）使用文本工具输入文字“新春大吉”，设置字体为“方正汉真广标简体”，填充为金属色（C：0，M：24，Y：30，K：0），字体大小设置为 177 pt，效果如图 5-2-59 所示。

（3）按 Ctrl+Q 组合键将文字转换为曲线，去掉“春”字中间的节点和“吉”字中间的节点，然后在其上绘制两个菱形，效果如图 5-2-60 所示。

图 5-2-59　添加文字效果

图 5-2-60　设计字体

（4）使用文本工具输入英文“HAPPY NEW YEAR”，执行“窗口”→“泊坞窗”→“属性”命令，设置字体为“微软雅黑”、字体大小为 84 pt，如图 5-2-61 所示。点击描边属性旁的“轮廓设置”命令，将“HAPPY NEW YEAR”的描边改成 1.2 pt，填充为金属色（C：0，M：24，Y：30，K：0），“位置”选择“外部轮廓”，无内部填充，如图 5-2-62 所示。继续使用文本工具输入英文“SPRING FESTIVAL”，设置字体为“微软雅黑”，字体大小为 84 pt，填充为金属色（C：0，M：24，Y：30，K：0），无轮廓填充，效果如图 5-2-63 所示。

（5）选中“HAPPY NEW YEAR”文本对象，使用封套工具，删除封套四边上的 4 个圆形节点，然后选中剩下的 4 个方形节点，在参数属性栏中单击“转换为线条”按钮，调整节点位置，效果如图 5-2-64 所示。

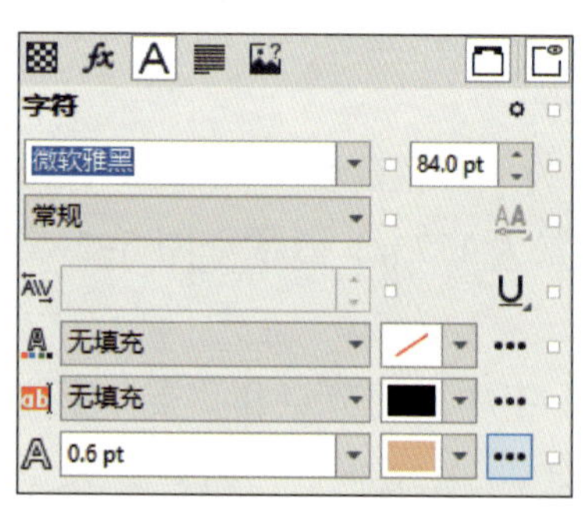

图 5-2-61　设置字体属性

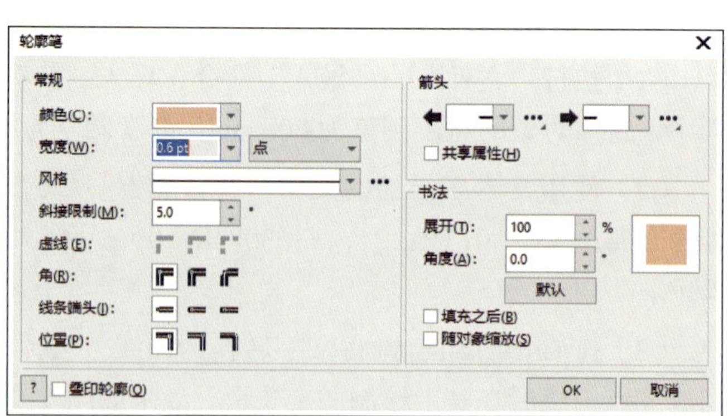

图 5-2-62　轮廓设置

图 5-2-63 设计辅助文案

图 5-2-64 调整辅助文案

（6）用上述方法继续调整文字“SPRING FESTIVAL”，效果如图 5-2-65 所示。

图 5-2-65 继续调整辅助文案

8. 组合全部对象

将文字和绘制好的毛球挂件放置到海报的相应位置，选择全部对象，按 Ctrl+G 组合键组合对象，完成新春海报的制作。

9. 保存文件

执行“文件”→“保存”命令，保存文件。

项目六
处理位图图像

CorelDRAW 2021 虽然是一款矢量绘图软件，但它处理位图的功能也非常强大，可对位图进行裁剪、擦除与颜色调整，将位图与矢量图相互转换，以及应用多样的滤镜满足设计需求等。

任务 1　制作特效文字

1. 掌握编辑位图的方法。
2. 掌握位图图像色彩的调整方法。
3. 掌握三维效果的应用方法。
4. 掌握位图滤镜的应用方法。

本任务是一个位图图像处理实例，主要利用矩形工具和钢笔工具绘制文字，并通过将矢量文字转换为位图和添加位图滤镜等操作制作特效文字（见图 6-1-1）。

图 6-1-1　特效文字效果图

一、位图的编辑

1. 导入位图

执行“文件”→“导入”命令，在“导入”对话框中选择要导入的位图文件，并单击“导入”按钮，如图 6-1-2 所示。然后在页面中按住鼠标左键并向右下方拖动，以确定位图的尺寸。用户也可以在页面中直接单击鼠标左键来导入位图。

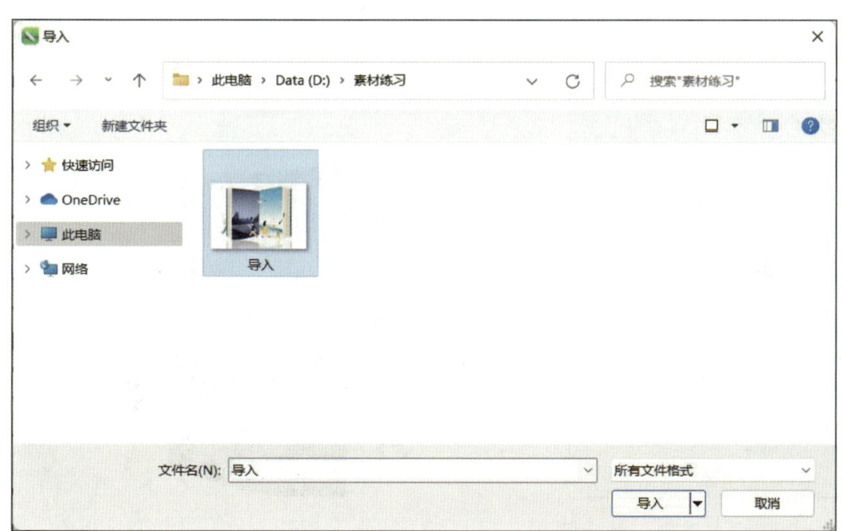

图 6-1-2　“导入”对话框

2. 裁剪位图

在导入位图时，如果只需要原位图图像的一部分，可对位图进行裁剪。

执行“文件”→“导入”命令后，在“导入”对话框中选择要导入的位图文件，单击“导入”按钮右侧的三角形按钮，展开“导入”列表框，如图 6-1-3 所示。从列表框中选择“裁剪并装入”选项，弹出“裁剪图像”对话框，如图 6-1-4 所示。在对话框的预览窗口中，使用鼠标左键选中并拖动裁剪框四周的控制点，或者在“选择要裁剪的区域”中输入数值，然后单击“OK”按钮即可导入裁剪后的图像，如图 6-1-5 所示。

图 6-1-3 “导入”列表框

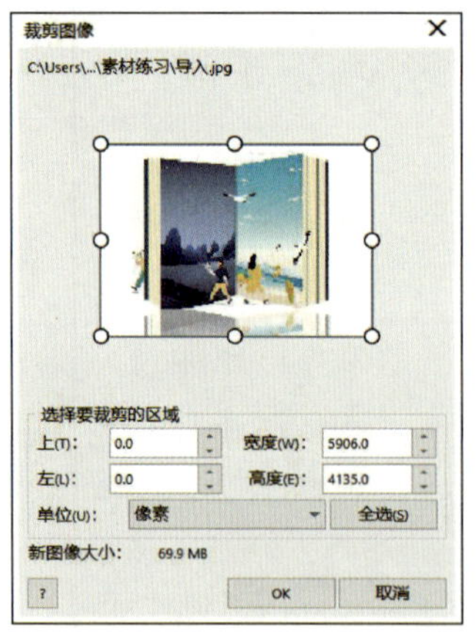

图 6-1-4 “裁剪图像”对话框

图 6-1-5 裁剪后的图像

提示

导入位图后，还可以执行“位图”→“重新取样”命令，调整位图的图像大小和分辨率。

在“重新取样”对话框中，在“图像大小”下面的“宽度”和“高度”输入框中输入数值可以改变位图的大小，在“分辨率”下面的“水平”和“垂直”输入框中输入数值可以改变位图的分辨率。

3. 编辑位图

选择位图图像，执行“位图”→“编辑位图”命令，或单击参数属性栏中的“编辑位图”按钮 编辑位图(E)...，启动 Corel PHOTO-PAINT 2021 应用程序，如图 6-1-6 所示。使用该程序工具栏中的工具对图像进行编辑，编辑完成后，单击“保存”按钮，关闭 Corel PHOTO-PAINT 2021 应用程序，编辑后的位图图像将出现在 CorelDRAW 2021 的页面中。

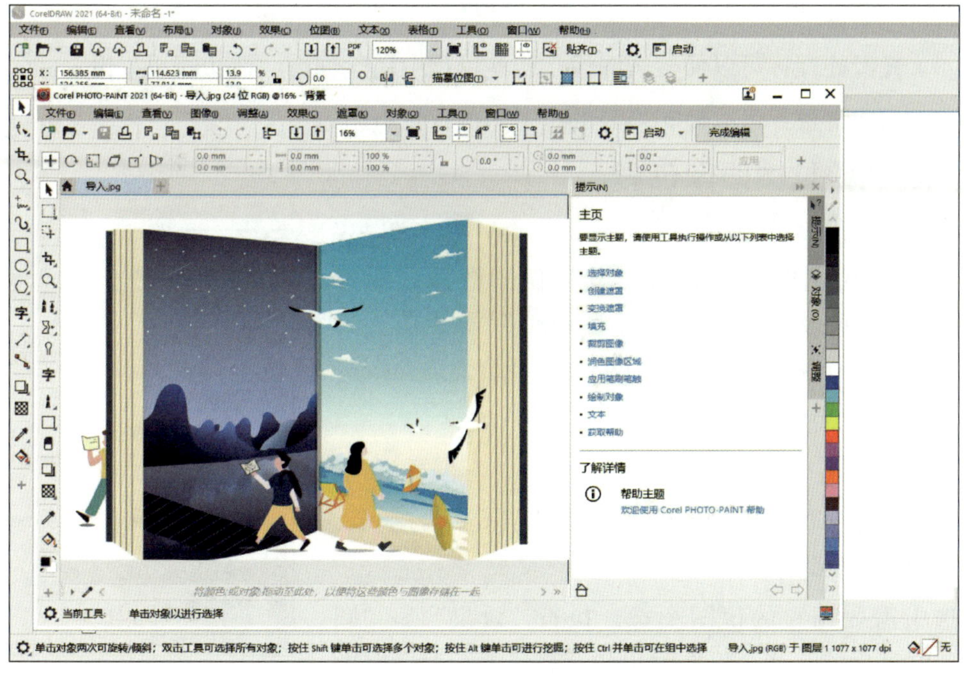

图 6-1-6　Corel PHOTO-PAINT 2021 应用程序

4. 将矢量图转换为位图

在 CorelDRAW 2021 中可以将矢量图转换为位图。选中要转换的矢量图，执行“位图”→“转换为位图”命令，弹出“转换为位图”对话框，如图 6-1-7 所示。在对话框中设置参数，单击“OK”按钮，即可将矢量图转换为位图，如图 6-1-8 所示。

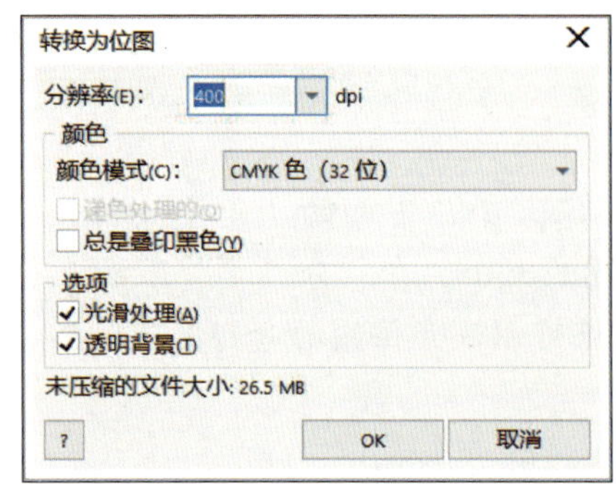

图 6-1-7 “转换为位图”对话框

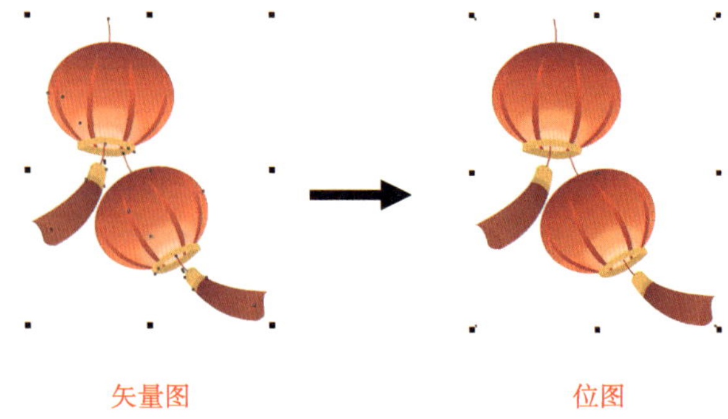

图 6-1-8 将矢量图转换为位图

“转换为位图”对话框中各参数的功能如下：

（1）分辨率：用于设置位图图像的分辨率，默认分辨率为 300 dpi。分辨率越高，图像包含的像素越多，图像的信息量就越大，文件也就越大。

（2）颜色模式：用于设置位图图像的颜色模式，默认颜色模式为“CMYK 色（32 位）”。

（3）光滑处理：可以使位图图像在转换过程中消除锯齿，使边缘更平滑。

（4）透明背景：可以使转换后的位图图像背景透明。

二、调整位图图像色彩

在 CorelDRAW 2021 中，执行“效果”→“调整”命令可调整位图图像的色彩。选中位图图像，执行“效果”→“调整”命令，弹出“调整”子菜单，如图 6-1-9 所示，用户可根据设计需要选择合适的命令进行调整。

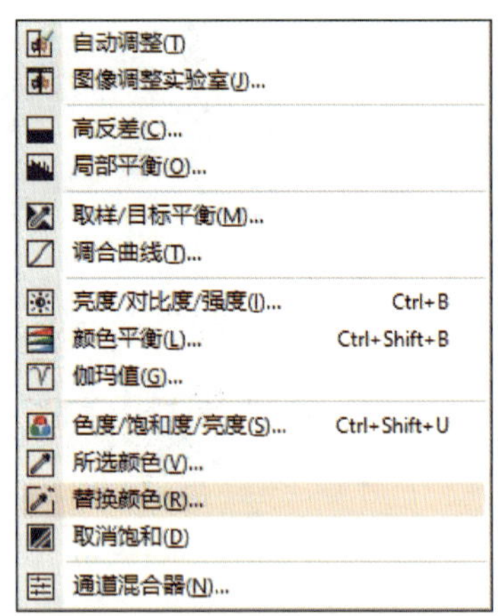

图 6-1-9 “调整”子菜单

1. 高反差

“高反差”命令可以通过调整暗部与亮部的细节，使位图的颜色达到平衡的效果。

选中需要调整的位图图像，执行“效果”→“调整”→“高反差”命令，在弹出的“高反差”对话框中设置相应参数，如图 6-1-10 所示，勾选“预览”复选框即可看到调整后的效果，单击“OK”按钮完成操作，效果如图 6-1-11 所示。

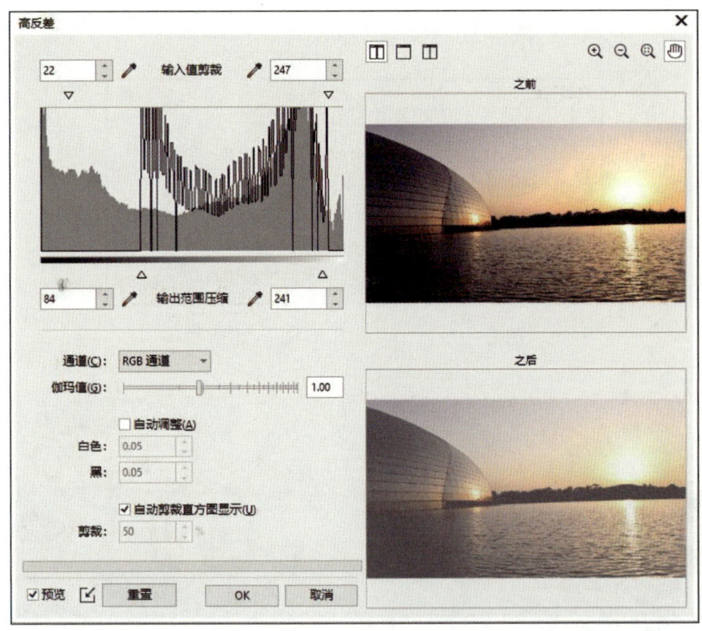

图 6-1-10　“高反差”对话框

图 6-1-11　高反差调整效果

提示

单击“高反差”对话框左下角的☑按钮，可展开或折叠预览窗口。展开预览窗口可观察图像变化的效果，勾选“预览”复选框可预览应用调整后的效果。

2. 局部平衡

“局部平衡”命令通过提高各颜色边缘的对比度，显示明亮区域和暗色区域中的细节，使位图边缘的颜色达到平衡的效果。

选中需要调整的位图图像，执行“效果”→“调整”→“局部平衡”命令，在弹出的“局部平衡”对话框中设置相应参数，如图 6-1-12 所示。单击“OK”按钮，即可局部平衡图像，效果如图 6–1–13 所示。

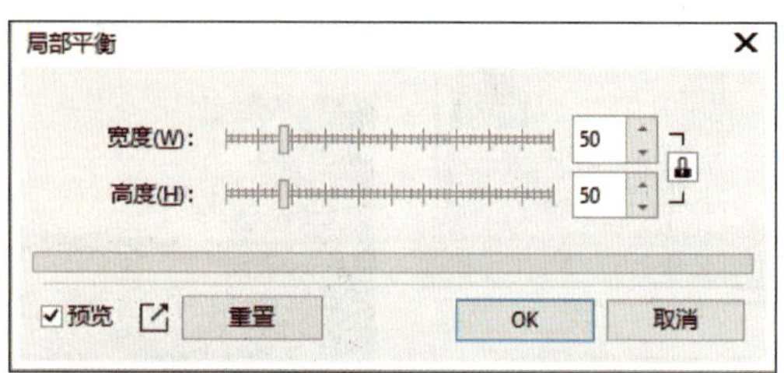

图 6–1–12 “局部平衡”对话框

图 6–1–13 局部平衡调整效果

3. 取样 / 目标平衡

“取样 / 目标平衡”命令可以根据从位图中选取的色样来调整位图的颜色。

选中需要调整的位图图像，执行“效果”→“调整”→“取样 / 目标平衡”命令，弹出的对话框如图 6–1–14 所示，单击对话框中的按钮，然后在选中的位图图像上单击，以选取图像的暗部、中间调和亮部的颜色。分别单击“目标”列对应的 3 个色块，可打开“选择颜色”下拉面板，从中选择替换图像暗部、中间调和亮部的颜色，单击“OK”按钮完成操作，效果如图 6–1–15 所示。

4. 调合曲线

“调合曲线”命令通过用一条曲线控制位图中暗部、中间调和亮部像素的映射来精确校正位图的色调。

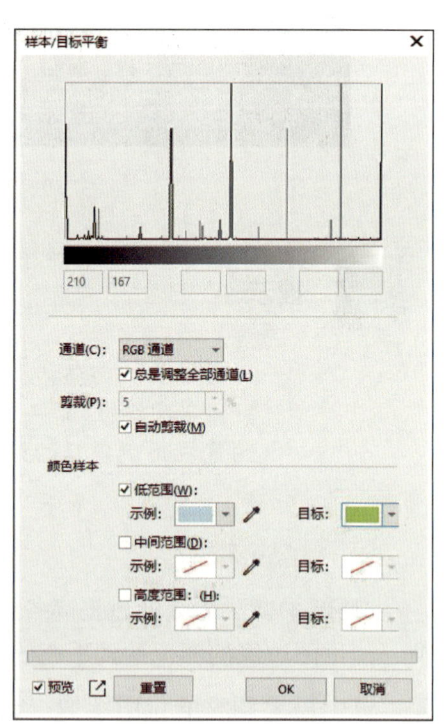

图 6–1–14 “取样 / 目标平衡”对话框

图 6-1-15 取样 / 目标平衡调整效果

选中需要调整的位图图像，执行“效果”→“调整”→“调合曲线”命令，打开“调合曲线”对话框，在对话框网格区中的倾斜直线上按住鼠标左键并拖动可改变其形状，从而改变像素的映射关系。勾选“预览”复选框，即可从预览窗口中查看调整效果，如图 6-1-16 所示。单击“OK”按钮，即可改变图像的色调，效果如图 6-1-17 所示。

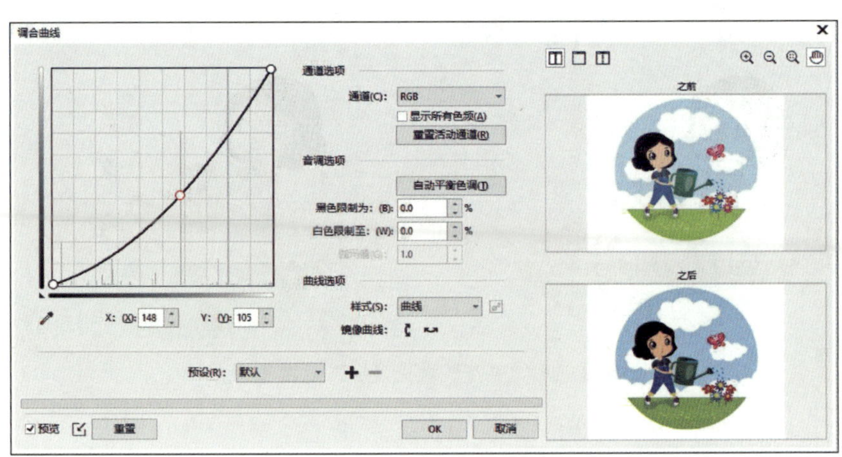

图 6-1-16 “调合曲线”对话框

图 6-1-17 调合曲线调整效果

5. 亮度 / 对比度 / 强度

“亮度 / 对比度 / 强度”命令可以调整位图的亮度、对比度和强度。

选中需要调整的位图图像，执行“效果”→“调整”→“亮度 / 对比度 / 强度”命令，在弹出的“亮度 / 对比度 / 强度”对话框中调整相应参数，如图 6–1–18 所示，单击“OK”按钮完成操作，效果如图 6–1–19 所示。

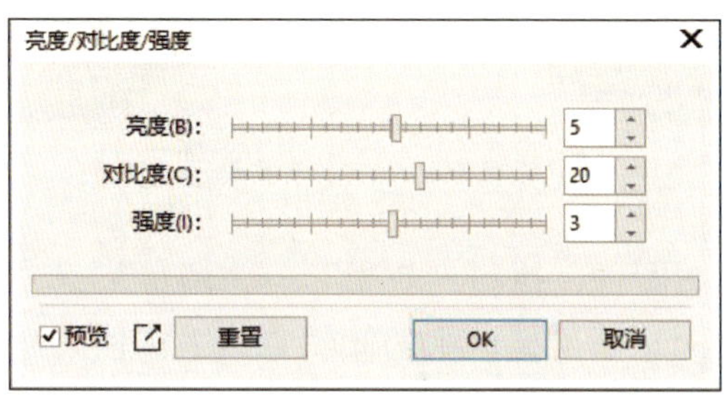

图 6–1–18 “亮度 / 对比度 / 强度”对话框

图 6–1–19 亮度 / 对比度 / 强度调整效果

6. 颜色平衡

“颜色平衡”命令可以调整位图的色彩，从而使其达到平衡的效果。

选中需要调整的位图图像，执行“效果”→“调整”→“颜色平衡”命令，在弹出的“颜色平衡”对话框中调整相应参数，如图 6–1–20 所示，单击“OK”按钮完成操作，效果如图 6–1–21 所示。

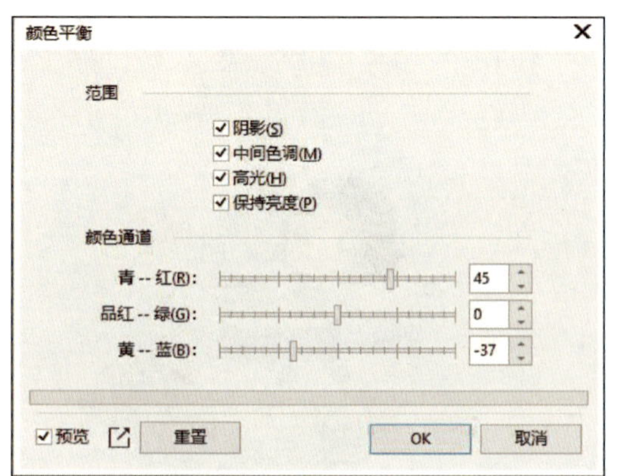

图 6–1–20 “颜色平衡”对话框

7. 伽玛值

“伽玛值”命令通过调整位图的伽玛值使所有的色调都向中间色调偏移。

图 6-1-21　颜色平衡调整效果

选中需要调整的位图图像，执行“效果”→“调整”→“伽玛值”命令，在弹出的“伽玛值”对话框中调整相应参数，如图 6-1-22 所示，单击“OK”按钮完成操作，效果如图 6-1-23 所示。

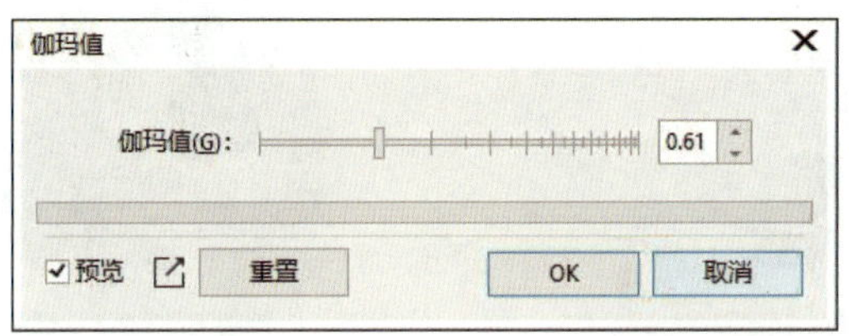

图 6-1-22　“伽玛值”对话框

图 6-1-23　伽玛值调整效果

8. 色度 / 饱和度 / 亮度

“色度 / 饱和度 / 亮度”命令可以调整位图的色度、饱和度或亮度。

选中需要调整的位图图像，执行“效果”→“调整”→“色度 / 饱和度 / 亮度”命令，在弹出的“色度 / 饱和度 / 亮度”对话框中调整相应参数，如图 6-1-24 所示，单击“OK”按钮完成操作，效果如图 6-1-25 所示。

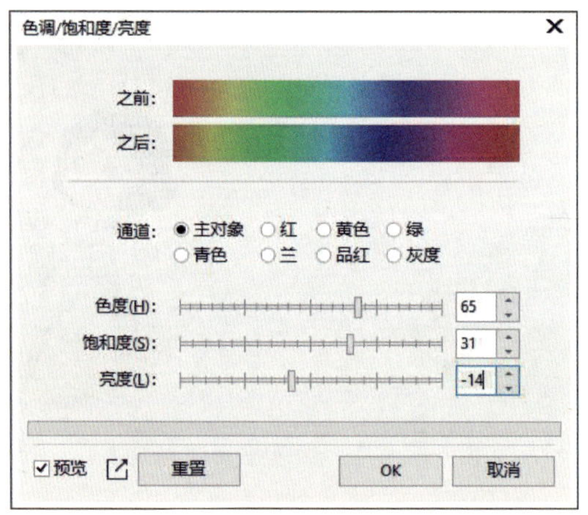

图 6-1-24 “色度 / 饱和度 / 亮度”对话框

图 6-1-25 色度 / 饱和度 / 亮度调整效果

9. 所选颜色

“所选颜色”命令可以在位图的原有颜色基础上为其选择合适的颜色。

选中需要调整的位图图像，执行“效果”→“调整”→“所选颜色”命令，在弹出的“所选颜色”对话框中调整相应参数，如图 6-1-26 所示，单击“OK”按钮完成操作，效果如图 6-1-27 所示。

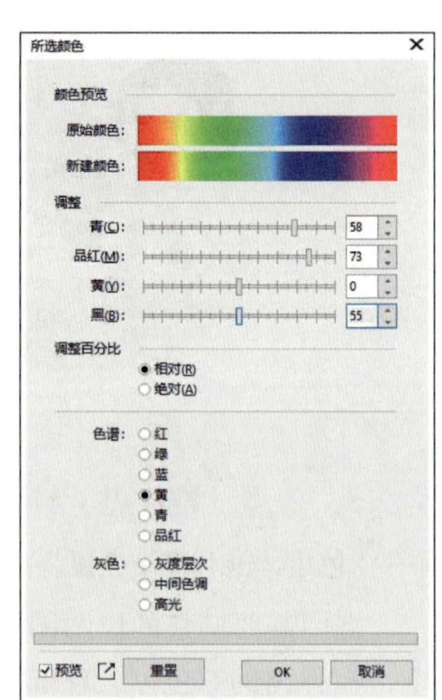

图 6-1-26 “所选颜色”对话框

10. 替换颜色

“替换颜色”命令可以将位图中的原有颜色替换为新的颜色。

选中需要调整的位图图像，执行“效果”→“调整”→“替换颜色”命令，打开“替换颜色”对话框，单击对话框上方的按钮，展开对话框，单击“原始”下面的按钮，在位图图像中单击选取要替换的颜色，然后单击“新建”下面的按钮，从弹出的下拉面板中选择要替换的结果颜色。还可以在对话框下方的设置区中调整结果颜色的“平滑”“色度”“饱和度”和“亮度”，如图 6-1-28 所示，单击“OK”按钮完成操作，效果如图 6-1-29 所示。

图 6-1-27　所选颜色调整效果

图 6-1-28　“替换颜色”对话框

图 6-1-29　替换颜色调整效果

11. 取消饱和

“取消饱和”命令可以消除位图的色彩，从而使其达到平衡的效果。

选中需要调整的位图图像，执行“效果”→“调整”→“取消饱和”命令，消除图像的色彩，得到黑白的效果，如图 6-1-30 所示。

图 6-1-30　取消饱和调整效果

12. 通道混合器

“通道混合器”命令可以通过调整所选通道的颜色数值来改变位图的色彩。

选中需要调整的位图图像，执行“效果”→“调整”→“通道混合器”命令，在弹出的“通道混合器”对话框中调整相应参数，如图 6-1-31 所示，单击“OK”按钮完成操作，效果如图 6-1-32 所示。

13. 图像调整实验室

“图像调整实验室”命令可以快速和轻松地矫正大多数位图的颜色和色调。

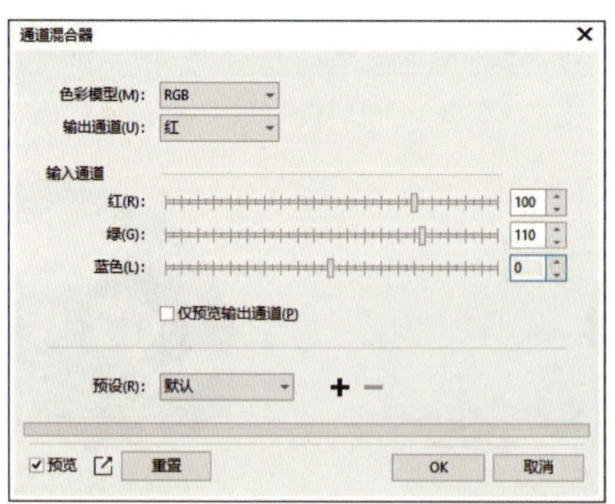

图 6-1-31　“通道混合器”对话框

图 6-1-32 通道混合器调整效果

选中需要调整的位图图像，执行“效果”→“调整”→“图像调整实验室”命令，打开“图像调整实验室”对话框，如图 6-1-33 所示。拖动对话框右侧的“温度”滑块，单击“OK”按钮，即可快速完成图像色温的调整，效果如图 6-1-34 所示。

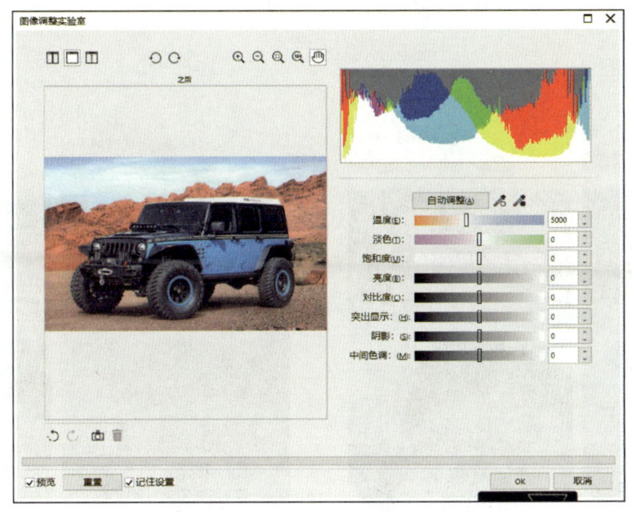

图 6-1-33 “图像调整实验室”对话框

图 6-1-34 图像调整实验室调整效果

“图像调整实验室”对话框中各项的功能如下。

（1）全屏预览之前和之后：左侧窗口为原始图像效果预览，右侧窗口为矫正后图像效果预览。

（2）全屏预览：在一个窗口中预览矫正后的图像效果。

（3）拆分预览之前和之后：在一个窗口中将预览效果以分割线分割成左右两部分，左侧为原始图像，右侧为矫正后的图像。

（4）自动调整：通过检测图像中最亮的区域和最暗的区域，调整每个颜色通道的色调范围，自动矫正图像的对比度和颜色。在某些情况下，只使用自动调整就能明显改善图像效果。

（5）选择白点颜色：在预览窗口中单击以设置白点，程序将自动调整图像的对比度。可以使用“选择白点颜色”按钮提亮图像，如图 6–1–35 所示。

（6）选择黑点颜色：在预览窗口中单击以设置黑点，程序将自动调整图像的对比度。可以使用“选择黑点颜色”按钮压暗图像，如图 6–1–36 所示。

图 6–1–35　选择白点颜色效果

图 6–1–36　选择黑点颜色效果

提示

一般情况下，可以使用“选择白点颜色”按钮选择图像中最亮的区域，或使用“选择黑点颜色”按钮选择图像中最暗的区域来自动调整图像的颜色和对比度。

（7）温度：通过增强图像中的暖色或冷色来矫正色偏，从而补偿图像照明条件的不足。

（8）淡色：通过调整图像中的绿色或品红色来矫正颜色。将滑块向右侧移动可添加绿色，将滑块向左侧移动可添加品红色。

（9）饱和度：将该滑块向右侧移动，可以提高色彩的鲜明程度；将该滑块向左侧移动，可以降低色彩的鲜明程度。将该滑块移动至最左侧，可以创建黑白效果，从而移除图像中的所有彩色。

（10）亮度：调整滑块可以使整个图像变亮或变暗。

（11）对比度：增加或减少图像中暗淡区域和明亮区域之间的色调差异。向右移动该滑块可以使明亮区域更亮、暗淡区域更暗。

（12）突出显示：调整图像中最亮区域的亮度。

（13）阴影：调整图像中最暗区域的亮度。

（14）中间色调：调整图像中中间范围色调的亮度。

三、三维效果

在 CorelDRAW 2021 中，系统提供了各式各样的滤镜，将这些滤镜应用于位图可以生成丰富的效果。滤镜的使用方法比较简单，但要将滤镜应用得恰到好处并非易事。

“三维效果”滤镜组可以为位图制作生动的三维视觉效果。

执行“效果”→“三维效果”命令，弹出“三维效果”子菜单，如图 6–1–37 所示。

图 6–1–37 “三维效果”子菜单

1. 三维旋转

“三维旋转”滤镜可以使位图产生立体的画面旋转透视效果。

选中需要调整的位图图像，执行“效果”→“三维效果”→“三维旋转”命令，在弹出的“三维旋转”对话框中调整相应参数，如图 6–1–38 所示，单击“OK”按钮完成操作，效果如图 6–1–39 所示。

2. 柱面

“柱面”滤镜可以使位图在水平或垂直的柱面上产生变形效果。

选中需要调整的位图图像，执行“效果”→“三维效果”→“柱面”命令，在弹出的“柱面”对话框中调整相应参数，如图 6–1–40 所示，单击“OK”按钮完成操作，效果如图 6–1–41 所示。

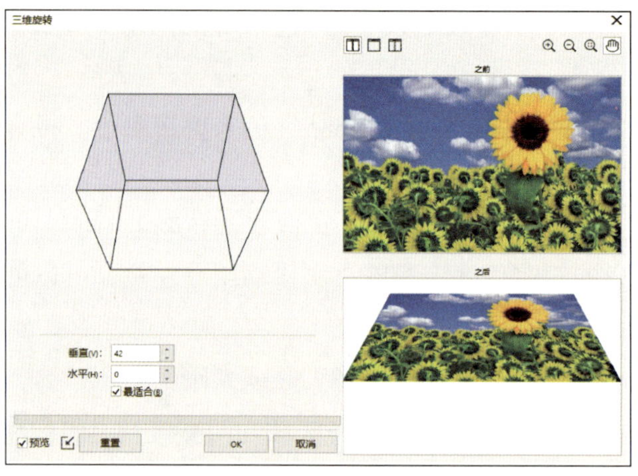

图 6-1-38 “三维旋转”对话框

图 6-1-39 三维旋转滤镜效果

图 6-1-40 “柱面”对话框

图 6-1-41　柱面滤镜效果

3. 浮雕

“浮雕”滤镜可以使位图模拟出类似浮雕的凹凸效果。

选中需要调整的位图图像，执行“效果”→“三维效果”→“浮雕”命令，在弹出的“浮雕”对话框中调整相应参数，如图 6-1-42 所示，单击“OK”按钮完成操作。

4. 卷页

“卷页”滤镜可以使位图产生卷页效果。

选中需要调整的位图图像，执行“效果”→“三维效果”→“卷页”命令，在弹出的“卷页”对话框中调整相应参数，如图 6-1-43 所示，单击“OK”按钮完成操作。

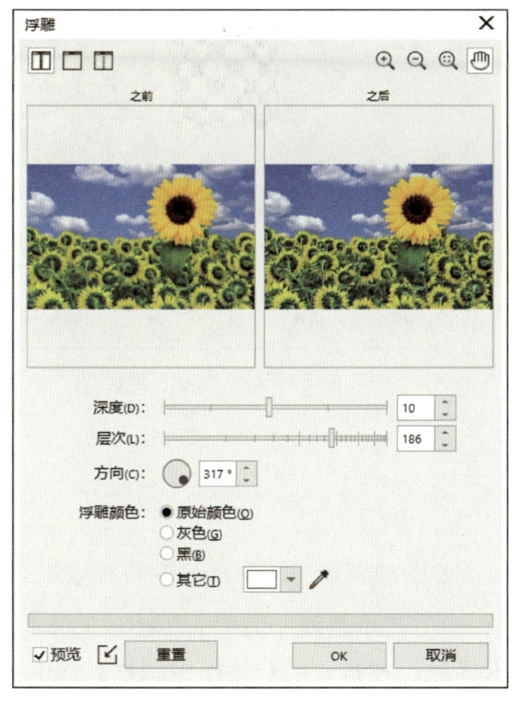

图 6-1-42　“浮雕”对话框

图 6-1-43　“卷页”对话框

5. 挤远 / 挤近

“挤远 / 挤近”滤镜可以使位图相对于某个点弯曲，产生拉近或拉远的效果。

选中需要调整的位图图像，执行“效果”→“三维效果”→“挤远 / 挤近”命令，在弹出的“挤远 / 挤近”对话框中调整相应参数，如图 6–1–44 所示，单击“OK”按钮完成操作。

6. 球面

“球面”滤镜可以使位图产生球面效果。

选中需要调整的位图图像，执行“效果”→“三维效果”→“球面”命令，在弹出的“球面”对话框中调整相应参数，如图 6–1–45 所示，单击“OK”按钮完成操作。

图 6–1–44 “挤远 / 挤近”对话框

图 6–1–45 “球面”对话框

四、位图特效

1. “艺术笔触”滤镜组

“艺术笔触”滤镜组可以模拟现实世界中各种绘画表现手法所产生的特殊效果。

选中需要调整的位图图像，执行“效果”→“艺术笔触”命令，弹出“艺术笔触”子菜单，如图 6–1–46 所示。选择不同的艺术笔触，在打开的对话框中调整参数值，可得到不同的艺术效果，如图 6–1–47 所示。

图 6-1-46　“艺术笔触”子菜单

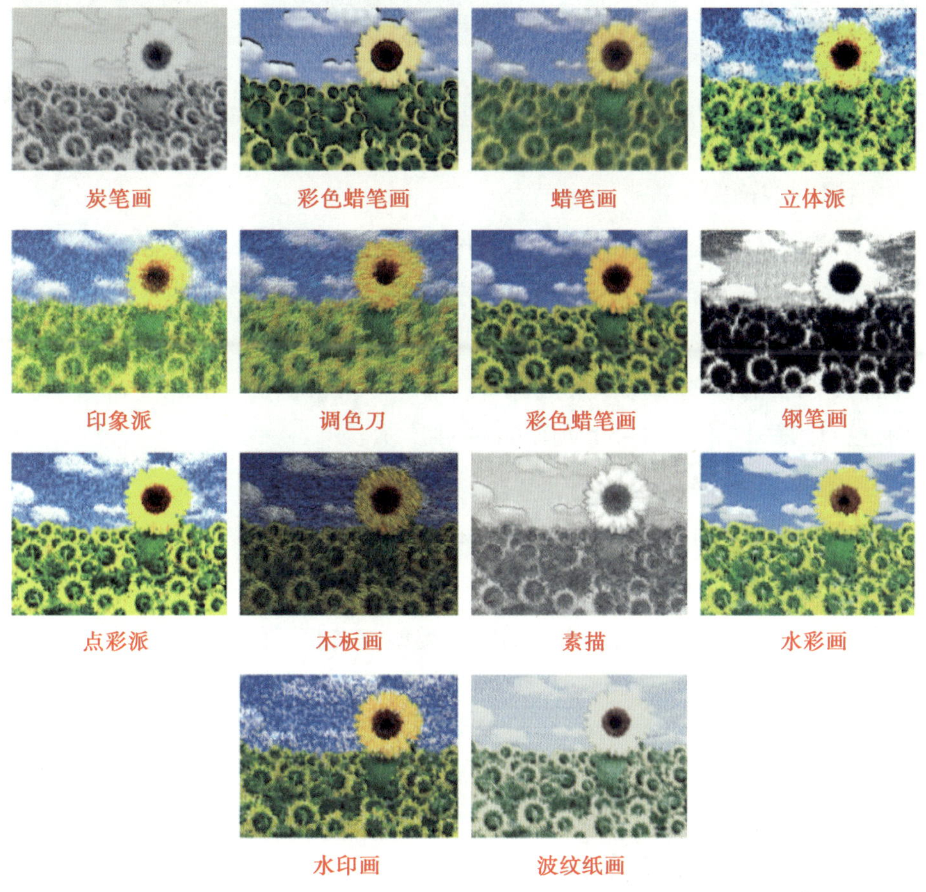

图 6-1-47　艺术笔触滤镜效果

2. “模糊”滤镜组

“模糊”滤镜组可以使位图中的像素软化并混合，从而产生模糊效果。

选中需要调整的位图图像，执行“效果”→“模糊”命令，弹出“模糊”子菜单，如图 6–1–48 所示。选择不同的模糊类型，在打开的对话框中调整参数值，可得到不同的模糊效果。常见的四种模糊效果如图 6–1–49 所示。

图 6–1–48 “模糊”子菜单

图 6–1–49 模糊滤镜效果

3. “相机”滤镜组

“相机”滤镜组可以为位图添加模拟相机镜头光感的效果，生成不同的摄影风格。“相机”滤镜组包含“着色”“扩散”“照片过滤器”“棕褐色色调”和“延时”五种效果。

选中需要调整的位图图像，可执行“效果”→“相机”下的相关命令，在弹出的对话框中进行设置，如图 6–1–50 至图 6–1–54 所示。

4. “颜色转换”滤镜组

“颜色转换”滤镜组可以使位图产生各种色彩变化效果。

选中需要调整的位图图像，执行“效果”→“颜色转换”命令，弹出“颜色转换”子菜单，如图 6–1–55 所示。选择不同的转换类型，在打开的对话框中调整参数值，可得到不同的颜色转换效果，如图 6–1–56 所示。

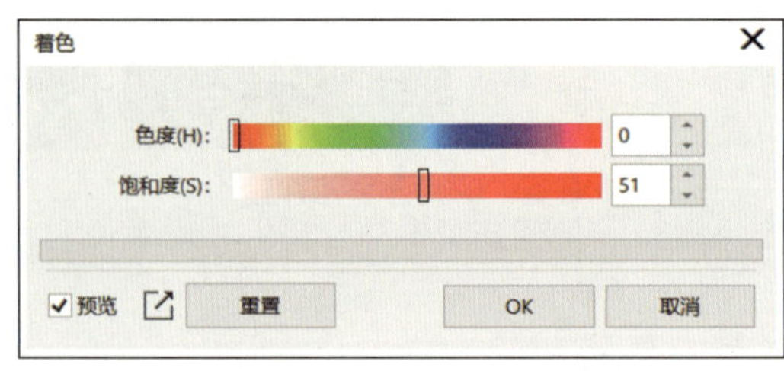

图 6–1–50 着色滤镜效果

图 6-1-51　扩散滤镜效果

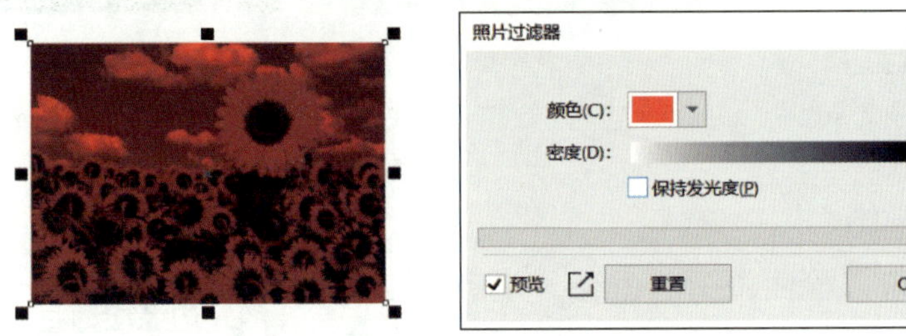

图 6-1-52　照片过滤器滤镜效果

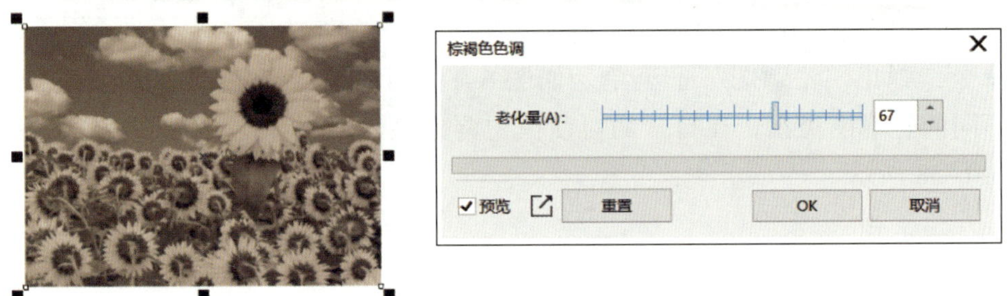

图 6-1-53　棕褐色色调滤镜效果

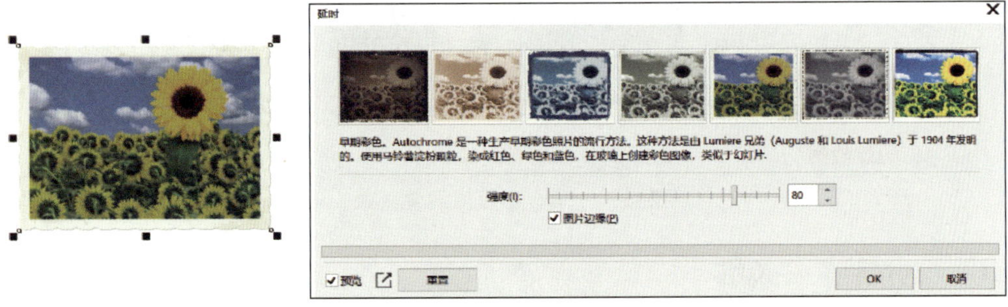

图 6-1-54　延时滤镜效果

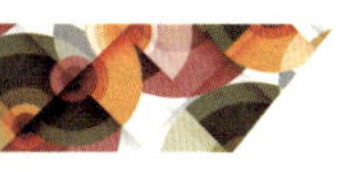

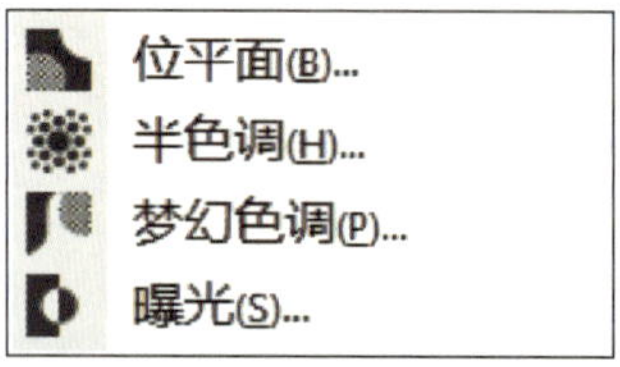

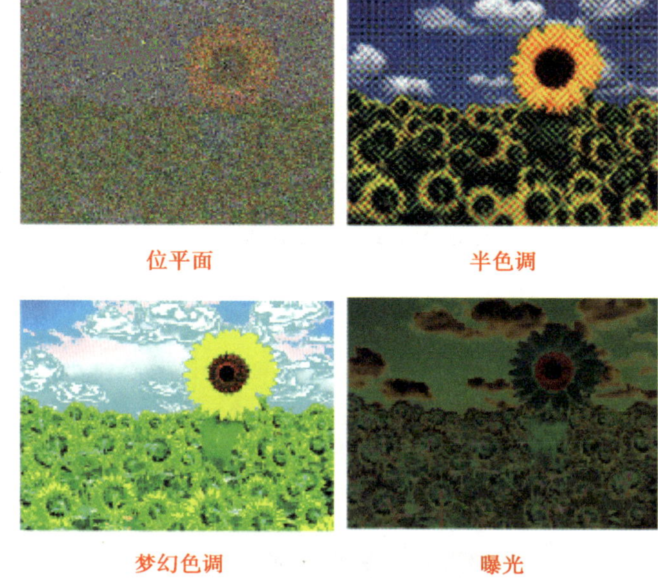

位平面(B)...
半色调(H)...
梦幻色调(P)...
曝光(S)...

图 6-1-55 “颜色转换”子菜单

位平面
半色调
梦幻色调
曝光

图 6-1-56 颜色转换滤镜效果

5. “轮廓图”滤镜组

“轮廓图”滤镜组可以检测位图的边缘，并将其转换为具有单色背景的线条。在高对比度位图上应用此滤镜组可以获得更好的效果。

边缘检测(E)...
查找边缘(F)...
描摹轮廓(T)...

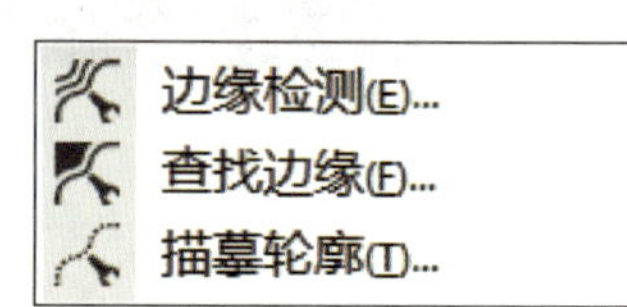

图 6-1-57 “轮廓图”子菜单

选中需要调整的位图图像，执行“效果”→“轮廓图”命令，弹出“轮廓图”子菜单，如图 6-1-57 所示。选择不同的轮廓图类型，在打开的对话框中调整参数值，可得到不同的轮廓图效果，如图 6-1-58 所示。

边缘检测
查找边缘
描摹轮廓

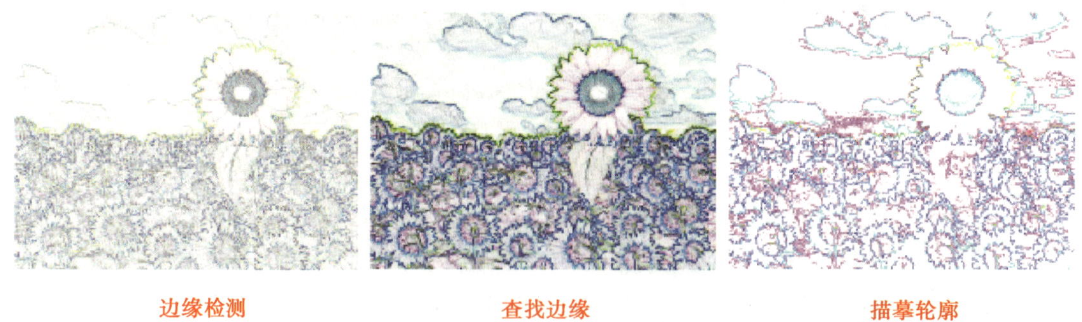

图 6-1-58 轮廓图滤镜效果

6. “创造性”滤镜组

“创造性”滤镜组可以生成晶体化、织物、框架、玻璃和旋涡等效果。

选中需要调整的位图图像，执行“效果”→“创造性”命令，弹出“创造性”子菜单，如图 6–1–59 所示。选择不同的创造性类型，在打开的对话框中调整参数值，可得到不同的创造性效果，部分效果如图 6–1–60 所示。

图 6-1-59 “创造性”子菜单

图 6-1-60 部分创造性滤镜效果

7. “扭曲”滤镜组

“扭曲”滤镜组可使位图产生各种几何变形效果。

选中需要调整的位图图像，执行“效果”→“扭曲”命令，弹出“扭曲”子菜单，如图 6–1–61 所示。选择不同的扭曲类型，在打开的对话框中调整参数值，可得到不同的扭曲效果，部分效果如图 6–1–62 所示。

8. “杂点”滤镜组

“杂点”滤镜组提供了六种滤镜，可以为位图添加或去除杂点。

图 6-1-61 “扭曲”子菜单

龟纹

旋涡

风吹效果

图 6-1-62　扭曲滤镜效果

选中需要调整的位图图像，执行“效果”→“杂点”命令，弹出“杂点”子菜单，如图 6-1-63 所示。选择不同的杂点类型，在打开的对话框中调整参数值，可得到不同的杂点效果，示例如图 6-1-64 所示。

添加杂点(A)...
最大值(M)...
中值(E)...
最小(I)...
去除龟纹(R)...
去除杂点(N)...

图 6-1-63　“杂点”子菜单

图 6-1-64　杂点滤镜效果

9. “鲜明化”滤镜组

“鲜明化”滤镜组通过增加相邻像素的对比度来使模糊的位图变清晰。

选中需要调整的位图图像，执行“效果”→“鲜明化”命令，弹出“鲜明化”子菜单，如图 6-1-65 所示。选择不同的鲜明化类型，在打开的对话框中调整参数值，可得到不同的鲜明化效果，示例如图 6-1-66 所示。

适应非鲜明化(A)...
定向柔化(D)...
高通滤波器(H)...
鲜明化(S)...
非鲜明化遮罩(U)...

图 6-1-65　“鲜明化”子菜单

图 6-1-66　鲜明化滤镜效果

10. “校正”滤镜组

“校正”滤镜组可以移除位图上的尘埃与刮痕。

“校正”滤镜组只有“尘埃与刮痕”一种效果。应用该滤镜前后的对比效果如图 6–1–67 所示，可以在“尘埃与刮痕”对话框中调整参数值。

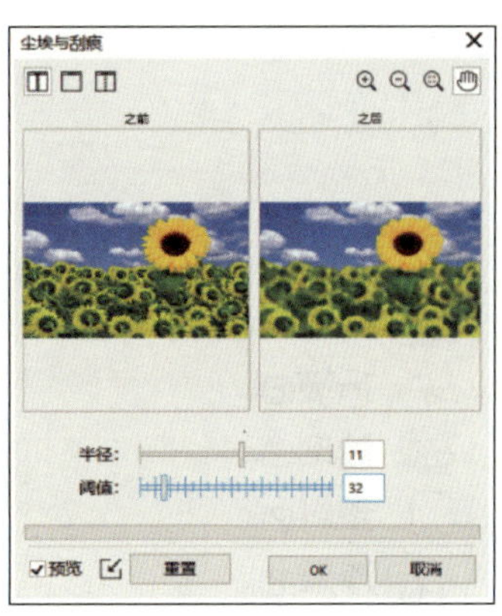

图 6–1–67　校正滤镜效果

11. “自定义”滤镜组

“自定义”滤镜组可以生成位图的凹凸贴图效果。

“自定义”滤镜组只有“上调映射”一种效果。应用该滤镜前后的对比效果如图 6–1–68 所示，可以在“凹凸贴图”对话框中调整参数值。

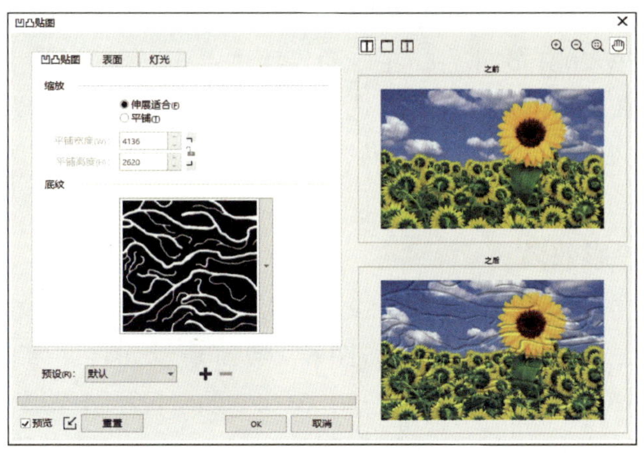

图 6–1–68　自定义滤镜效果

12. “底纹”滤镜组

“底纹”滤镜组可以为位图添加模拟多种材质表面的底纹。

选中需要调整的位图图像，执行“效果”→“底纹”命令，弹出“底纹”子菜单，如图 6-1-69 所示。对位图应用对应的效果，如图 6-1-70 所示，可以在相应的滤镜设置对话框中调整参数值。

图 6-1-69 “底纹”子菜单

图 6-1-70 底纹滤镜效果

操作演示

1. 新建 CorelDRAW 2021 文档

启动 CorelDRAW 2021 软件后，在启动界面中单击“新文档”选项，打开“创建新文档”对话框，在对话框的“名称”选项中输入“特效文字”，设置“原色模式”为“CMYK”，“页面大小”为“A4”，“方向”为“横向”，“分辨率”为“300 dpi”，然后单击“OK”按钮。

2. 制作文字投影效果

（1）使用矩形工具和钢笔工具绘制文字，使用形状工具调整文字节点，填充为青色（C：51，M：0，Y：18，K：0），如图 6-1-71a 所示。将文字向下复制一层，填充为深灰色（C：92，M：60，Y：77，K：31），再向下复制一层，填充为绿色（C：89，M：51，Y：70，K：11），将向下复制的两层文字向右下方移动，如图 6-1-71b 所示。

（2）选中第一层文字，执行“位图”→“转换为位图”命令，打开“转换为位图”对话框，设置参数，如图 6-1-72 所示。

a）　　b）

图 6-1-71　文字效果

a）绘制文字　b）制作文字投影

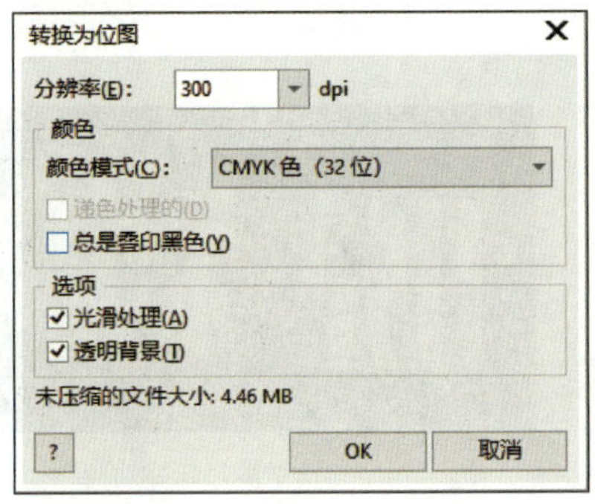

图 6-1-72　“转换为位图”对话框

3. 制作背景效果

使用矩形工具绘制背景，填充为黑色。选中背景，执行“效果”→“艺术笔触”→“素描”命令，打开“素描”对话框，设置参数如图 6–1–73 所示，效果如图 6–1–74 所示。

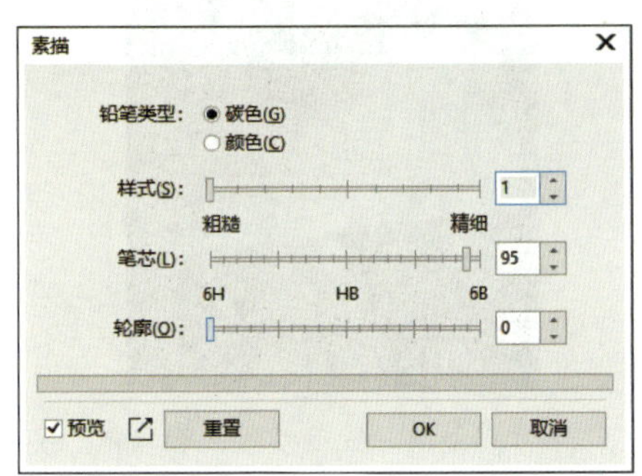

图 6-1-73　“素描”对话框

图 6-1-74　制作背景效果

4. 制作文字效果

（1）选中文字，执行“效果”→“三维效果”→“浮雕”命令，打开“浮雕”对话框，设置参数如图 6–1–75 所示，效果如图 6–1–76 所示。

（2）选中文字，执行“效果”→“创造性”→“艺术样式”命令，打开“艺术样式”对话框，设置参数如图 6–1–77 所示，效果如图 6–1–78 所示。

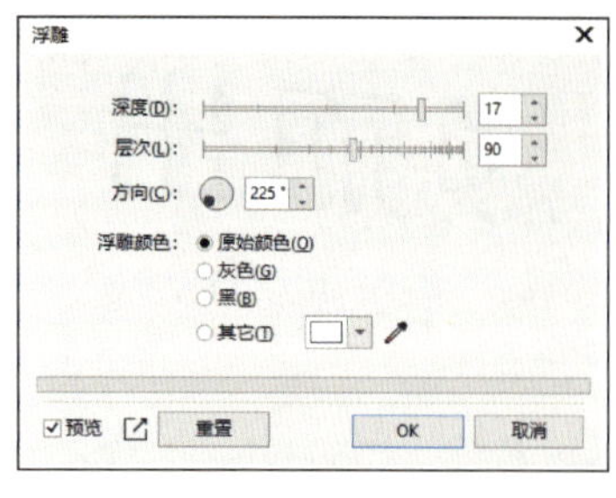

图 6-1-75 “浮雕”对话框

图 6-1-76 制作文字浮雕效果

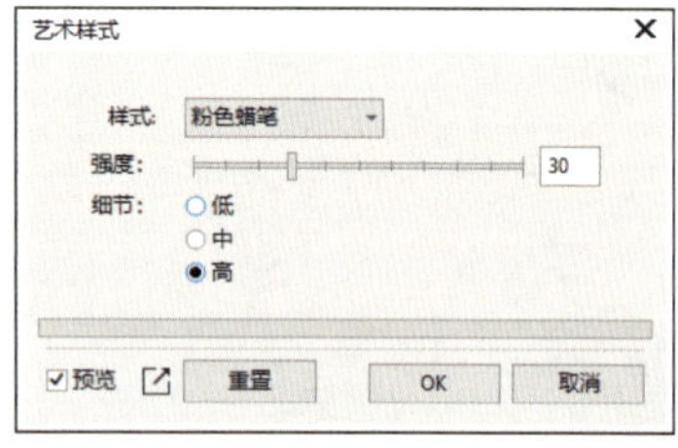

图 6-1-77 “艺术样式”对话框

图 6-1-78 制作文字艺术样式效果

5. 绘制背景图形并添加辅助文字

（1）使用多边形工具绘制一个三角形，执行“效果”→“模糊”→“动态模糊”命令，设置参数如图 6-1-79 所示，效果如图 6-1-80 所示。

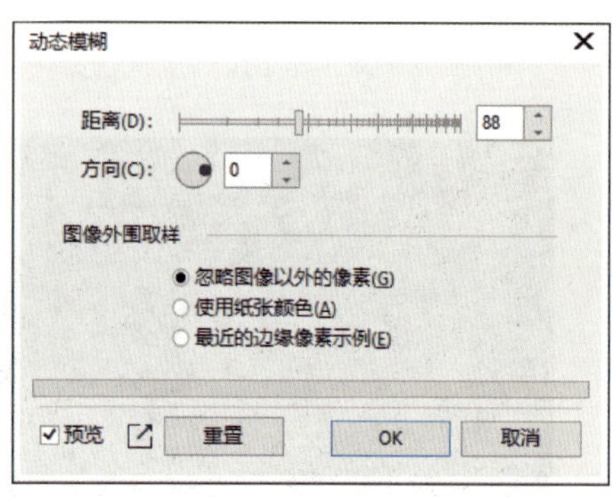

图 6-1-79 “动态模糊”对话框

图 6-1-80 制作动态模糊效果

（2）复制出多个三角形，调整其角度和大小。使用文本工具在页面中输入拼音“TUOYINGERCHU”，设置字体为“思源宋体”，字体大小为 13 pt，填充为白色。

6. 组合全部对象

选择全部对象，按 Ctrl+G 组合键组合对象，完成特效文字的制作。

7. 保存文件

执行“文件”→“保存”命令，保存文件。

任务 2　制作邀请函

1. 掌握位图遮罩的使用方法。
2. 掌握透镜效果的使用方法。
3. 掌握位图变换的使用方法。

本任务是一个位图图像处理实例，主要利用位图遮罩等操作来完成邀请函的制作（见图 6-2-1）。要完成本任务，需要掌握位图的三维效果制作、对象的精确剪裁、对象的复制及再制等技巧。

图 6-2-1　邀请函效果图

一、位图遮罩

“位图遮罩”命令可以将位图中的某种特定的颜色或与之相似的颜色隐藏，也可以只显示位图中的某种颜色。

导入“狐狸.jpg”位图图像文件素材，如图 6-2-2 所示。执行“位图”→“位图遮罩”命令，打开“位图遮罩”泊坞窗，如图 6-2-3 所示。

图 6-2-2 导入位图图像文件素材

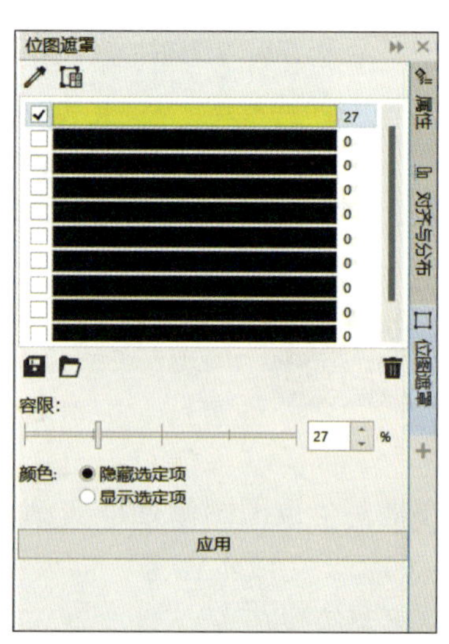

图 6-2-3 “位图遮罩”泊坞窗

1. 隐藏颜色

在“位图遮罩”泊坞窗的颜色列表框中勾选一条遮罩颜色，单击按钮，鼠标指针变成滴管状，在位图上单击以吸取要遮罩的颜色（此处选择黄色），则被选择的颜色将出现在“位图遮罩”泊坞窗的颜色列表框中，如图 6-2-4 所示。选择“隐藏选定项”选项，单击“应用”按钮，位图中的选定颜色区域会被设置为透明，如图 6-2-5 所示。

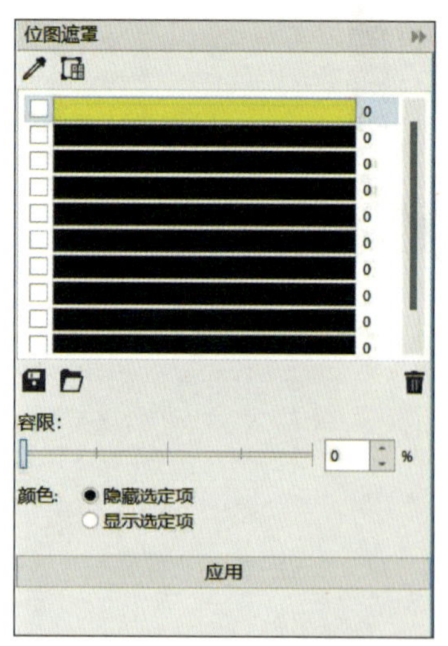

图 6-2-4 吸取位图中的颜色

图 6-2-5 隐藏颜色

此时，位图中仍残存一些未被隐藏的黄色颜色区，将“位图遮罩”泊坞窗下方的“容限”调整为“27%”（“容限”越大，越多与所选颜色相似的颜色将被隐藏或被显示），单击“应用”按钮，效果如图 6-2-6 所示。

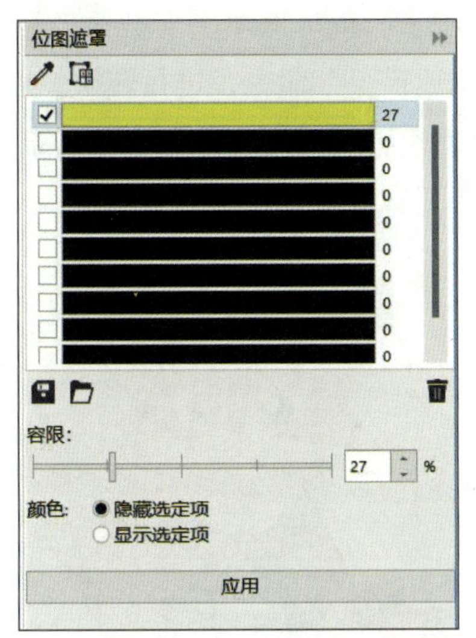

图 6-2-6 调整“容限”

2. 显示颜色

若要只显示位图中的特定颜色，可在“位图遮罩”泊坞窗中选择“显示选定项”选项，然后勾选要显示的颜色，调整“容限”值，最后单击“应用”按钮，效果如图 6-2-7 所示。

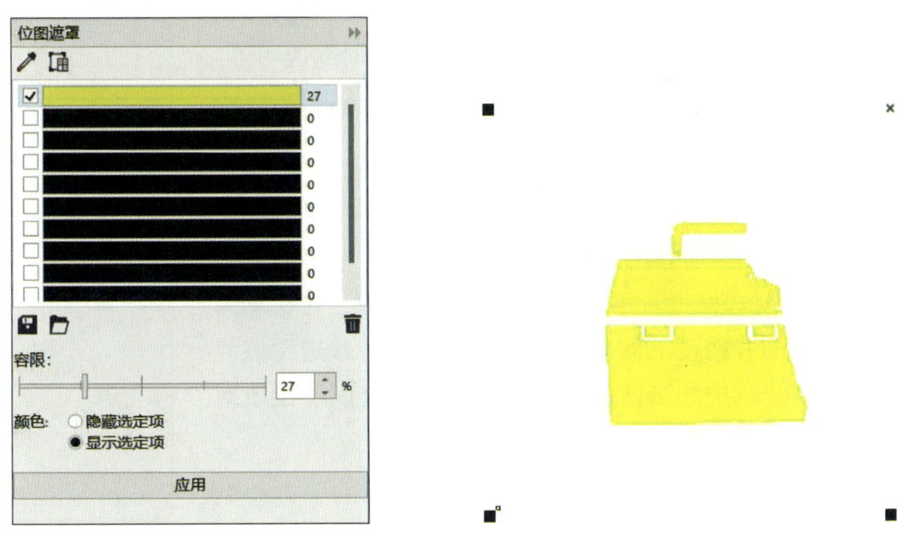

图 6-2-7 显示颜色

二、快速描摹

CorelDRAW 2021 除了可以将矢量图转换为位图外，还可以将位图转换为矢量图。

导入“狐狸 .psd”图像文件素材，如图 6–2–8 所示。执行“位图”→“快速描摹”命令，即可将位图转换为矢量图，如图 6–2–9 所示。也可以单击参数属性栏中的“描摹位图”按钮，从弹出的下拉列表框中选择“快速描摹”命令，进行转换。

将位图描摹为矢量图后，可得到一个对象群组，先通过“取消群组”命令取消群组，然后再编辑图像，这样可以节省时间和提高工作效率。

图 6–2–8　导入图像文件素材

图 6–2–9　快速描摹

三、透镜效果

1.“透镜”泊坞窗

使用“透镜”泊坞窗可以制作许多特殊效果，例如局部放大、局部加亮、局部变色、局部反转、局部鱼眼和局部透明等。

执行“效果”→“透镜”命令，打开“透镜”泊坞窗，如图 6–2–10 所示。

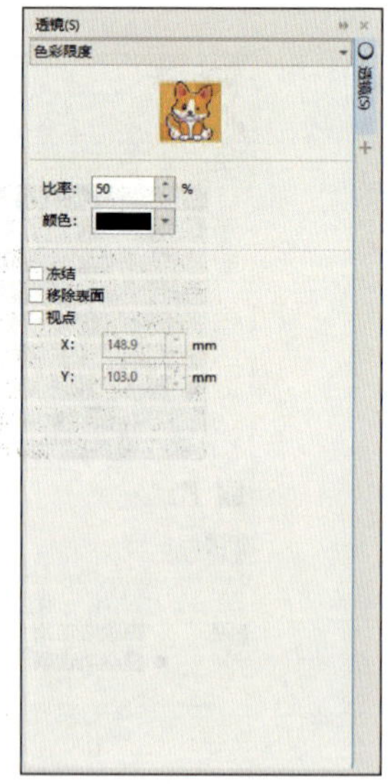

图 6–2–10　“透镜”泊坞窗

透镜类型：透镜类型列表框中列出了可使用的透镜类型，单击列表框，透镜类型选项如图 6–2–11 所示。

（1）“冻结”复选框：若不选中“冻结”复选框，在移动对象时透镜效果会随着透镜下面内容的变化而变化；若选中该复选框，则将捕获透镜中的当前内容，透镜效果不会因透镜或对象的移动而发生变化。

（2）导入“风景 .jpg”图像文件素材，在图像的下方绘制红色的圆形，从“透镜”泊坞窗中选择“色彩限度”透镜，效果如图 6–2–12 所示。在“透镜”泊坞窗中选择“冻结”复选框与否的效果如图 6–2–13 所示。

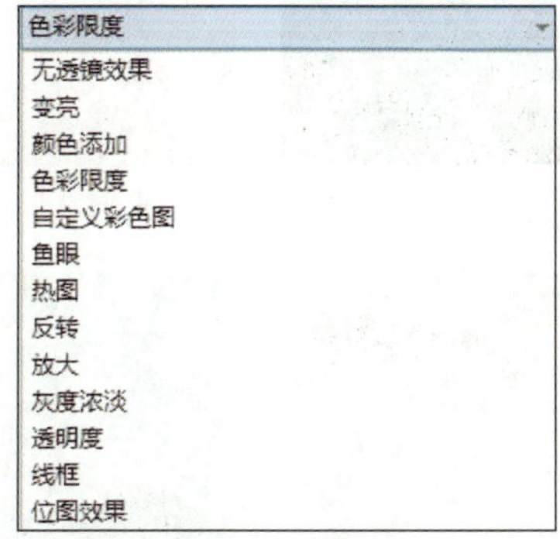

图 6–2–11　透镜类型列表框

图 6–2–12　应用“色彩限度”透镜

a）

b）

图 6–2–13　选择“冻结”复选框与否的效果
a）不选择　b）选择

（3）“移除表面”复选框：启用该复选框可在透镜覆盖其他对象的区域显示透镜效果（此复选框在“鱼眼”和“放大”透镜中不可用）。

（4）“视点”复选框：启用该复选框可显示视点 ☒，在不移动透镜的情况下，拖动视点可显示透镜下图像的特定部分，显示的中心点即为视点。

在页面中的“风景 .jpg”图像上绘制与图像相同大小的矩形并填充为红色，对其应用不同的透镜类型后的效果如图 6–2–14 所示。

2. 透视点效果

使用“添加透视”命令，可以通过改变图形的透视点来制作出具有三维空间距离和深度的视觉透视效果。

使用文本工具输入文字，执行“对象”→“透视点”→“添加透视”命令，此时文字四周会出现一个虚线外框和四个控制点，如图 6–2–15 所示。使用鼠标左键按住并拖动控制点，可以调整透视效果，如图 6–2–16 所示。

图 6-2-14　不同透镜类型的效果

平面设计

图 6-2-15　添加透视效果

图 6-2-16　调整透视效果

四、位图的变换

在常用菜单栏的“效果”→“变换”子菜单下，可以选择“去交错”“反转颜色”和“极色化”命令来对位图的颜色添加特殊效果。

1. 去交错

“去交错”命令可以从扫描或隔行显示的位图中移除线条。

选中位图，执行“效果”→“变换”→“去交错”命令，打开“去交错”对话框，在“扫描线”选项组中选择“偶数行”或“奇数行”，再选择对应的“替换方法”，通过预览图查看和确认效果，单击“OK”按钮，如图 6-2-17 所示。

2. 反转颜色

“反转颜色”命令可以反显位图的颜色，从而得到类似摄影负片的效果。

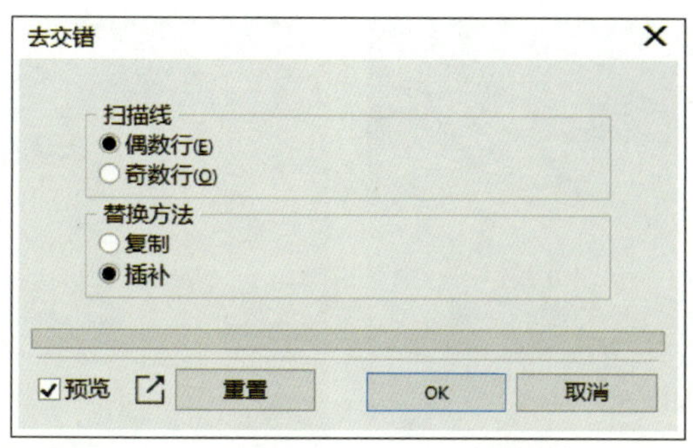

图 6-2-17 “去交错”对话框

选中位图，执行“效果”→“变换”→“反转颜色”命令，即可将位图转换为反显效果，如图 6-2-18 所示。

图 6-2-18 反转颜色效果

3. 极色化

“极色化”命令可以减少位图中色调值的数量，移除颜色层次，从而产生大面积缺乏层次感的颜色。

选中位图，执行“效果”→“变换”→“极色化”命令，打开“极色化”对话框，在“层次”后调整颜色层次，如图 6-2-19 所示，单击“OK”按钮，效果如图 6-2-20 所示。

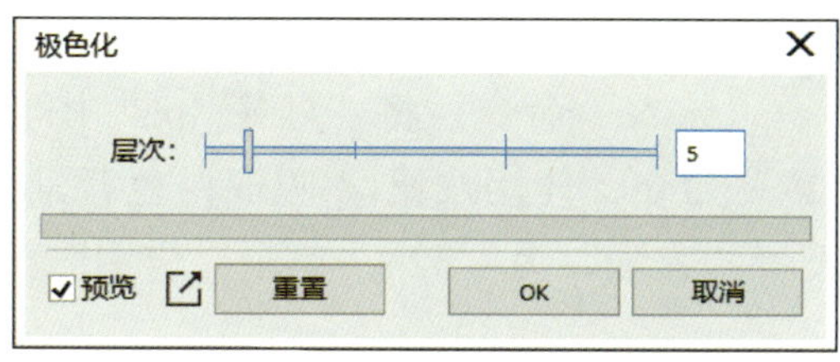

图 6-2-19 “极色化”对话框

图 6-2-20 极色化效果

操作演示

1. 新建 CorelDRAW 2021 文档

启动 CorelDRAW 2021 软件后，在启动界面中单击“新文档”选项，打开“创建新文档”对话框，在对话框的“名称”选项中输入“邀请函”，设置“原色模式”为“CMYK”，“宽度”为“105 mm”，“高度”为“190 mm”，“方向”为“纵向”，“分辨率”为“300 dpi”，然后单击“OK”按钮。

2. 绘制背景

（1）双击矩形工具绘制与页面相同大小的矩形，填充为深红色（C：44，M：100，Y：100，K：17）。

（2）复制矩形，填充浅红色（C：35，M：100，Y：99，K：17）到深红色（C：55，M：100，Y：100，K：47）的线性渐变，如图 6-2-21 所示。选中复制的矩形，执行“效果”→“三维效果”→“卷页”命令，选择“右下角卷页”，设置“背景颜色”为浅红色（C：0，M：71，Y：36，K：0），“宽度”为“50%”，“高度”为“25%”，效果如图 6-2-22 所示。

3. 添加插图

（1）执行“文件”→“导入”命令，将“灯笼 .jpg”图像素材导入页面中。执行“位图”→“位图遮罩”命令，使用按钮吸取白色背景，勾选白色色条，选择“隐藏选定项”选项，设置“容限”为“32”，单击“应用”按钮，效果如图 6-2-23 所示。

图 6-2-21　复制矩形

图 6-2-22　添加卷页效果

图 6-2-23　导入灯笼图像素材并处理

（2）执行“文件”→“导入”命令，将“扇子.jpg”图像素材导入页面中。执行“位图”→“位图遮罩”命令，使用按钮吸取白色背景，勾选白色色条，选择“隐藏选定项”选项，设置“容限”为“32”，单击“应用”按钮，将背景设置为透明，效果如图 6-2-24 所示。

（3）选择卷页的图层，执行“对象”→“PowerClip”→“创建空 PowerClip 图文框”命令，选中灯笼和扇子并拖入图文框中，单击工作区左上方的“编辑”按钮进入文本框，复制灯笼和扇子，将其摆放在相应的位置，效果如图 6-2-25 所示。单击工作区左上方的“完成”按钮，完成编辑。

图 6-2-24　导入扇子图像素材并处理

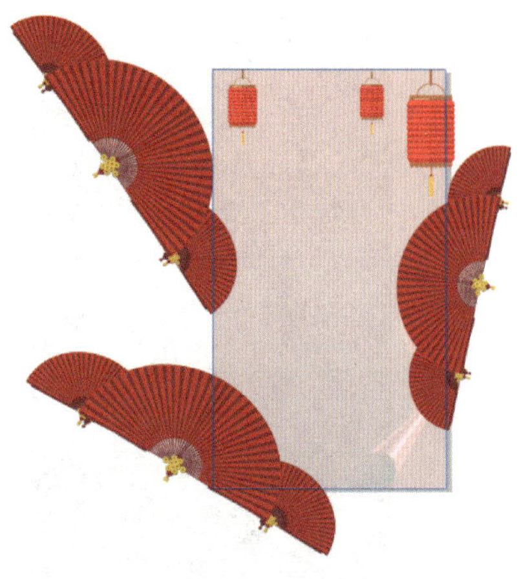
图 6-2-25　应用“PowerClip”命令

（4）使用阴影工具为灯笼和扇子添加投影，参数为默认值。使用矩形工具在页面中心绘制一个宽度为 80 mm、高度为 140 mm 的矩形，设置“扇形角”的“圆角半径”为“11 mm”，填充浅黄色（C：0，M：16，Y：21，K：0）到深黄色（C：11，M：37，Y：47，K：0）的线性渐变，取消轮廓色，如图 6-2-26a 所示。使用矩形工具在页面中心再绘制一个宽度为 73 mm、高度为 133 mm 的矩形，设置“扇形角”的“圆角半径”为“11 mm”，轮廓色为红色（C：35，M：100，Y：100，K：3），取消填充色，效果如图 6-2-26b 所示。

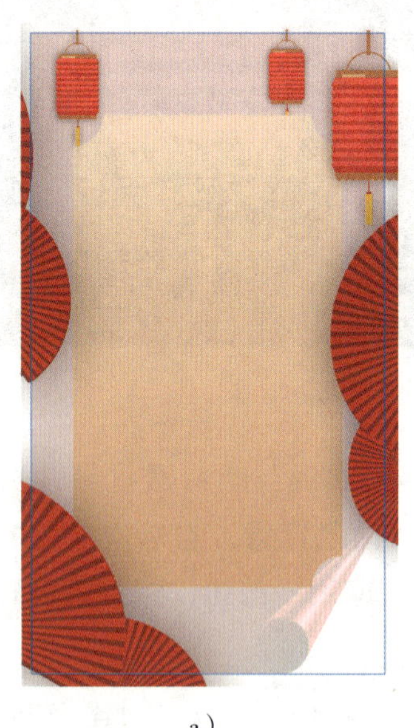
a）

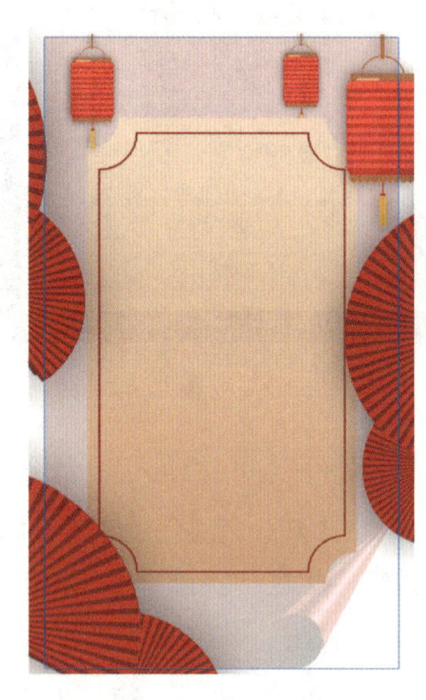
b）

图 6-2-26　绘制插图
a）绘制并填充带扇形角的矩形　b）绘制带扇形角的矩形轮廓

4. 添加文字

（1）使用文本工具输入文字“邀请函”，设置字体为“庞门正道标题体”，文字大小为 63 pt。使用选择工具，适当拉长字体，效果如图 6-2-27 所示。

（2）使用贝塞尔工具在文字周围绘制红色线条，使用文本工具输入相应文字。设置“年会盛典”字体为“庞门正道标题体”，文字大小为 24 pt，适当拉长字体；设置“INVITATION”字体为“微软雅黑常规体”，文字大小为 12 pt，使用形状工具调整字距；设置“感 / 谢 / 一 / 路 / 有 / 你”和“欢 / 迎 / 光 / 临”字体为“思源黑体”，文字大小均为 9 pt。设置“××××××有限公司年会”和“诚挚邀请您光临”字体为“思源黑体”，文字大小均为 10 pt。将所有文字填充为红色（C：35，M：100，Y：100，K：3），调整文字位置，居中对齐所有文字，效果如图 6-2-28 所示。

图 6-2-27　输入文字

图 6-2-28　添加文字

5. 组合全部对象

选择全部对象，按 Ctrl+G 组合键组合对象，完成邀请函的制作。

6. 保存文件

执行“文件”→“保存”命令，保存文件。

项目七
编辑应用文本

在平面设计作品中，图形、色彩和文字是最基本的三大要素。文字能直观地反映各种信息，是不能被其他要素替代的。CorelDRAW 2021 软件在能进行各种绘图设计与图形处理的同时，还具有专业的文字处理和完善的版面编辑功能，可以制作出美观大方的文字，以专业的效果完美地展现设计者的构思，制作各类网站、杂志、宣传单和报纸等。

任务 1　制作宣传单页

1. 掌握文本的创建与处理方法。
2. 掌握文本类型的转换方法。
3. 掌握文本属性的设置方法。
4. 掌握表格的创建与处理方法。

本任务是一个编辑应用文本实例，通过创建与编辑文本和表格来制作宣传单页（见图 7–1–1）。要完成本任务，除了须掌握美术字文本与段落文本的创建方法以及文本属性的设置方法外，还需要合理设计表格、完善版式，使制作出的宣传单页主题突出、层次分明、视觉效果强烈。

图 7–1–1　宣传单页正面与背面效果图

一、创建文本

在 CorelDRAW 2021 软件中可以添加两种类型的文本，分别为美术字文本和段落文本。美术字文本可以添加少量文字，一般用于制作标题，它具有矢量图形的属性，可以当作一个单独的图形对象来处理；段落文本可以添加篇幅较大的文本，在画册和书籍的设计中应用较为普遍。

1. 创建美术字文本

单击工具栏中的文本工具按钮[字]，在页面上单击鼠标左键，此时单击处会出现闪烁的文字光标，即可输入美术字文本，如图 7–1–2 所示。

计算机图像处理

图 7-1-2　创建美术字文本

2. 创建段落文本

（1）创建段落文本。单击工具栏中的文本工具按钮[字]，在页面中按住鼠标左键并拖动，创建一个矩形文本框，文字光标将停留在文本框的左上角，此时可直接输入文字，如图 7–1–3 所示。

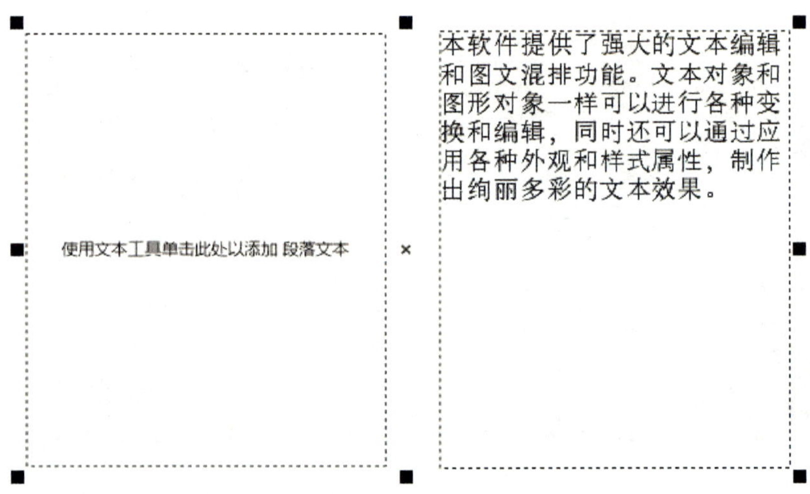

图 7-1-3　创建段落文本

提示

执行“文本”→“段落文本框”→“显示文本框”命令，可显示或隐藏文本框。

（2）调整段落文本框。段落文本内容只能在文本框内显示，如果文本内容超出文本框的范围，文本框下的控制柄内会出现一个黑色的小三角[▼]，拖动控制柄以扩大文本框，被隐藏的文本就会显示出来，如图 7–1–4 所示。

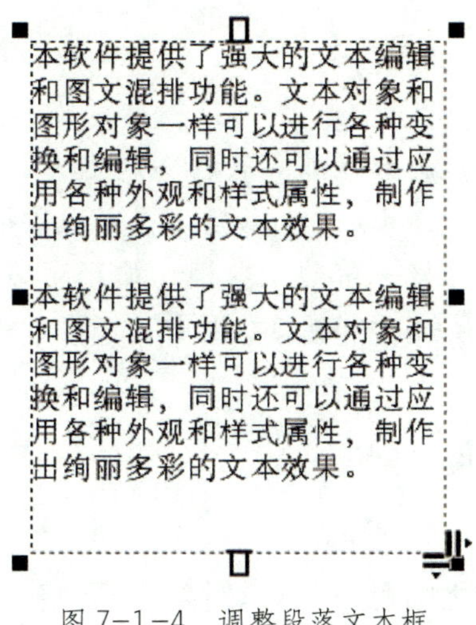

图 7-1-4　调整段落文本框

提示

段落文本内容只能在文本框内显示，超出文本框容纳范围的文字会被自动隐藏，此时文本框呈红色虚线形式。

如果要将输入的文本分散在多个文本框中链接显示，可使用文本工具拖动出一个文本框，如图 7-1-5 所示。单击第一个文本框下方的按钮，此时鼠标指针变为，然后单击第二个文本框，变为，第一个文本框中未显示出的文本将自动移至第二个文本框内，如图 7-1-6 所示。

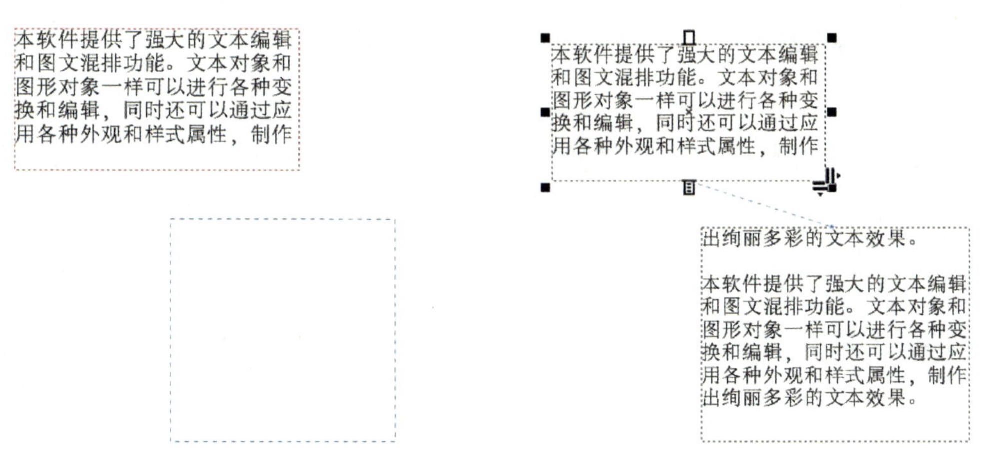

图 7-1-5　添加新文本框

图 7-1-6　设置多个文本框的链接

提示

经过链接的文本框被关联在一起，当其中一个文本框中的内容增加时，多出的内容会自动移至下一个文本框中。

删除建立链接关系的文本框，被删除的文本框中的内容会自动移动到与之链接的下一个文本框中。

二、文本类型的转换

1. 美术字文本和段落文本的转换

美术字文本和段落文本之间可以相互转换。若要将美术字文本转换为段落文本，只需要使用选择工具选中需要转换的美术字文本，然后执行“文本”→“转换为段落文本”命令，或单击鼠标右键，在弹出的子菜单中选择“转换为段落文本”命令。

2. 文本转换为曲线

选中文本，执行“对象”→“转换为曲线”命令或按下 Ctrl+Q 组合键即可将文本转换为曲线。在需要转换的文本上单击鼠标右键，在弹出的子菜单中选择“转换为曲线”命令，也可将文本转换为曲线。文本转换为曲线后，其不再具有文本属性，而是成为闭合曲线，可以进行创意性的编辑，效果如图 7–1–7 所示。

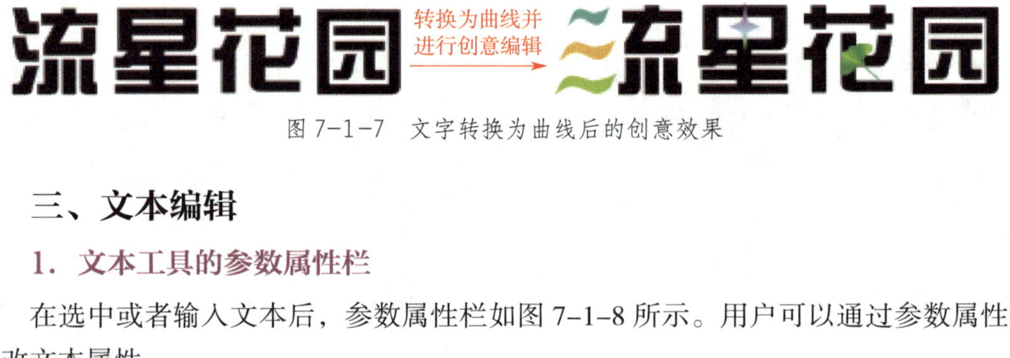

图 7–1–7　文字转换为曲线后的创意效果

三、文本编辑

1. 文本工具的参数属性栏

在选中或者输入文本后，参数属性栏如图 7–1–8 所示。用户可以通过参数属性栏修改文本属性。

图 7–1–8　部分文本工具的参数属性栏

在参数属性栏中单击“字体列表” Adobe 宋体 Std L ，可从弹出的下拉列表框中选

择字体；单击“字体大小” 24 pt ，可设置文字的大小，如图 7–1–9 所示。

计算机图像处理

图 7–1–9 设置字体与字体大小

提示

在输入美术字文本后，可直接通过拖动文本四周的控制点来改变字体大小。

单击参数属性栏中的“粗体”“斜体”或“下划线”按钮，可设置字符效果；单击文本方向按钮和，可转换文本的排列方向，如图 7–1–10 所示。

计算机图像处理

计
算
机
图
像
处
理

图 7–1–10 转换文本的排列方向

提示

只有当选择的字体本身支持粗体或斜体样式时，才能进行相应设置；若选择的字体不支持粗体或斜体样式，则不能进行相应设置。

单击参数属性栏中的“文本对齐”按钮可设置文本的对齐方式；单击“项目符号列表”按钮或“编号列表”按钮可在段落文本中添加或删除项目符号列表或编号列表格式；单击“首字下沉”按钮可添加或移除首字下沉；单击“增加缩进量”按钮或“减少缩进量”按钮可在项目符号列表或编号列表的样式下，将列表进行

左右移动，如图 7–1–11 所示。

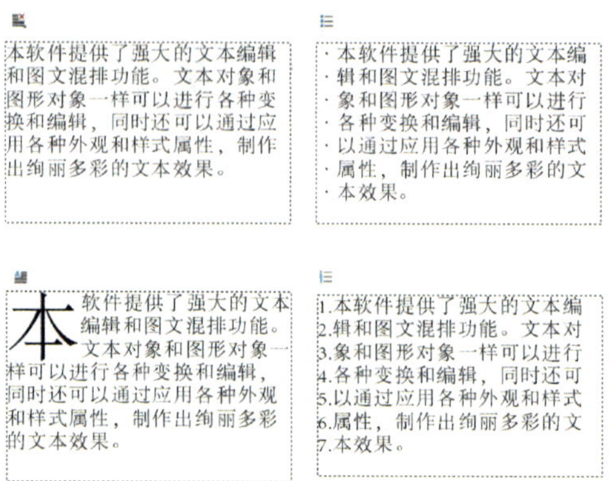

图 7–1–11　设置文本

单击“编辑文本”按钮 ，可以打开“编辑文本”对话框，在对话框中可以对文本进行文字编辑，如图 7–1–12 所示。

执行“窗口”→“泊坞窗”→“文本”命令，可以打开“文本”泊坞窗，在泊坞窗中也可编辑美术字和段落文本的属性，如图 7–1–13 所示。

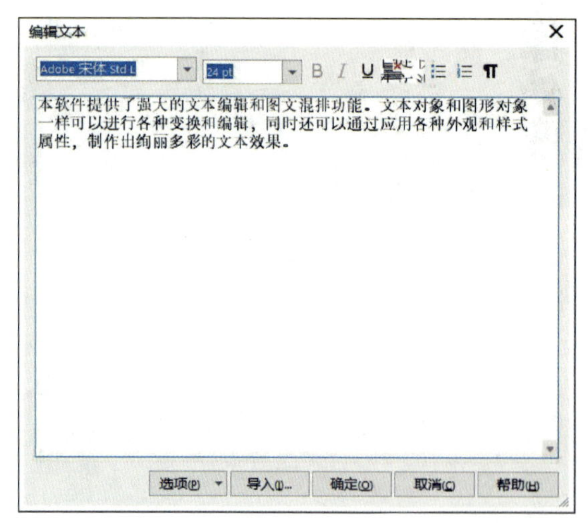

图 7–1–12　“编辑文本”对话框

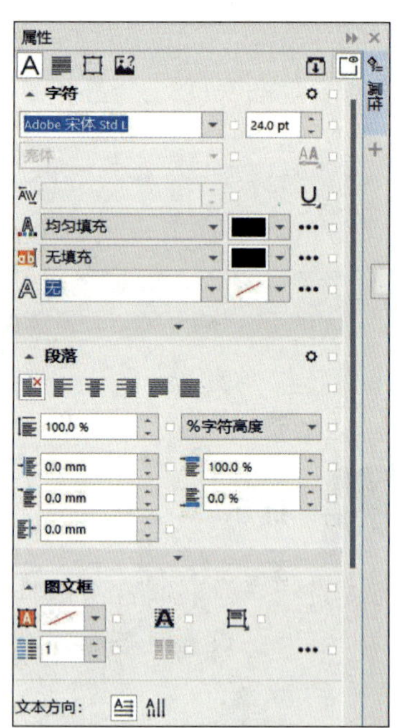

图 7–1–13　“文本”泊坞窗

2. 设置字体颜色

在选中美术字文本或段落文本后，可使用工具栏中的交互式填充工具对文字进行颜色填充，也可在参数属性栏中设置渐变填充和图样填充等多种操作，如图 7–1–14 所示。

图 7–1–14　美术字文本和段落文本的颜色填充

3. 调整字符间距

使用形状工具单击美术字文本，使文本处于被选中状态，如图 7–1–15 所示。按住鼠标左键向右或向左拖动水平间距箭头，即可调整字符间距。另外，形状工具也可以调整段落文本的字距与行距，如图 7–1–16 所示。

图 7–1–15　使用形状工具选择文本

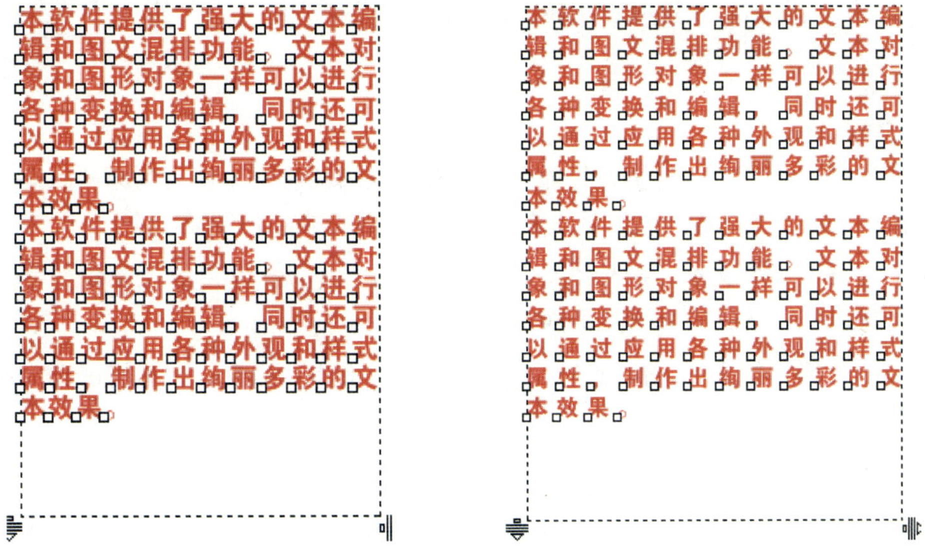

图 7–1–16　使用形状工具调整字距与行距

使用形状工具单击字符左下角的正方形控制点，此时的文字参数属性栏如图 7–1–17 所示。

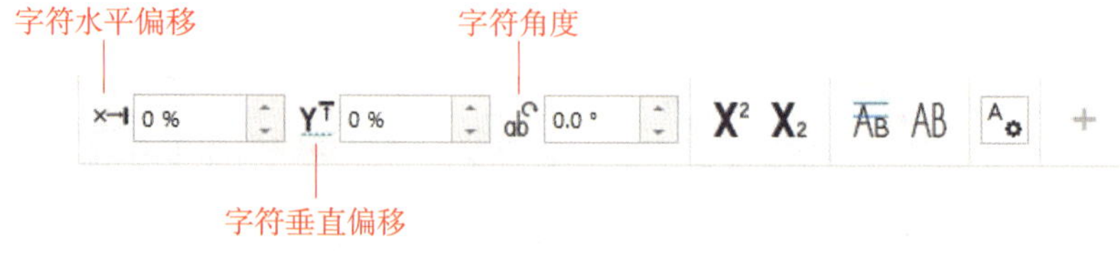

图 7-1-17　部分文字参数属性栏

在参数属性栏的“字符水平偏移”输入框中输入数值，可使选定的字符水平偏移；在“字符垂直偏移”输入框中输入数值，可使字符垂直偏移；在“字符角度”输入框中输入数值，可使字符按指定的角度旋转。除此之外，还可以通过拖动控制点来调整字符的位置，效果如图 7–1–18 所示。

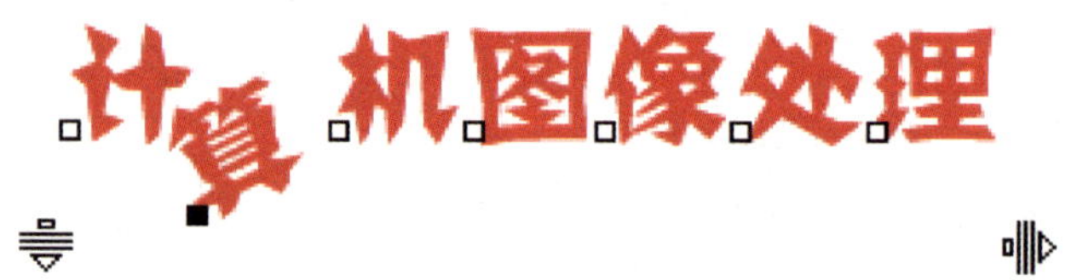

图 7-1-18　设置字符效果

提示

在选中美术字文本后，执行“对象”→“拆分”命令，可将文本拆分，拆分后的文字可被自由编辑。

4. 恢复文本

文本在经过绘制后会转换为各种样式，有时候需要将文本恢复为原始状态，这时就可以执行“对齐至基线”和“矫正文本”命令来恢复文本的原始状态。

选中需要恢复的文本，执行“文本”→“对齐至基线”命令，文本中的字符将对齐至原始基线，如图 7–1–19 所示。

选中需要恢复的文本，执行“文本”→“矫正文本”命令，文本将恢复为原始状态，如图 7–1–20 所示。

5. 分栏

在编辑大量文字时，可以通过“栏设置”对话框对文本进行分栏设置，使文本更加易于阅读。执行“文本”→“栏”命令，打开“栏设置”对话框，如图 7–1–21 所示。

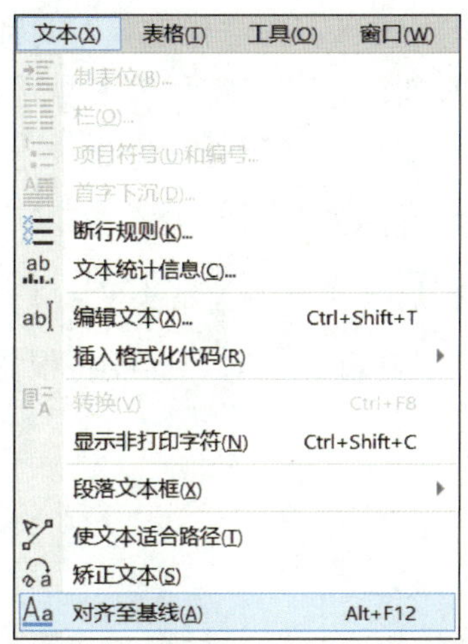

图 7-1-19 “对齐至基线”命令

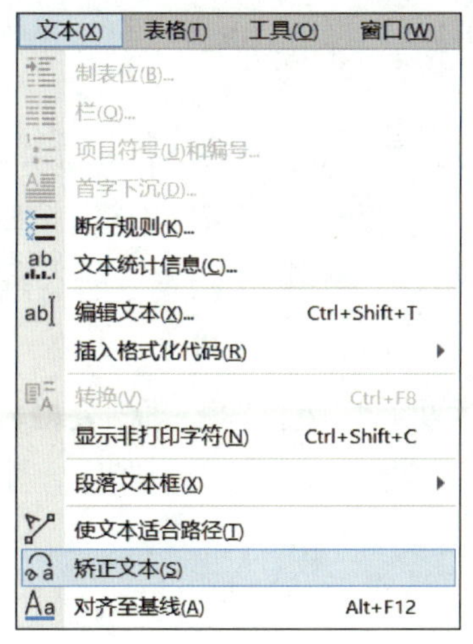

图 7-1-20 “矫正文本”命令

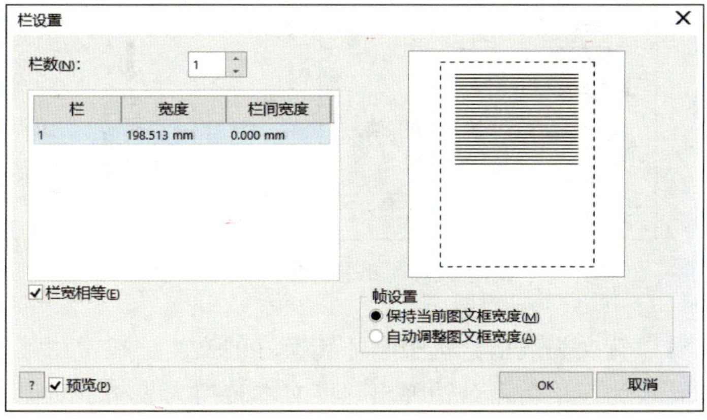

图 7-1-21 “栏设置”对话框

调整“栏数”后的输入框，可设置段落文本的分栏数目，在“栏设置”对话框的左侧列表中显示了分栏后的栏宽度和栏间宽度，当取消勾选“栏宽相等”复选框时，在“宽度”和“栏间宽度”列表中单击，可以设置不同的栏宽度和栏间宽度。

勾选“栏宽相等”复选框，可以使分栏后的栏和栏之间的距离保持相等。

勾选“保持当前图文框宽度”选项，可以保持分栏后文本框的宽度不变。

勾选“自动调整图文框宽度”选项，当对段落文本进行分栏时，程序将根据设置的栏宽度自动调整文本框宽度。

四、制作表格

1. 创建表格

执行“表格”→“创建新表格”命令，弹出“创建新表格”对话框，在对话框中设置“行数”“栏数”“高度”和“宽度”参数，单击“OK”按钮，即可创建表格。

也可单击工具栏中的“表格工具”按钮，当鼠标指针变为时，按住鼠标左键在页面中拖动即可创建表格。

还可以在 Excel 软件中创建好表格并导出成 PDF 文档，将文档拖入 CorelDRAW 软件的工作区中，弹出“导入 PDF”对话框，选择“曲线”选项，单击“OK”按钮，即可导入表格。或可直接将表格文档拖入 CorelDRAW 软件的工作区中，也可导入表格。

2. 表格与文本转换

双击表格的单元格，输入文本，在常用菜单栏中执行“表格”→“将表格转换为文本”命令，弹出“将表格转换为文本”对话框，勾选“用户定义”选项，输入符号“·”，单击“OK”按钮，效果如图 7-1-22 所示。

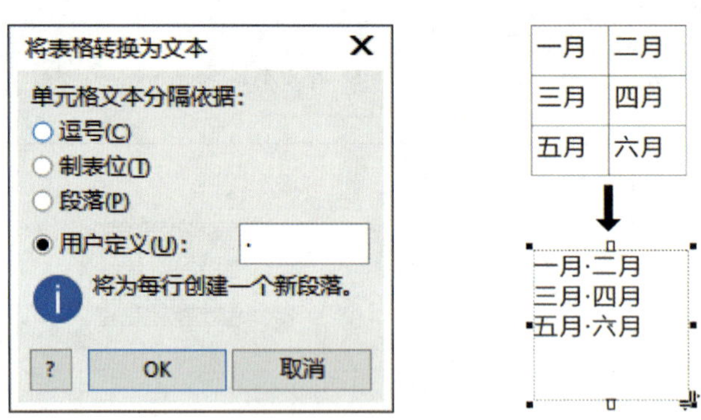

图 7-1-22　将表格转换为文本

文本同样也可以转换为表格，选中刚才转换好的文本，在常用菜单栏中执行“表格”→“将文本转换为表格”命令，弹出“将文本转换为表格”对话框，勾选“用户定义”选项并输入符号“·”，单击“OK”按钮，效果如图 7-1-23 所示。也可直接输入文本，执行“表格”→“将文本转换为表格”命令，单击“OK”按钮将文本转换为表格。

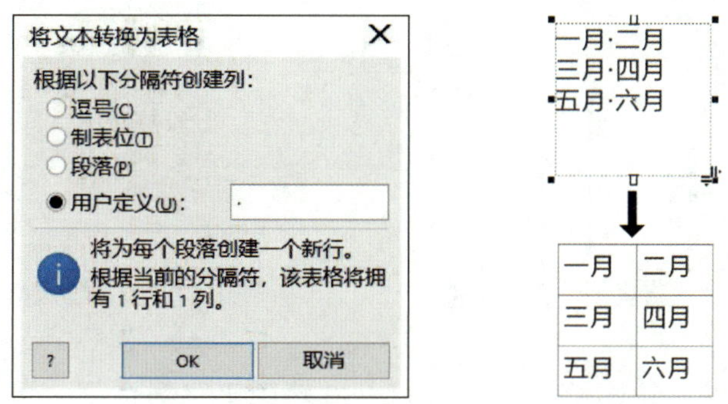

图 7-1-23 将文本转换为表格

3. 编辑表格

（1）表格属性设置。可在表格工具的参数属性栏中对表格属性进行设计，如图 7-1-24 所示。

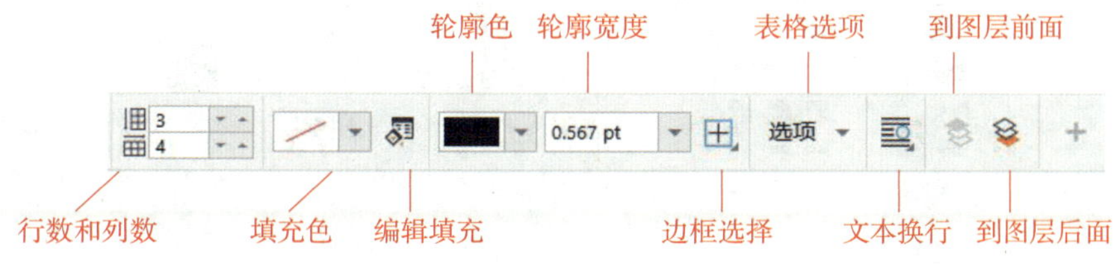

图 7-1-24 部分表格工具的参数属性栏

设置“行数和列数”后的输入框可更改表格的行数和列数。单击“填充色”按钮，可以设置表格背景的填充色。单击“编辑填充”按钮，打开“编辑填充”对话框，可以对表格背景进行渐变和底纹等样式的填充，如图 7-1-25 所示。单击“轮廓色”按钮，可以设置表格的轮廓色。

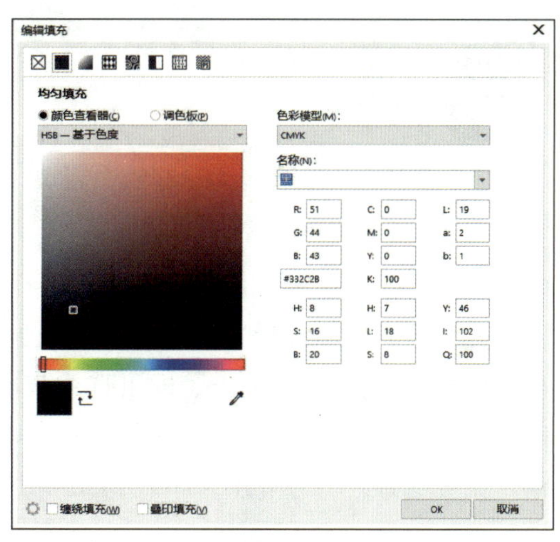

图 7-1-25 “编辑填充”对话框

单击“轮廓宽度”的下拉按钮，在下拉列表框中选择合适的轮廓宽度，也可以在该选项的输入框中输入数值以更改轮廓宽度，如图 7-1-26 所示。

单击“边框选择”按钮，可以选择所要调整的表格边框，如图 7-1-27 所示。

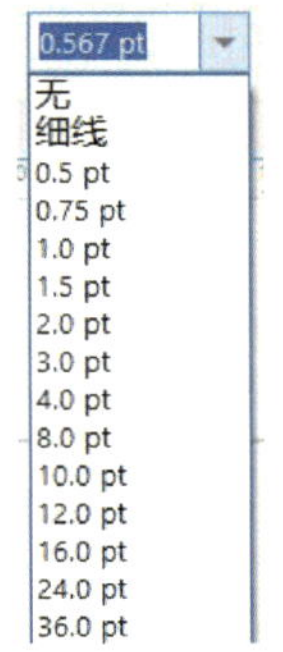

图 7-1-26 “轮廓宽度”下拉列表

图 7-1-27 “边框选择”下拉列表

双击状态栏中的“轮廓笔”工具，打开“轮廓笔”对话框，可在对话框中设置表格轮廓的各种属性，如图 7-1-28 所示。

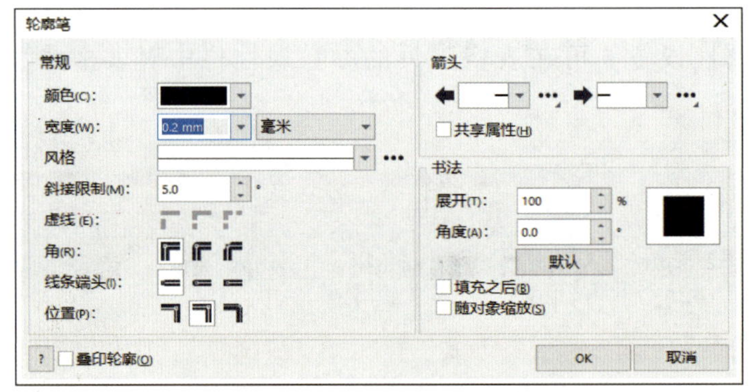

图 7-1-28 “轮廓笔”对话框

提示

打开“轮廓笔”对话框，在“风格”的下拉列表框中可以设置表格轮廓的各种样式。

（2）单元格属性设置。使用表格工具选中表格，将鼠标指针移动至目标单元格中，在鼠标指针变为 时单击，即可选中该单元格，按住鼠标左键拖动，鼠标指针经过的单元格即被选中。选中单元格后，用户可在表格工具的参数属性栏中对页边距进行设置，还可以合并或拆分单元格，如图 7-1-29 所示。

当单元格大小不一致时，可以选中所有单元格，执行“表格”→“分布”命令，对表格的行或列进行均分，如图 7-1-30 所示。

图 7-1-29　表格工具的参数属性栏

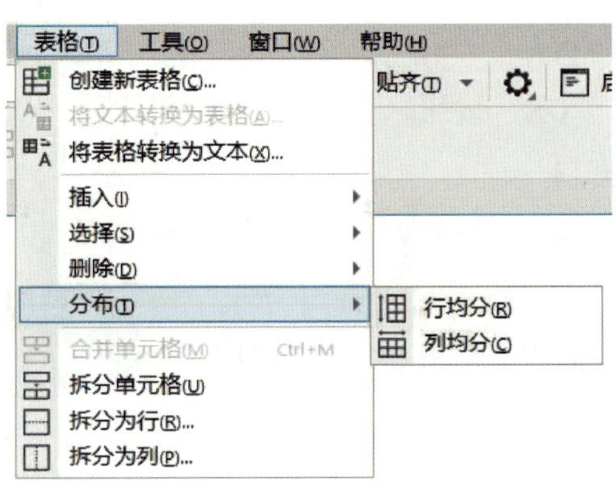

图 7-1-30　“分布”命令

（3）表格的插入与删除。选中表格，在常用菜单栏中执行“表格”→“插入”命令，可以在表格中插入行或列，如图 7-1-31 所示。

删除部分表格时，可以使用表格工具选中要删除的单元格，按 Delete 键进行删除，也可以执行“表格”→“删除”命令，删除单元格所在的行、列或表格，如图 7-1-32 所示。

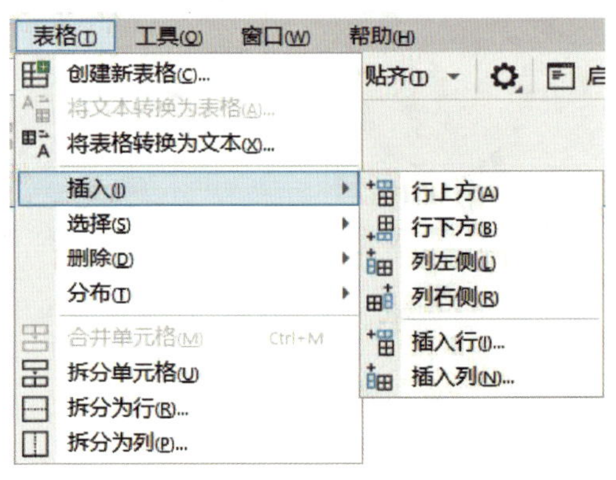

图 7-1-31　“插入”命令

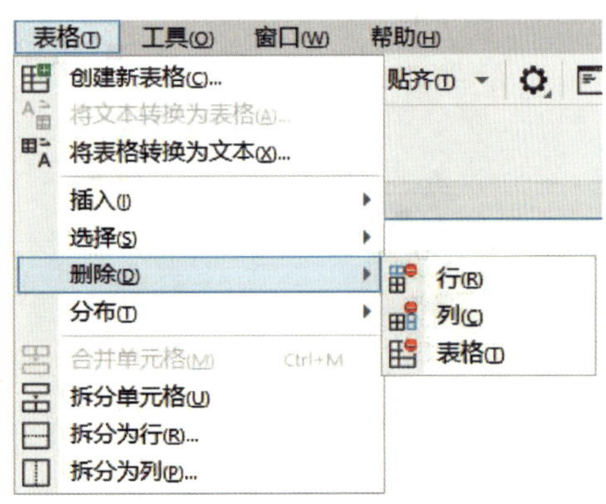

图 7-1-32　“删除”命令

1. 新建 CorelDRAW 2021 文档

启动 CorelDRAW 2021 软件后，在启动界面中单击“新文档”选项，打开“创建新文档”对话框，在对话框的“名称”选项中输入“宣传单页”，设置“页码数”为“2”，“原色模式”为“CMYK”，“页面大小”为“A4”，“方向”为“纵向”，“分辨率”为“300 dpi”，然后单击“OK”按钮。

2. 导入正面背景素材

在页面控制区选择“页 1”，执行“文件”→“导入”命令，导入“宣传单页正面背景 .png”素材。执行“对象”→“对齐与分布”→“对页面居中”命令，将“宣传单页正面背景”素材与页面中心对齐，效果如图 7-1-33 所示。

3. 制作正面标题文字

操作演示

（1）使用文本工具输入“羽翼艺术培训中心”，设置字体为“微软雅黑”，字体大小为 24 pt，填充为黄色（C：2，M：43，Y：90，K：0）。使用形状工具调整字体间距，随后再使用文本工具输入“春季招生”，设置字体为“庞门正道标题体”，字体大小为 96 pt，填充为深蓝色（C：100，M：95，Y：66，K：58），效果如图 7-1-34 所示。

图 7-1-33　导入正面背景素材

图 7-1-34　输入正面标题文本

（2）执行“对象”→“转换为曲线”命令，将文本转换为曲线。使用形状工具删除“招”字笔画“提”上的节点，如图 7-1-35a 所示。随后执行“文件”→“导入”命令，导入“冲锋号 .png”素材，并将其放置在删除笔画的位置。按 Ctrl+G 组合键组合标题和冲锋号对象，随后将“羽翼艺术培训中心”和“春季招生”右对齐，并调整到合适位置，效果如图 7-1-35b 所示。

a）　　　　b）

图 7-1-35　制作正面标题文字

a）将文本转换为曲线并调整　b）导入素材并调整位置

4. 制作正面其他文字

（1）使用贝塞尔工具绘制对话框和内部图形，将对话框填充为橙色（C：2，M：43，Y：97，K：0），将内部图形分别填充为粉红色（C：0，M：70，Y：71，K：0）和白色，取消轮廓色，如图 7-1-36a 所示。随后使用文本工具输入文字“‘老带新’活动依然有效”，设置字体为“微软雅黑”，字体大小为 27 pt，填充为米黄色（C：0，M：4，Y：18，K：0）。使用形状工具，按住 Shift 键并选中文字左下角的所有白点，在参数属性栏中选择“字符角度”为“20°”，效果如图 7-1-36b 所示。

a）

b）

图 7-1-36　制作正面对话框文字

a）制作对话框　b）输入并调整文字

（2）使用文本工具拖动出适当大小的文本框，从“单页文字素材 1- 正面 .docx”素材中提取文字“老学员每学……以此类推)”，设置字体为“思源黑体”，字体大小为 7 pt，填充为米黄色（C：0，M：4，Y：18，K：0），将文字放置在合适位置，效果如图 7-1-37 所示。

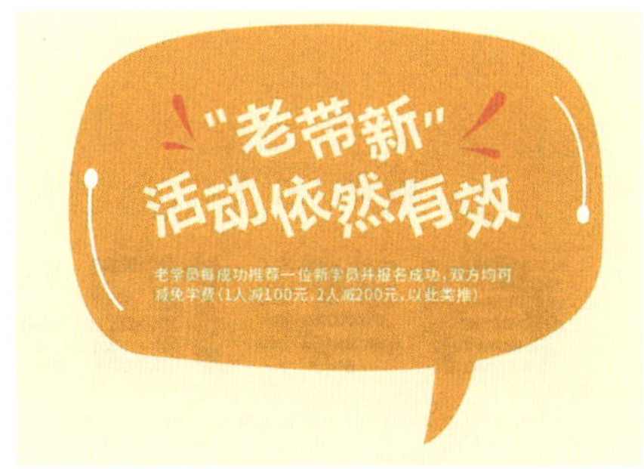

图 7–1–37　制作正面解释性文字

5. 制作正面正文部分

（1）使用贝塞尔工具绘制正文标题框，填充为橙色（C：2，M：43，Y：97，K：0），取消轮廓色。随后使用文本工具输入文字“说明”，设置字体为“微软雅黑”，字体大小为 19 pt，填充为米黄色（C：0，M：4，Y：18，K：0），效果如图 7–1–38 所示。

图 7–1–38　制作正面正文标题

（2）使用文本工具拖动出适当大小的文本框，从“单页文字素材 1- 正面 .docx”素材中提取文字“1. 报名时……学员”，设置字体为“思源黑体”，字体大小为 10 pt，填充为深蓝色（C：100，M：95，Y：66，K：58），再使用形状工具调整字符间距，并放置在合适位置，如图 7–1–39a 所示。用同样的方法完成正面其余标题和正文的制作，效果如图 7–1–39b 所示。

a）

b）

图 7–1–39　制作正面正文内容

a）输入并调整“说明”文字　b）输入并调整正面其余标题和正文文字

（3）使用文本工具输入文字“活动时间：2023 年 1 月 10 日前”，设置字体为“思源黑体”，字体大小分别为 10 pt 和 18 pt，填充为深蓝色（C：100，M：95，Y：66，K：58），并放置在合适位置，效果如图 7-1-40 所示。

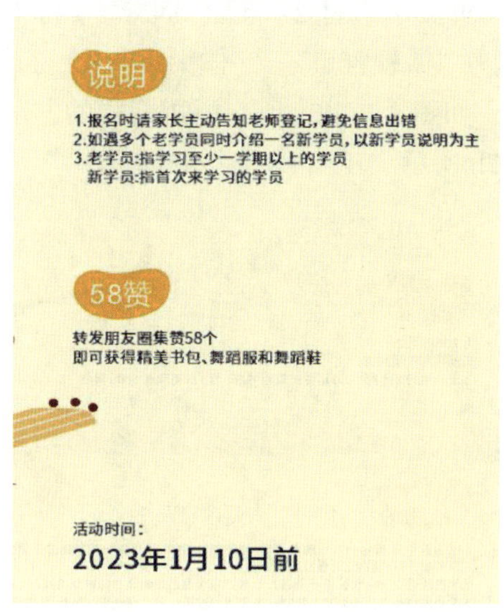

图 7-1-40　宣传单页正面效果

6. 导入背面背景素材

在页面控制区选择“页 2”，执行“文件”→“导入”命令，导入“宣传单页背面背景 .png”素材。执行“对象”→“对齐与分布”→“对页面居中”命令，将“宣传单页背面背景”素材与页面中心对齐，效果如图 7-1-41 所示。

图 7-1-41　导入背面背景素材

7. 制作背面正文部分

复制宣传单页正面的正文标题框，使用文本工具输入文字“报名须知”，设置字体为“微软雅黑”，字体大小为 16 pt，填充为米黄色（C：0，M：4，Y：18，K：0）。使用文本工具拖动出合适大小的文本框，从“单页文字素材 2- 背面 .docx”素材中提取文字“1. 上课时间……过期无效）”，设置字体为“微软雅黑”，字体大小为 12 pt，填充为深蓝色（C：100，M：95，Y：66，K：58），如图 7–1–42a 所示。用同样的方法完成背面其余标题和正文的制作，效果如图 7–1–42b 所示。

a）　　　　b）

图 7–1–42　制作背面正文内容

a）输入并调整“报名须知”文字　b）输入并调整背面其余标题和正文文字

8. 制作背面表格

操作演示

（1）使用表格工具绘制一个行数为 6、列数为 5、宽度为 161 mm、高度为 123 mm 的表格。调整表格行和列的大小，效果如图 7–1–43 所示。

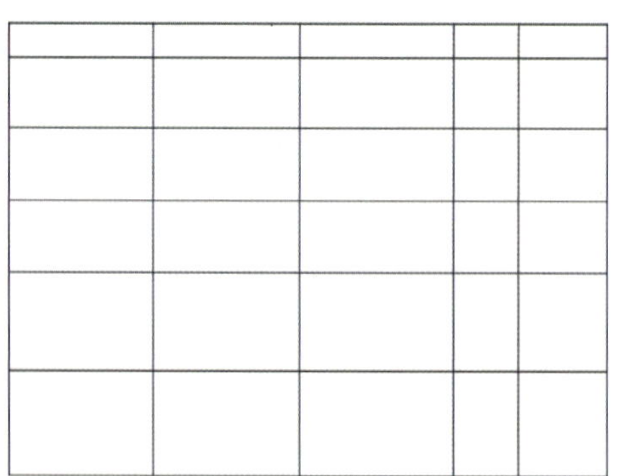

图 7–1–43　绘制表格

（2）选中表格，单击“边框选择”按钮，选择“全部”，设置轮廓线为橙色（C：0，

M：43，Y：96，K：0），效果如图 7-1-44 所示。

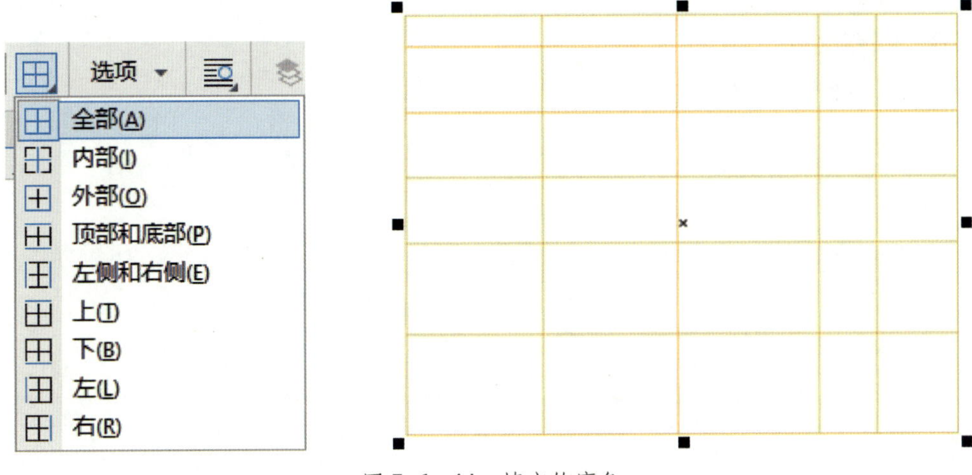

图 7-1-44　填充轮廓色

（3）选中表格，按住鼠标左键拖动以依次选中表格第一行的所有单元格，修改其填充颜色为橙色（C：2，M：43，Y：97，K：0），使用表格工具，通过双击鼠标左键在表格中依次输入“单页文字素材 2- 背面 .docx”中的相应文字，设置字体为“思源黑体”，字体大小为 11 pt，填充为白色。使用同样方法依次输入第二至六行的文字，设置字体为“思源黑体”，字体大小为 11 pt，填充为橙色（C：2，M：43，Y：97，K：0）。选中以上所有文字，在参数属性栏中设置“文本对齐”为“中”，“垂直对齐”为“居中垂直对齐”，效果如图 7-1-45 所示。

班级	招生对象	上课时间	课次	费用
中国舞 预备一级班	幼儿园 中大班	星期六 8：30-11：30	16	1600
中国舞三级班	小学一年级	星期日 13：00-16：00	16	1600
中国舞五级班	小学三四年级	星期日 8：30-11：30	16	1600
钢琴	幼儿园大班 及以上	星期六 9：15-11：00 13：15-15：00	16	1600
古筝	幼儿园大班 及以上	星期六 9：15-11：00 13：15-15：00	16	1600

图 7-1-45　输入表格文字

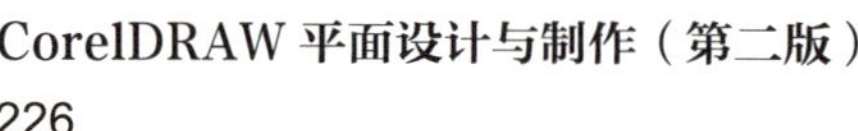

9. 组合全部对象

选择全部对象，按 Ctrl+G 组合键组合对象，完成宣传单页的制作。

10. 保存文件

执行“文件”→“保存”命令，保存文件。

任务 2　制作三折页

1. 掌握沿路径排列文本的方法。
2. 掌握内置文本的方法。
3. 掌握插入特殊字符的方法。

本任务是一个编辑应用文本实例，通过“使文本适合路径”和“内置文本”等命令来制作茶楼三折页（见图 7-2-1）。要完成本任务，除了须掌握文本的处理技巧外，还要注意页面布局和色彩搭配等。

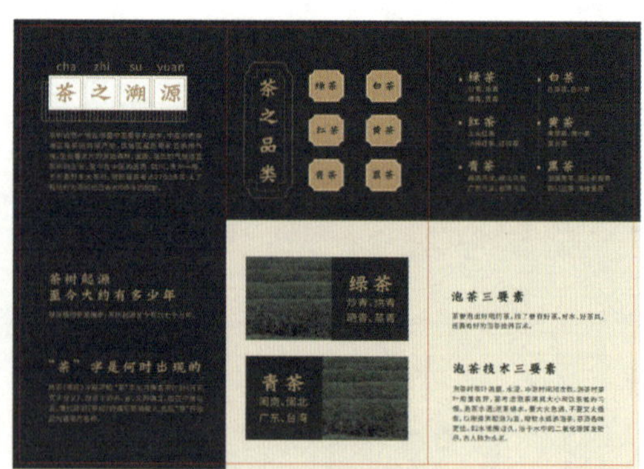

图 7-2-1　茶楼三折页效果图

一、沿路径排列文本

利用“使文本适合路径”命令，可以将美术字文本沿路径排列，其操作方法如下。

1. 直接在路径上输入文本

绘制一条曲线路径，使用文本工具输入美术字文本，选中文本，如图 7–2–2 所示。

图 7–2–2　选择文本对象

2. 执行菜单命令创建路径文本

执行“文本”→“使文本适合路径”命令，将鼠标指针移至曲线上，会产生文本沿路径排列的预览效果，如图 7–2–3 所示。移动鼠标指针至合适位置后单击，即可设置文本沿路径排列的效果，如图 7–2–4 所示。

图 7–2–3　文本沿路径排列的预览效果

图 7–2–4　文本沿路径排列的效果

3. 使用快捷菜单创建路径文本

选中文本，按住鼠标右键，将文本拖动至要填入的路径上，松开鼠标右键，弹出快捷菜单，选择“使文本适合路径”命令，即可实现文本适合路径的排列效果，如图 7–2–5 所示。

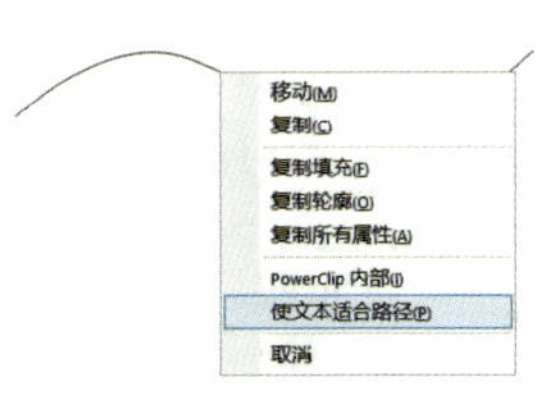

图 7–2–5　使文本适合路径

4. 路径文本属性设置

可以通过改变参数属性栏的相应选项来对文本沿路径排列设置更多的效果。在选中路径文本后，参数属性栏如图 7–2–6 所示。

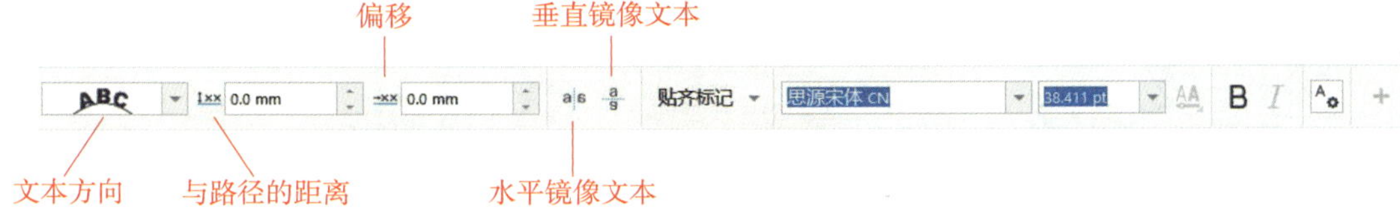

图 7–2–6　使文本适合路径后的参数属性栏

参数属性栏中各项的功能如下。

（1）文本方向：其下拉列表框中预设了一些文本在路径上排列的方向，改变文本方向后的效果如图 7–2–7 所示。

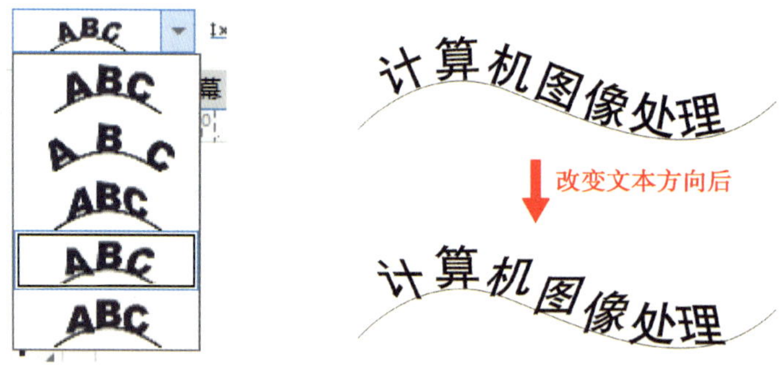

图 7–2–7　改变文本方向后的效果

（2）与路径的距离：用于设置文本沿路径排列后文本与路径之间的距离。设置距离值为 15.0 mm 的效果如图 7–2–8 所示。

（3）偏移：用于设置文本起始点的偏移值。设置偏移值为 13.0 mm 的效果如图 7–2–9 所示。

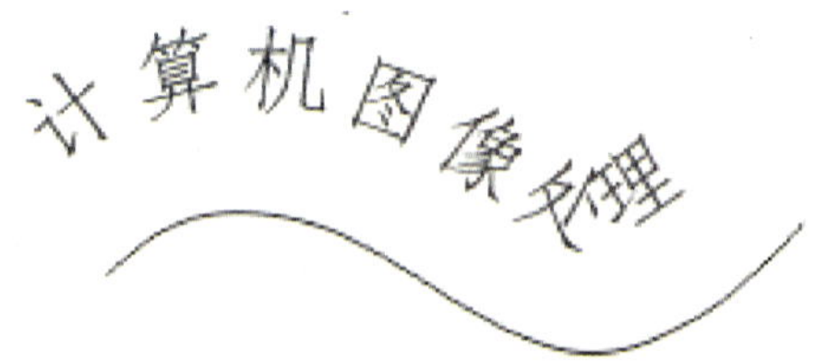

图 7–2–8　设置距离值为 15.0 mm 的效果

图 7–2–9　设置偏移值为 13.0 mm 的效果

（4）镜像文本：用于将路径上的文本进行水平或垂直翻转处理。镜像文本的效果如图 7–2–10 所示。

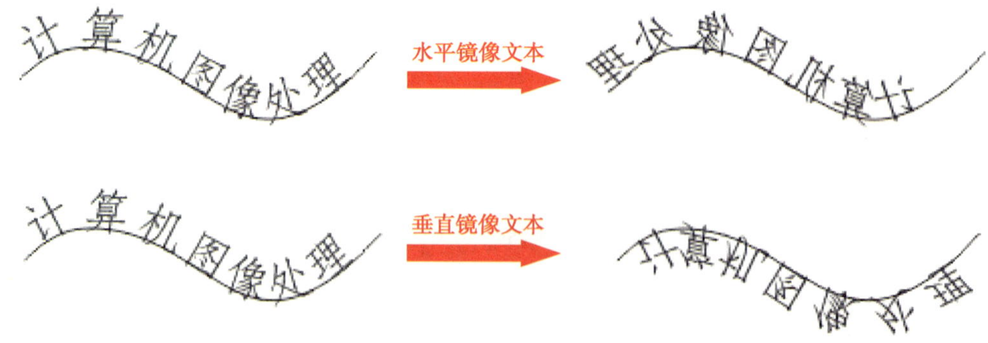

图 7–2–10　水平与垂直镜像文本效果

（5）贴齐标记：可改变指定文本与路径之间的距离，单击此按钮，弹出“贴齐标记”下拉面板，选择“打开贴齐记号”选项，在“记号间距”输入框中设置贴齐数值，此时再调整文本与路径之间的距离，就会按照设置的“记号间距”自动捕捉文本与路径之间的实时距离。选择“关闭贴齐记号”选项即可关闭该功能，如图 7–2–11 所示。

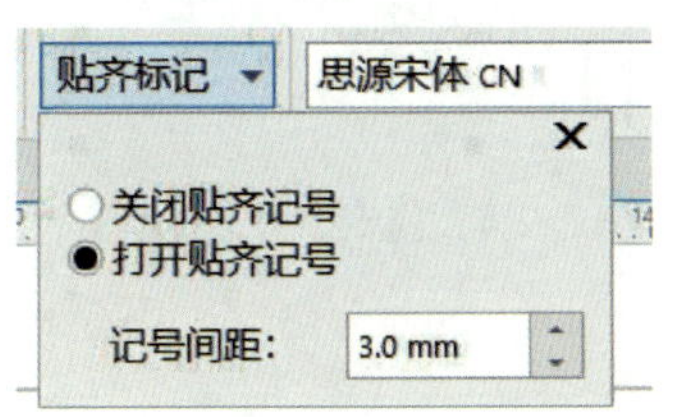

图 7–2–11 “打开贴齐记号”的效果

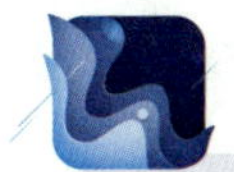

提示

将文本沿路径排列的另一种方法：绘制一条路径，选择文本工具，将鼠标指针移至路径边缘，单击鼠标左键，然后输入文本，文本会自动沿着选定的路径来排列，如图 7–2–12 所示。

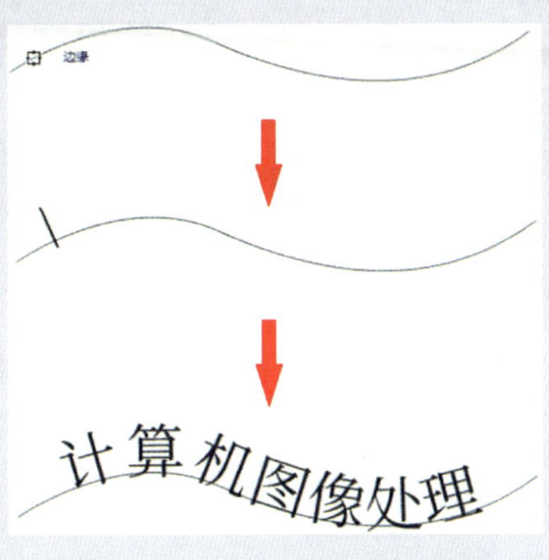

图 7–2–12 文本自动沿路径排列

二、使文本与路径分离

在创建沿路径排列的文本后，如果路径的存在影响了文字效果，可执行“对象”→“拆分在一路径上的文本”命令，将路径与文本分离，以移开并删除路径或直接选中并删除路径，如图 7–2–13 所示。

也可以使用鼠标右键单击调色板上方的按钮，将路径隐藏，如图 7–2–14 所示。

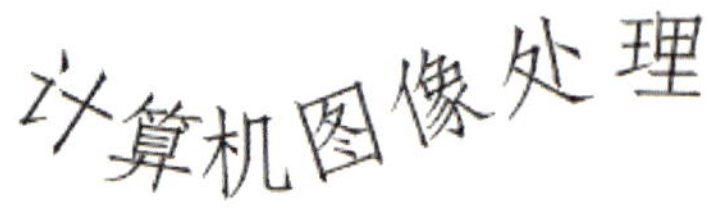

图 7-2-13　拆分路径与文本　　图 7-2-14　隐藏路径

三、将文本置于图形内部

在 CorelDRAW 2021 中，可以将文本放入图形对象中，即内置文本。

绘制一个封闭的图形，单击工具栏中的“文本工具”，将鼠标指针移至图形对象上，当鼠标指针变为形状时，单击鼠标左键，此时图形对象内会产生一个虚线文本框，在文本框中可输入文本，如图 7–2–15 所示。

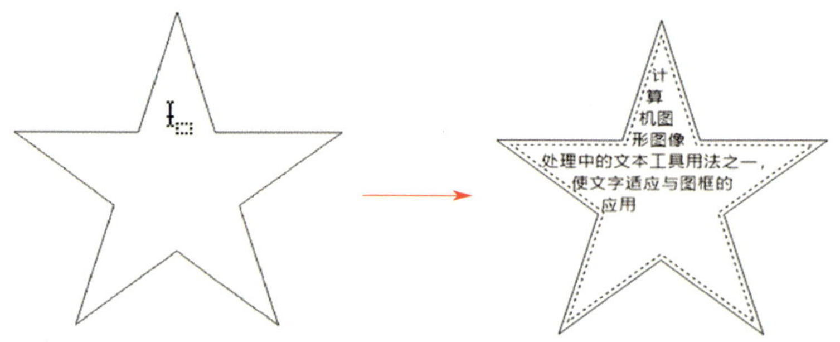

图 7-2-15　将文本置于图形内部

也可以选择要内置的文本，使用鼠标右键将文本拖动到图形对象的内部，此时鼠标指针变为带有十字形的圆环，如图 7–2–16 所示。

图 7-2-16　十字形圆环鼠标指针

释放鼠标右键后，将弹出快捷菜单，从中选择“内置文本”命令，即可将文本置入图形对象中，如图 7-2-17 所示。

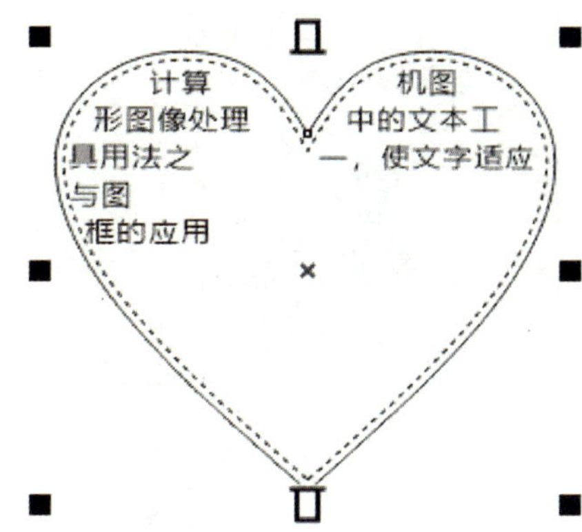

图 7-2-17　内置文本

四、使文本与图形分离

在文本置于图形内部后，文本与图形形成了一个有机整体，即文本将会随着图形一起移动。如果用户对内置文字的图形不满意，可执行“对象”→“拆分路径内的段落文本”命令，将图形与文本分离，分离后的文本如图 7-2-18 所示。然后挑选满意的图形，再次执行“内置文本”命令，将文本放入图形对象中。

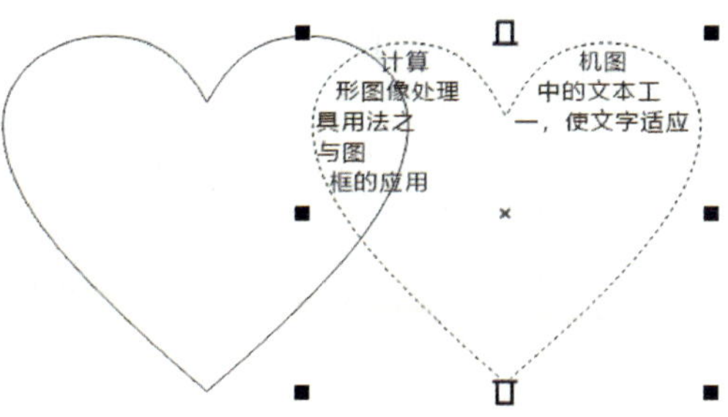

图 7-2-18　与图形分离后的文本

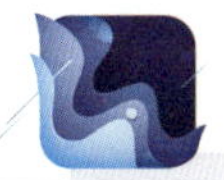

提示

将文本与图形分离后，文本的边缘会出现和图形形状相同的虚线框，此虚线框只用于编辑显示，印刷时不会显示。

五、围绕图像排列文本

在报刊与杂志中，文本与图像的搭配能更好地说明主题，为了使版面更加美观，有时需要将文本围绕图像排列，以使文字更加紧凑和美观。

在导入的图像上单击鼠标右键，从弹出的快捷菜单中选择“段落文本换行”命令，将图像移动到段落文本中，如图 7-2-19 所示。选中图像，在参数属性栏中单击“文本换行”按钮，弹出“文本换行”属性面板，可进行换行属性的设置，如图 7-2-20

所示。

图 7-2-19 设置文本围绕图像效果

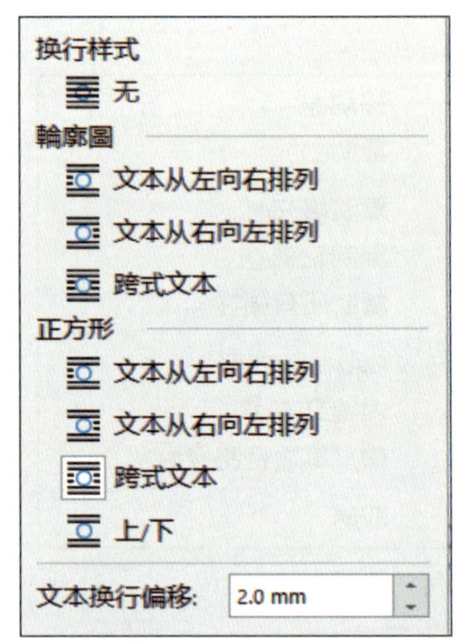

图 7-2-20 “文本换行”属性面板

选中图像，使用形状工具调节图像边缘的蓝色边框线或节点，可使文本环绕更加紧密，如图 7-2-21 所示。

六、更改文本的大小写

当文本中有字母字符出现时，为了使字符统一、版面美观，可通过“更改大小写”命令进行统一设置。

执行“文本”→“更改大小写”命令，打开“更改大小写”对话框，从中选择相应的选项，如图 7-2-22 所示。

图 7-2-21 使用形状工具调整图像

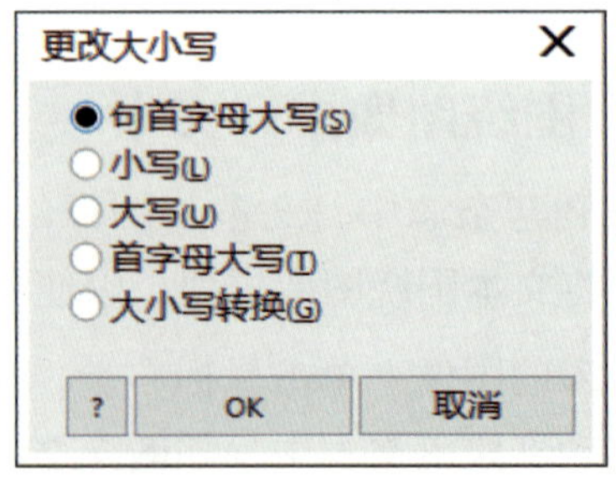

图 7-2-22 “更改大小写”对话框

七、插入特殊字符

CorelDRAW 2021 中提供了多种特殊字符，用户可以根据需要将字符和符号作为图形添加到作品中。

执行“窗口”→“泊坞窗”→“字形”命令，打开“字形”泊坞窗，如图 7-2-23 所示。

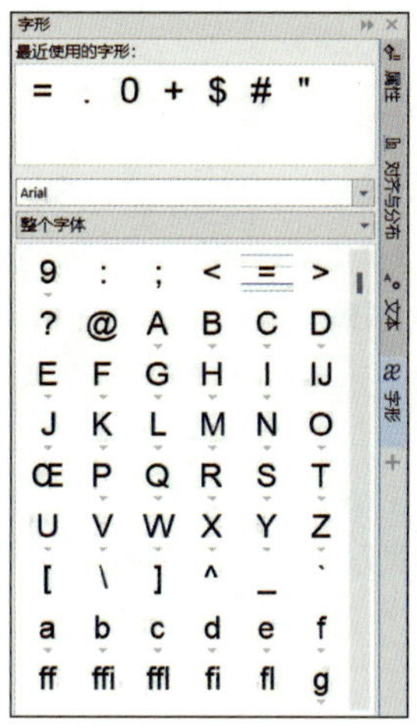

图 7-2-23　“字形”泊坞窗

在“字体”的下拉列表框中选择特殊字符所在的字体，然后在字符列表中双击字符即可将其添加至页面，也可直接将字符拖动到绘制页面中，待释放鼠标后，字符即被添加到页面中并成为图形。

1. 新建 CorelDRAW 2021 文档

启动 CorelDRAW 2021 软件后，在启动界面中单击“新文档”选项，打开“创建新文档”对话框，在对话框的“名称”选项中输入“茶楼三折页”，设置“原色模式”为“CMYK”，“页面大小”为“A2”（宽度 420 mm× 高度 594 mm），“方向”为“纵向”，“分辨率”为“300 dpi”，然后单击“OK”按钮。

2. 绘制折页结构

（1）使用矩形工具绘制一个宽度为 291 mm、高度为 216 mm 的矩形和一个宽度为 95 mm、高度为 216 mm 的矩形，将两个矩形中心对齐，使用“形状”泊坞窗中的“简化”命令，将这两个矩形拆分为宽度 98 mm× 高度 216 mm、宽度 95 mm× 高度

216 mm 和宽度 98 mm× 高度 216 mm 的三个矩形，作为“内页 1”“封底”和“封面”。使用矩形工具再绘制一个宽度为 285 mm、高度为 210 mm 的矩形，设置轮廓色为红色（C：0，M：100，Y：100，K：0）。将矩形中心对齐，效果如图 7-2-24a 所示。

（2）使用同样的方法绘制“内页 2”“内页 3”和“内页 4”，效果如图 7-2-24b 所示。

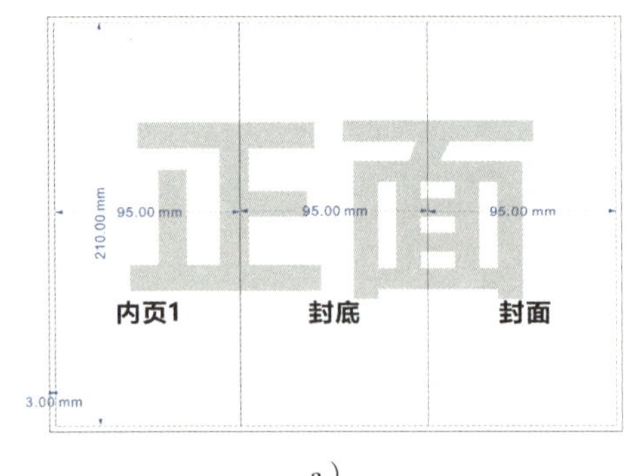

a）

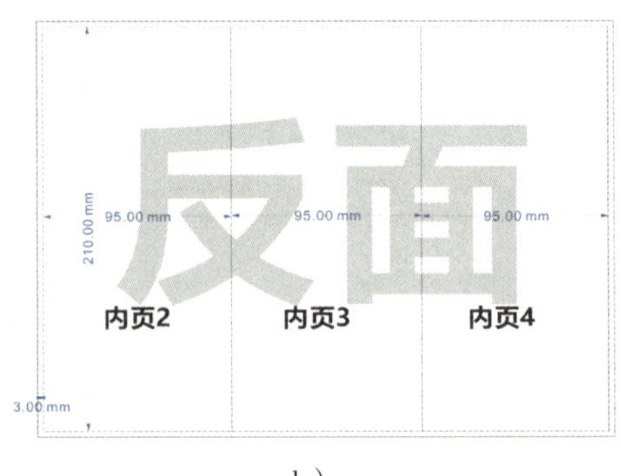

b）

图 7-2-24　绘制折页结构

a）绘制“内页 1”“封底”和“封面”　b）绘制“内页 2”“内页 3”和“内页 4”

提示

在设计时，为了避免成品裁掉重要文字或图像的内容，在成品尺寸的基础上，会为上下左右四个方向再预留出 2～3 mm 的出血位。

在本实例中，三折页的成品尺寸为宽度 285 mm× 高度 210 mm，每边出血为 3 mm，出血尺寸为宽度 291 mm× 高度 216 mm，每页折页的成品尺寸为宽度 95 mm× 高度 210 mm，红色矩形代指“出血线”。

3. 制作折页封面

操作演示

（1）将封面填充为绿色（C：91，M：62，Y：96，K：44），取消轮廓色。使用文本工具分别输入“茶”和“楼”字，设置字体为“庞门正道粗书体”，字体大小为 150 pt，填充为深绿色（C：96，M：69，Y：100，K：63），使用透明度工具设置文字透明度为 70%，调整文字位置，效果如图 7-2-25 所示。

（2）使用文本工具输入中文“玉叶茶楼”和英文“TASTE LIFE”，设置中文字体为“华康龙门石碑 W9（P）”，字体大小为 50 pt，英文字体为“Times New Roman”，字体大小为 14 pt，使用形状工具调整字体的位置和字距。继续使用文本工具输入“品质生活”“品味人生”和“茶可雅志亦可行道”，设置字体为“华康龙门石碑 W9（P）”，字体大小为 15 pt。以上字体颜色均为金黄色（C：25，M：39，Y：64，K：0），效果如图 7-2-26 所示。

图 7-2-25　添加背景文字

图 7-2-26　添加前景文字

（3）使用椭圆形工具绘制一个直径为 58 mm 的正圆形。单击工具栏中的“文本工具”，将鼠标指针移至正圆形上，当鼠标指针变为形状时，单击鼠标左键，输入英文“JADE LEAF TEAHOUSE”，设置字体为“Times New Roman”，字体大小为 16 pt，取消正圆形的轮廓色。继续使用文本工具在封面下方输入英文“JADE LEAF TEAHOUSE”，设置字体为“Times New Roman”，字体大小为 6 pt。以上文字颜色均为金黄色（C：25，M：39，Y：64，K：0）。使用钢笔工具绘制“茶可雅志亦可行道”字间的线段，设置其轮廓宽度为 1 pt，填充为金黄色，效果如图 7-2-27 所示。

图 7-2-27　绘制折页封面

4. 制作折页封底

（1）将封底填充为米黄色（C：5，M：7，Y：16，K：0），取消轮廓色。使用文本工具输入中文“玉叶茶楼”和英文“JADE LEAF TEAHOUSE”，设置中文字体为“华康龙门石碑 W9（P）”，字体大小为 40 pt，英文字体为“Times New Roman”，字体大小为 7 pt，以上字体颜色均为金黄色（C：25，M：39，Y：64，K：0）。复制封面文字“茶可雅志亦可行道”及其字间线段，调整文字的位置和大小，效果如图 7-2-28 所示。

（2）执行“文件”→“导入”命令，导入“三折页图标 .cdr”和“二维码 .jpg”素材。使用文本工具输入电话号码、地址和网址等信息，设置字体为“思源黑体”，字体

大小为 11 pt，填充为金黄色（C：25，M：39，Y：64，K：0），调整以上对象的位置和大小，效果如图 7-2-29 所示。

图 7-2-28　添加文字

图 7-2-29　绘制折页封底

5. 制作折页内页 1

操作演示

（1）将内页 1 填充为深绿色（C：91，M：62，Y：96，K：44），取消轮廓色。使用椭圆形工具绘制一个直径为 14 mm 的正圆形，填充为绿色（C：91，M：62，Y：96，K：44），设置轮廓色为金黄色（C：25，M：39，Y：64，K：0）。使用轮廓图工具，在参数属性栏中选择“内部轮廓”，设置“轮廓图步长”为“1”，“轮廓图偏移”为“2 mm”。执行“窗口”→“泊坞窗”→“变换”命令，打开“变换”泊坞窗，勾选“相对位置”，设置“副本”为“3”，以向右侧复制三个正圆形。使用贝塞尔工具在正圆形上方绘制图形，设置轮廓色为金黄色，取消填充色，效果如图 7-2-30 所示。

图 7-2-30　绘制图形

（2）使用文本工具输入文字“茶之泡饮”，设置字体为“华康龙门石碑 W9（P）”，字体大小为 31 pt，填充为白色。使用形状工具调整文字间距，将文字置于四个正圆形中。使用椭圆形工具绘制一个直径为 43 mm 的正圆形，单击工具栏中的“文本工具”，将鼠标指针移至该正圆形上，当鼠标指针变为形状时，单击鼠标左键，输入英文“TEA BREWING”，设置字体为“Bodoni Bd BT”，字体大小为 15 pt，填充为金黄色（C：25，M：39，Y：64，K：0），调整文字位置，取消正圆形的轮廓色，效果如图 7–2–31 所示。

（3）使用矩形工具绘制一个宽度为 73 mm、高度为 126 mm 的矩形，设置轮廓色为金黄色（C：25，M：39，Y：64，K：0），调整其图层顺序。在页面的右下方再绘制一个宽度为 36 mm、高度为 24 mm 的矩形，填充为深绿色（C：91，M：62，Y：96，K：44），取消轮廓色，效果如图 7–2–32 所示。

图 7–2–31　添加文字

图 7–2–32　绘制矩形

（4）执行“文件”→“导入”命令，导入“茶杯 .png”素材，调整茶杯的大小和位置。使用矩形工具绘制一个宽度为 62 mm、高度为 88 mm 的矩形，选中矩形，执行“文本”→“段落文本框”→“创建空文本框”命令，此时该矩形内会产生一个虚线文本框，使用文本工具复制“三折页文字素材 3–P1.docx”中的文本内容并粘贴至文本框中，设置其字体为“思源黑体”，字体大小为 10 pt，隐藏文本框，调整矩形至合适位置并取消其轮廓色，效果如图 7–2–33 所示。

6．制作折页内页 2

（1）将内页 2 填充为深绿色（C：91，M：62，Y：96，K：44），取消轮廓色。使用矩形工具绘制一个 14 mm × 14 mm 的矩形，填充为白色，设置轮廓色为金黄色（C：25，M：39，Y：64，K：0）。使用轮廓图工具，在参数属性栏中选择“内部轮廓”，设置

“轮廓图步长”为“1”，“轮廓图偏移”为“2 mm”，“轮廓色”为金黄色。执行“窗口”→“泊坞窗”→“变换”命令，打开“变换”泊坞窗，勾选“相对位置”，设置“副本”为“3”，以向右侧复制三个矩形，效果如图 7-2-34 所示。

图 7-2-33　绘制折页内页 1

图 7-2-34　绘制矩形

（2）使用文本工具输入中文“茶之溯源”和拼音“cha zhi su yuan”，设置中文字体为“华康龙门石碑 W9（P）”，字体大小为 18 pt；设置拼音字体为“思源黑体”，字体大小为 8 pt，颜色均为金黄色（C：25，M：39，Y：64，K：0）。使用形状工具调整文字间距和位置，效果如图 7-2-35 所示。

（3）使用矩形工具绘制一个宽度为 1 mm、高度为 10 mm 的矩形，设置轮廓色为金黄色（C：25，M：39，Y：64，K：0），无填充色。执行“窗口”→“泊坞窗”→“变换”命令，打开“变换”泊坞窗，勾选“相对位置”，设置“副本”为“28”，以向右侧复制矩形，调整图层顺序，效果如图 7-2-36 所示。

图 7-2-35　添加文字

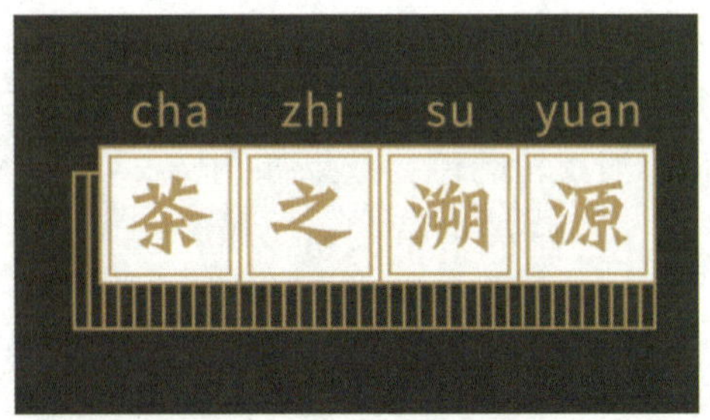

图 7-2-36　图文组合

（4）使用文本工具创建空文本框，复制“三折页文字素材 4-P2.docx”中的文本内容并粘贴至文本框中，设置标题字体为“华康龙门石碑 W9（P）”，字体大小为 20 pt；设置正文字体为“思源黑体”，字体大小为 9 pt，颜色均为金黄色（C：25，M：39，Y：64，K：0）。调整文字位置，效果如图 7-2-37 所示。

7. 制作折页内页 3 和内页 4

（1）将内页 3 和内页 4 填充为米黄色（C：5，M：7，Y：16，K：0），取消轮廓色。使用矩形工具在内页 3 和内页 4 上方分别绘制一个宽度为 190 mm、高度为 93 mm 的矩形，填充为深绿色（C：91，M：62，Y：96，K：44），取消轮廓色，效果如图 7-2-38 所示。

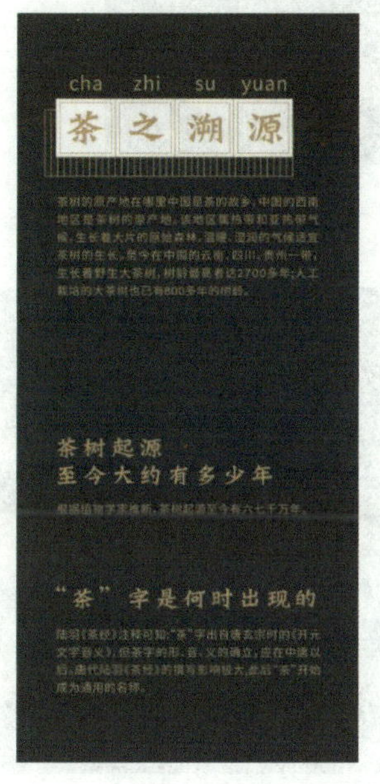

图 7-2-37 绘制折页内页 2

图 7-2-38 绘制矩形

（2）使用贝塞尔工具在内页 3 绘制图形，设置轮廓色为金黄色（C：25，M：39，Y：64，K：0）。使用轮廓图工具，在参数属性栏中选择“内部轮廓”，设置“轮廓图步长”为“1”，“轮廓图偏移”为“2 mm”，“轮廓色”为金黄色。选中图形，执行“对象”→“拆分轮廓图”命令，将偏移出的轮廓线线条样式改为虚线。使用文本工具输入文字“茶之品类”，设置字体为“华康龙门石碑 W9（P）”，字体大小为 31 pt，填充为金黄色（C：25，M：39，Y：64，K：0），将文字方向更改为垂直方向，效果如图 7-2-39 所示。

（3）使用矩形工具绘制一个宽度为 17 mm、高度为 15 mm 的矩形，选择“扇形角”，设置其圆角半径为 2 mm，填充为金黄色（C：25，M：39，Y：64，K：0）。使用轮廓图工具，在参数属性栏中选择“内部轮廓”，设置“轮廓图步长”为“1”，“轮廓图偏移”为“2 mm”，“轮廓色”为白色。选中图形，执行“对象”→“拆分轮廓图”

命令，取消外部图形的轮廓色。按 Ctrl+G 组合键将以上两个图形组合，然后复制五个相同的图形并分别输入文字“绿茶”“白茶”“红茶”“黄茶”“青茶”和“黑茶”，设置字体为“华康龙门石碑 W9（P）”，字体大小为 15 pt，填充为深绿色（C：91，M：62，Y：96，K：44），效果如图 7-2-40 所示。

图 7-2-39　绘制图形

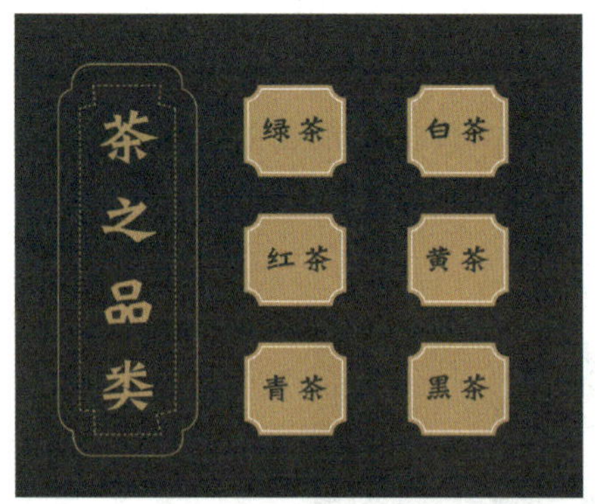

图 7-2-40　绘制图形

（4）执行“文件”→“导入”命令，导入“茶叶.jpg”素材，将素材放置在画面中的合适位置。使用矩形工具在素材右侧绘制一个宽度为 36 mm、高度为 40 mm 的矩形，填充为深绿色（C：91，M：62，Y：96，K：44）。使用文本工具复制“三折页文字素材 5-P3.docx”中对应的文本内容并粘贴至矩形内，设置标题字体为“华康龙门石碑 W9（P）”，标题字体大小为 17 pt，正文字体为“思源黑体”，正文字体大小为 14 pt，颜色均为金黄色（C：25，M：39，Y：64，K：0）。复制以上图片素材，在复制的素材左侧绘制矩形并输入相应文本，方法同上，效果如图 7-2-41 所示。

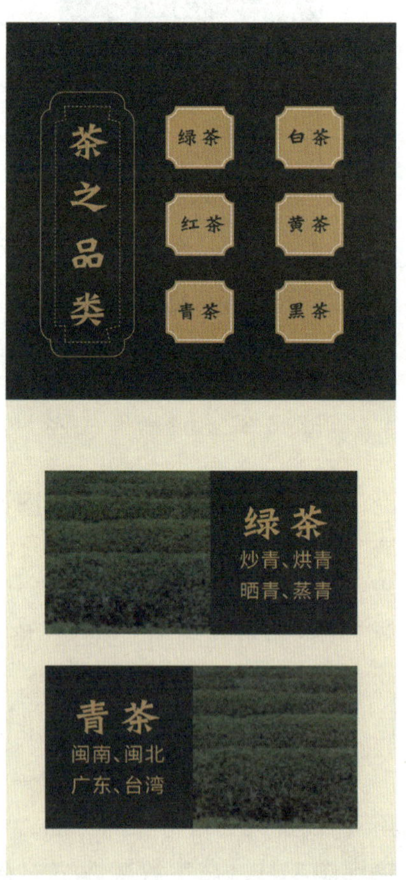

图 7-2-41　制作部分内页

（5）使用椭圆形工具绘制一个正圆形，填充为金黄色（C：25，M：39，Y：64，K：0），然后使用贝塞尔工具绘制金黄色直线。使用文本工具复制“三折页文字素材 6-P4.docx”中对应的文本内容并粘贴在合适位置，设置标题字体为“华康龙门石碑 W9（P）”，标题字体大小为 19 pt，正文字体为“思源黑体”，正文字体大小为 8 pt，颜色均为金黄色（C：25，M：39，Y：64，K：0），效果如图 7-2-42 所示。

（6）执行“文件”→“导入”命令，导入“手绘茶叶 .png”素材，将素材放置在画面中的合适位置。使用文本工具复制“三折页文字素材 6–P4.docx”中对应的文本内容并粘贴在合适位置，设置标题字体为“华康龙门石碑 W9（P）”，标题字体大小为 19 pt，正文字体为“思源黑体”，正文字体大小为 9 pt，颜色均为绿色（C：91，M：62，Y：96，K：44），效果如图 7–2–43 所示。

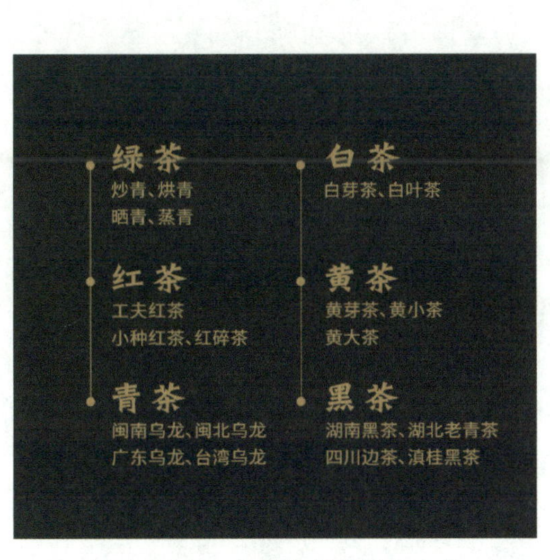

图 7–2–42 绘制路径并插入文字

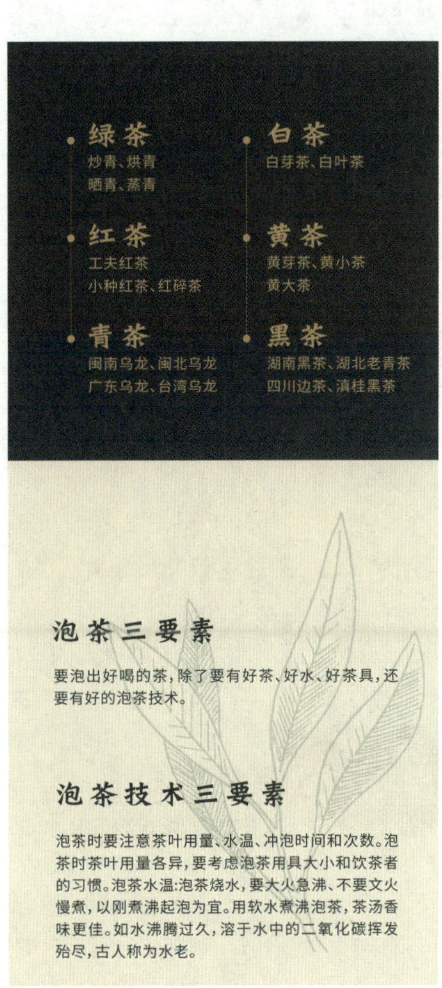

图 7–2–43 输入相应文字

8. 组合全部对象

选择全部对象，按 Ctrl+G 组合键组合对象，完成茶楼三折页的制作。

9. 保存文件

执行“文件”→“保存”命令，保存文件。

项目八
综合案例实战

本项目设计了印刷类应用和 Web 应用两个综合性任务，以使读者进一步熟练掌握 CorelDRAW 2021 的应用技巧，提升在平面设计领域的综合职业能力。

任务 1　制作图书封面

1. 掌握版面设计中出血位的设置方法。
2. 能使用辅助线划分页面区域。
3. 能设置并插入条形码。
4. 了解图书封面的设计构成。
5. 能根据设计需求合理选择工具，设计并制作图书封面。

本任务设计制作的是《CorelDRAW 2021》教材的封面、封底和书脊（见图 8-1-1），要完成本任务，首先需要运用辅助线划分页面，并按照标准的图书封面格式进行设计，

在设计过程中，还要注意颜色的搭配，注重对图形和文字的修饰。

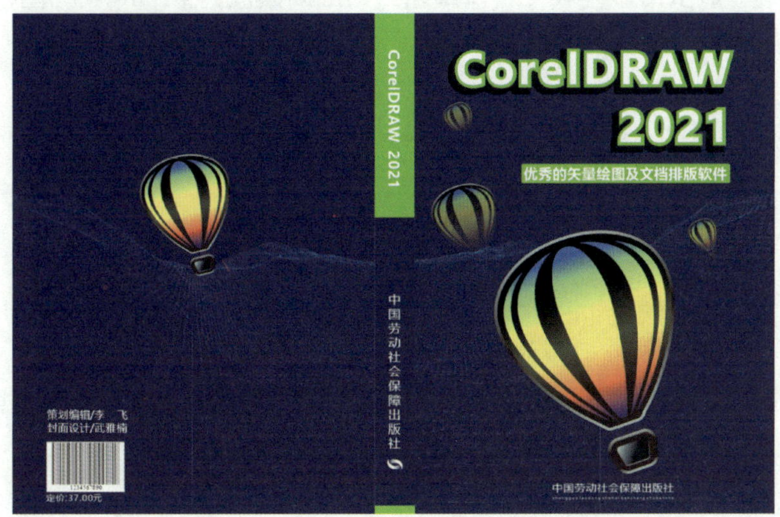

图 8-1-1　图书封面、封底和书脊效果图

CorelDRAW 2021 的印刷类应用包括制作宣传单、画册和包装等，印刷品可使用多种印刷纸张和材料，不同的材料应用于不同的成品。一般情况下，此类型的平面设计均采用 CMYK 颜色模式，分辨率不少于 300 dpi。

一、设置印刷品版面

CorelDRAW 2021 默认的页面版式为 A4 办公纸，其规格为 210 mm × 297 mm。版面大小可在“创建新文档”对话框中设置，也可在参数属性栏中设置。参数属性栏中的版面设置如图 8-1-2 所示。

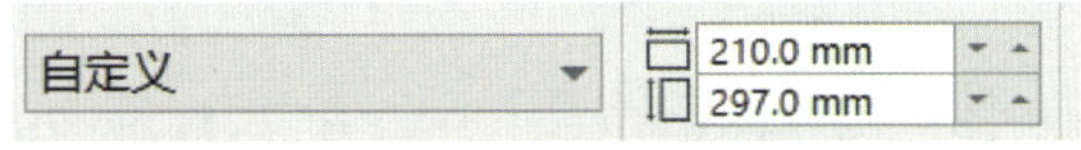

图 8-1-2　参数属性栏中的版面设置

二、设置出血位

出血位可以填充为背景颜色，但是任何重要的文字或图像信息都不应该出现在出血位置。在设计一份 210 mm × 285 mm 的宣传单时，设计尺寸应为（210+3+3）mm ×（285+3+3）mm=216 mm × 291 mm。首先要将页面设置为 210 mm × 285 mm 大小，然

后执行“布局”→“页面大小”命令，在“页面尺寸”选项卡中，设置“出血”为“3 mm”，勾选“显示出血区域”，然后单击“OK”按钮，如图 8-1-3 所示。此时页面的边缘区域会显示出血位，出血位内的页面大小即为成品大小，如图 8-1-4 所示。

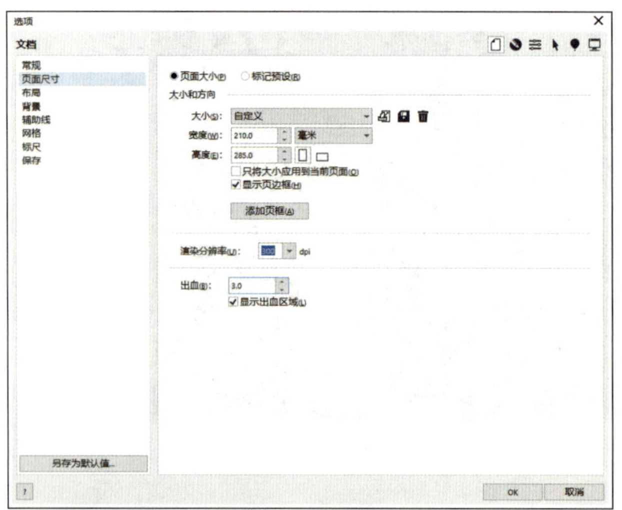

图 8-1-3　设置出血位

图 8-1-4　显示出血位

操作演示

1. 新建 CorelDRAW 2021 文档

启动 CorelDRAW 2021 软件后，在启动界面中单击“新文档”选项，打开“创建新文档”对话框，在对话框的“名称”选项中输入“图书封面”，设置“原色模式”为“CMYK”，“宽度”为“390 mm”，“高度”为“260 mm”，“方向”为“横向”，“分辨率”为“300 dpi”，然后单击“OK”按钮。

提示

本案例中，图书开本尺寸为 185 mm × 260 mm；书脊的厚度为 20 mm；页面宽度为封面 + 封底 + 书脊的宽度，即 185 mm+185 mm+20 mm=390 mm；页面高度为 260 mm。

2. 设置出血

执行“布局”→“页面大小”命令，设置“出血”为“3 mm”，勾选“显示出血区域”，然后单击“OK”按钮，效果如图 8-1-5 所示。

图 8-1-5　设置出血

3. 划分页面

（1）执行“布局”→“文档选项”命令，选择“辅助线”选项卡，设置“辅助线颜色”为黄色（C：0，M：0，Y：100，K：0），然后单击“OK”按钮。

（2）将鼠标指针移动到垂直标尺上，按住鼠标左键向页面拖动，即可拖出一条辅助线，在参数属性栏中设置辅助线的坐标值，使“X”值为“0 mm”，如图 8-1-6 所示。

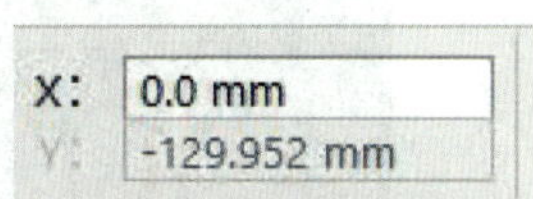

图 8-1-6　设置辅助线的坐标值

（3）用同样的方法，在页面中依次拖出三条垂直辅助线，将其“X”值分别设为“185 mm”“205 mm”和“390 mm”。拖出两条水平辅助线，将其“Y”值分别设为“0 mm”和“260 mm”，将页面划分为封底、书脊和封面三个区域，效果如图 8-1-7 所示。

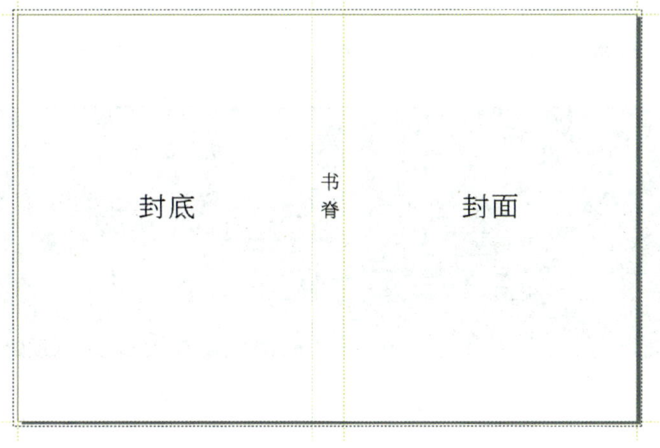

图 8-1-7　划分页面

4．制作封面

（1）使用矩形工具沿封面区域绘制一个矩形，填充为蓝色（C：100，M：100，Y：61，K：35），取消轮廓色，效果如图 8-1-8 所示。

（2）执行“文件”→“导入”命令，导入“封面线条 .cdr”素材。选中线条素材，执行“对象”→“PowerClip”→“置于图文框内部”命令，将其放置在矩形封面背景上。再次选中线条素材，在参数属性栏中单击“水平镜像”按钮并将其调整至合适位置，效果如图 8-1-9 所示。

图 8-1-8　制作封面背景

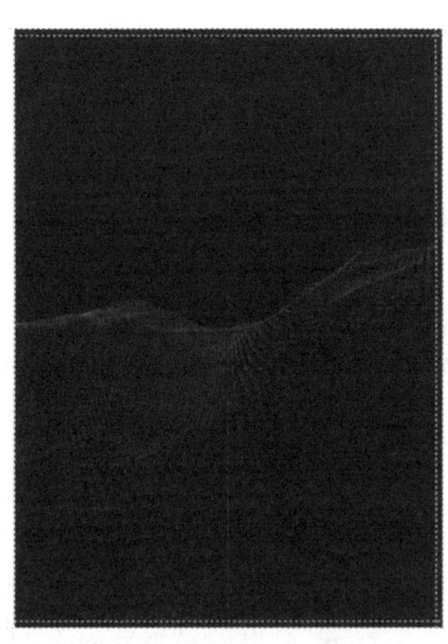

图 8-1-9　导入封面线条素材

（3）使用文本工具输入标题文字“CorelDRAW 2021”，设置字体为“微软雅黑（Bold 粗体）”，字体大小为 60 pt，填充为白色。选中标题文字，使用形状工具调整文字的字符间距，组合标题文字，效果如图 8-1-10 所示。

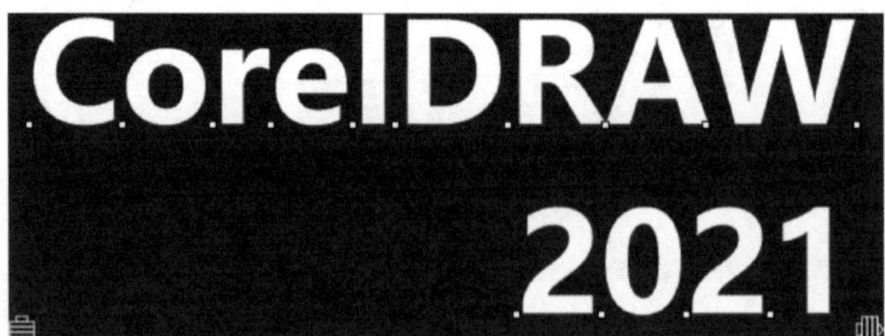

图 8-1-10　调整文字的字符间距

（4）选中标题文字，使用轮廓图工具，单击参数属性栏中的“外部轮廓”按钮，设置“轮廓图偏移”为“1.5 mm”，并填充为绿色（C：57，M：0，Y：100，K：0），效果如图 8–1–11 所示。

（5）执行“对象”→“拆分轮廓图”命令，拆分轮廓图。选中白色文字，使用轮廓图工具，在参数属性栏中选择“外部轮廓”，设置“轮廓图偏移”为“3 mm”，并填充为蓝黑色（C：96，M：89，Y：82，K：75）。执行“对象”→“拆分轮廓图”命令，再次拆分轮廓图。调整轮廓图顺序，将蓝黑色轮廓图后移一层，形成立体感，效果如图 8–1–12 所示。

图 8–1–11　制作立体文字

图 8–1–12　调整轮廓图顺序

（6）使用文本工具输入文字“优秀的矢量绘图及文档排版软件”，设置字体为“微软雅黑（Bold 粗体）”，字体大小为 20 pt，填充为白色。使用矩形工具绘制一个宽度为 106 mm、高度为 10 mm 的矩形，设置“圆角半径”为“1 mm”，填充为绿色（C：57，M：0，Y：100，K：0）。调整文字与圆角矩形的图层顺序并将它们居中对齐。使用文本工具输入中文“中国劳动社会保障出版社”和拼音“zhong guo lao dong she hui bao zhang chu ban she”，设置中文字体为“微软雅黑（Bold 粗体）”，字体大小为 15 pt；拼音字体为“微软雅黑（Bold 粗体）”，字体大小为 5 pt，字体颜色均为白色。将以上两组文字与背景居中对齐，效果如图 8–1–13 所示。

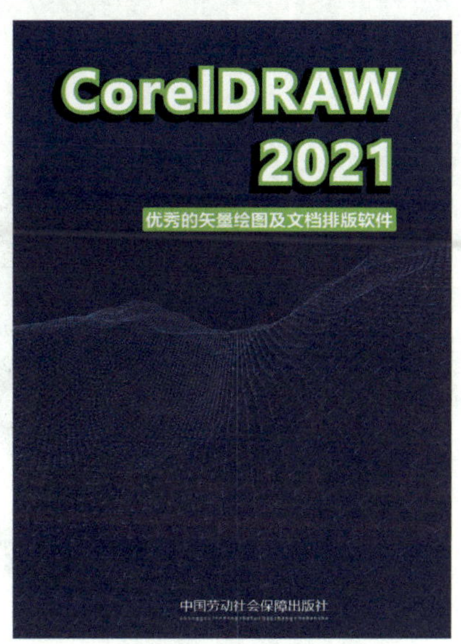

图 8–1–13　输入其余文字

5. 制作 CorelDRAW 2021 标志

（1）使用贝塞尔工具和矩形工具绘制热气球轮廓，如图 8–1–14 所示。将球体填充灰绿色（C：47，M：31，Y：37，K：0）到黑红色（C：84，M：88，Y：91，K：76）再到灰绿色（C：47，M：31，Y：37，K：0）的线性渐变。将圆角矩形填充灰绿色（C：47，M：31，Y：37，K：0）到黑红色（C：84，M：88，Y：91，K：76）再到灰绿色（C：47，M：31，Y：37，K：0）的线性渐变，效果如图 8–1–15 所示。

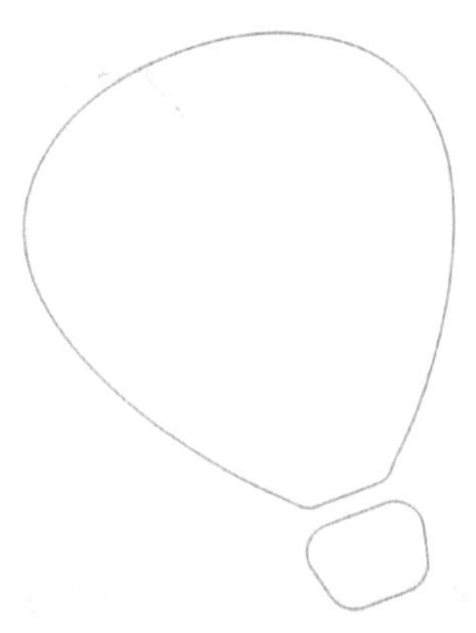
图 8-1-14　绘制热气球轮廓

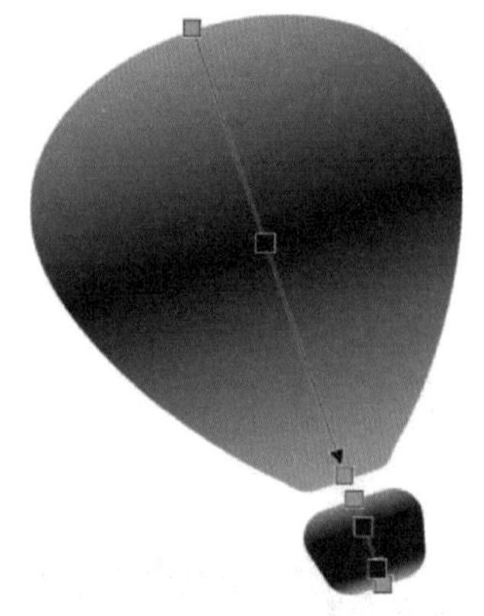
图 8-1-15　填充热气球颜色

（2）分别等比例中心缩放并复制球体和圆角矩形，将新球体填充灰黑色（C：93，M：88，Y：89，K：80）到墨绿色（C：78，M：64，Y：91，K：42）再到灰黑色（C：93，M：88，Y：89，K：80）的线性渐变。将新圆角矩形填充为黑红色（C：84，M：88，Y：91，K：76），效果如图 8-1-16 所示。

（3）使用贝塞尔工具和矩形工具绘制热气球内部线条，效果如图 8-1-17 所示。

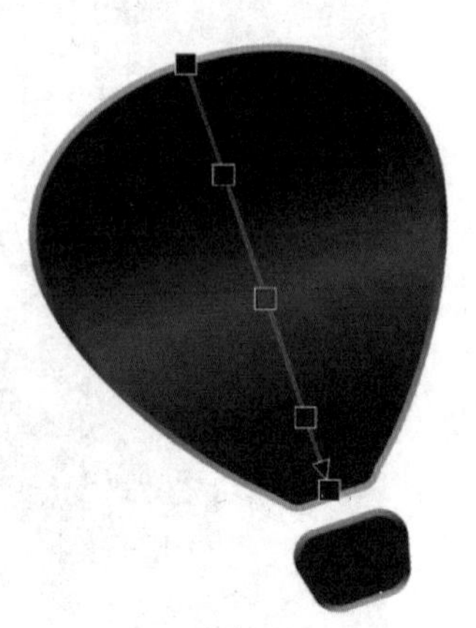
图 8-1-16　复制并填充图形

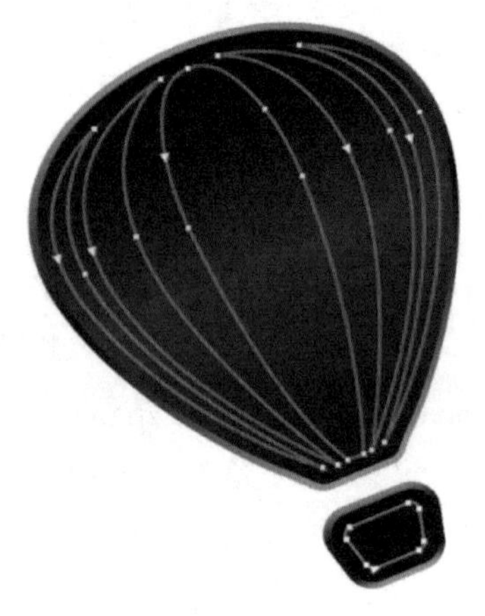
图 8-1-17　绘制热气球内部线条

（4）选中全部热气球内部线条，填充蓝色（C：92，M：65，Y：2，K：0）到绿色（C：49，M：0，Y：68，K：0）到黄色（C：1，M：11，Y：73，K：0）到红色（C：0，M：80，Y：84，K：0）再到深紫色（C：100，M：100，Y：53，K：0）的线性渐变，效果如图 8-1-18a 所示。将圆角矩形填充灰绿色（C：50，M：25，Y：34，K：0）到灰蓝色（C：84，M：67，Y：60，K：20）再到黑色（C：94，M：88，Y：87，K：78）的线性渐变，效果如图 8-1-18b 所示。选中圆角矩形并向下复制出新圆角矩形，填充为灰色（C：71，M：56，Y：52，K：3），效果如图 8-1-18c 所示。

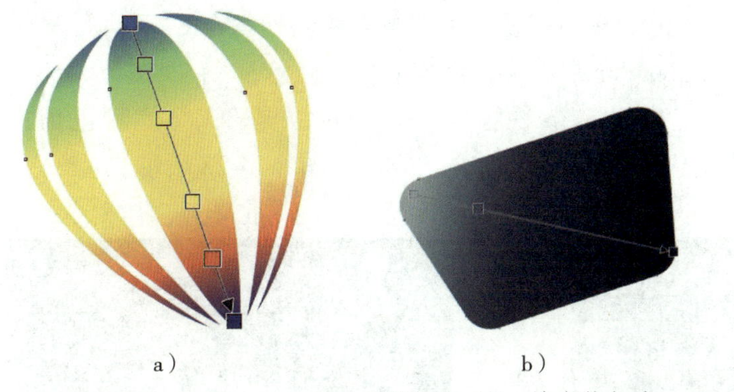

a）　　b）　　c）

图 8-1-18　填充热气球

a）填充线条　b）填充矩形　c）复制矩形并填充

（5）按 Ctrl+G 组合键组合以上对象，效果如图 8-1-19 所示。

（6）将绘制好的 CorelDRAW 2021 标志放置在封面合适位置，另外复制 3 个 CorelDRAW 2021 标志，使用透明度工具添加透明度，如图 8-1-20 所示。调整标志位置及其大小，封面的最终效果如图 8-1-21 所示。

图 8-1-19　CorelDRAW 2021 标志的最终效果

6. 制作封底

（1）复制封面的背景色及线条素材，粘贴至封底，单击参数属性栏中的“水平镜像”按钮，水平镜像以上对象。复制 CorelDRAW 2021 标志，粘贴至封底，调整标志位置和大小，效果如图 8-1-22 所示。

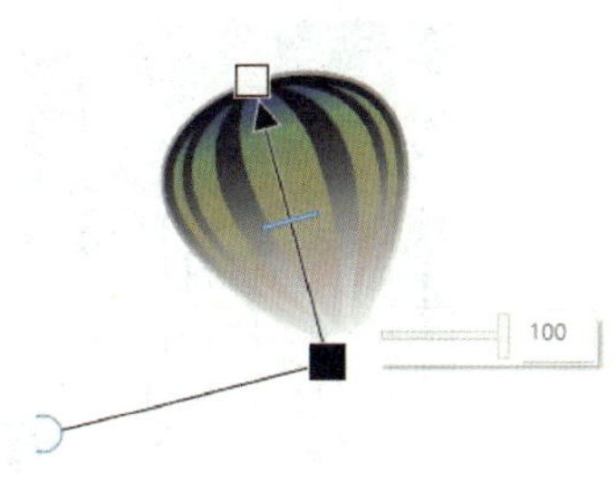

图 8-1-20　添加透明度

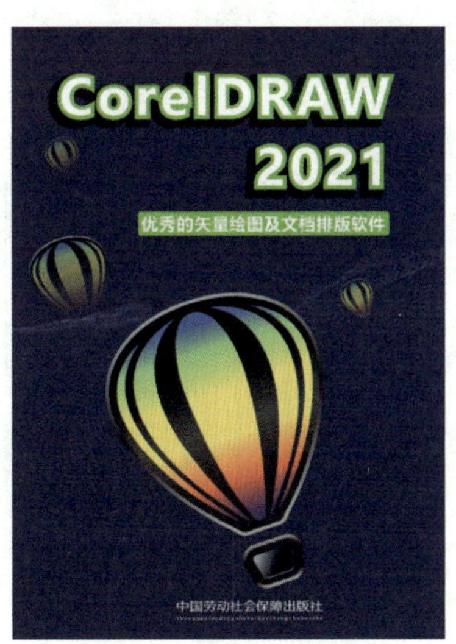

图 8-1-21　封面效果图

（2）使用文本工具输入封底文字，设置文字“策划编辑 / 李　飞”“封面设计 / 武雅楠”的字体为“微软雅黑（Regular 常规）”，字体颜色为白色，字体大小为 15 pt。设置文字“定价：37.00 元”的字体为“微软雅黑（Regular 常规）”，字体颜色为白色，字体大小为 13 pt。调整文字位置，使文字左对齐，效果如图 8-1-23 所示。

图 8-1-22　复制封面对象

图 8-1-23　输入封底文字

（3）执行“对象”→“插入”→“条形码”命令，打开“条码向导”对话框，输入条形码对应数值“1234567890”，其余选项保留默认值，按提示依次单击“下一步”和“完成”按钮，即可插入由软件自动生成的条形码图片。调整条形码图片的大小，并将其摆放到合适位置，效果如图 8-1-24 所示。

图 8-1-24　插入条形码

提示

条形码是将宽度不等的多个黑条和白条按照一定的编码规则排列，以表达一组信息的图形标识符。常见的条形码是由反射率相差较大的黑条（简称条）和白条（简称空）排成的平行线图案。条形码可以标出物品的生产国、制造厂家、商品名称、生产日期、图书分类号和邮件起止地点等信息，因而在商品流通、图书管理和邮政管理等许多领域都得到了广泛应用。

7. 制作书脊

（1）使用矩形工具沿书脊区域绘制矩形，填充为绿蓝色（C：57，M：0，Y：100，K：0），取消轮廓色。在距离书脊底边 6 mm 处向上绘制一个宽度为 20 mm、高度为 260 mm 的矩形，填充为蓝色（C：100，M：98，Y：67，K：61），效果如图 8-1-25 所示。

（2）使用文本工具垂直输入文字并将其垂直居中对齐。设置“CorelDRAW 2021”的字体为“微软雅黑（Bold 粗体）”，字体大小为 21 pt。在参数属性栏中设置文字的“旋转角度”为“270°”；设置“中国劳动社会保障出版社”的字体为“微软雅黑（Regular 常规）”，字体大小为 18 pt，两种字体颜色均设置为白色，效果如图 8-1-26 所示。

图 8-1-25　绘制矩形　　　　图 8-1-26　输入文字

（3）执行“文件”→“导入”命令，导入“中国劳动社会保障出版社标志 .cdr”素材，并将其放在书脊下方的位置。

8. 组合全部对象

选择全部对象，按 Ctrl+G 组合键组合对象，完成图书封面的制作。

9. 保存文件

执行“文件”→“保存”命令，保存文件。

任务 2　制作包装盒

1. 掌握 CorelDRAW 2021 打印选项的设置方法。
2. 掌握产品包装盒的构成。
3. 能绘制包装盒的出血稿和效果图。
4. 能根据设计需求合理选择工具，设计并制作包装盒。

本任务设计制作的是消毒棉片包装盒刀膜图（见图 8–2–1a）及其效果图（见图 8–2–1b）。可通过基本图形的绘制、曲线的编辑、颜色的填充、美术字文本和段落文本的设置、复制镜像对象和插入条形码等操作来完成本任务的制作。

在完成设计作品后，可以将作品打印出来，也可以将其输出为其他应用程序支持的文件类型。若要进行打印，首先要选择打印机设备并进行相关设置，然后进行打印

预览，最后再将作品打印出来。

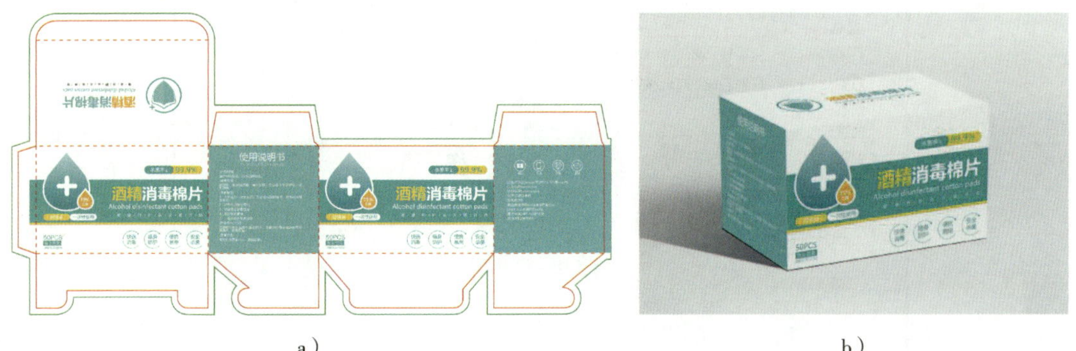

a）　　　　　　　　　　b）

图 8-2-1　消毒棉片包装盒刀膜图和效果图

a）刀膜图　b）效果图

一、设置打印选项

执行“文件”→“打印”命令，打开“打印”对话框，如图 8-2-2 所示。

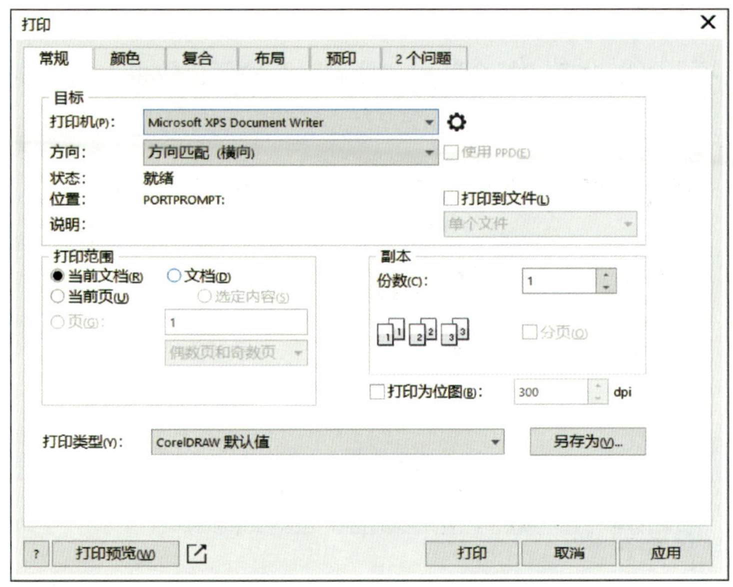

图 8-2-2　“打印”对话框

1. “常规”选项卡

在“常规”选项卡中，可以设置“打印机”“打印范围”“份数”及“打印类型”等。如果在“打印机”的下拉列表框中选择了“与设备无关的 PostScript 文件”，则“打印”对话框如图 8-2-3 所示。

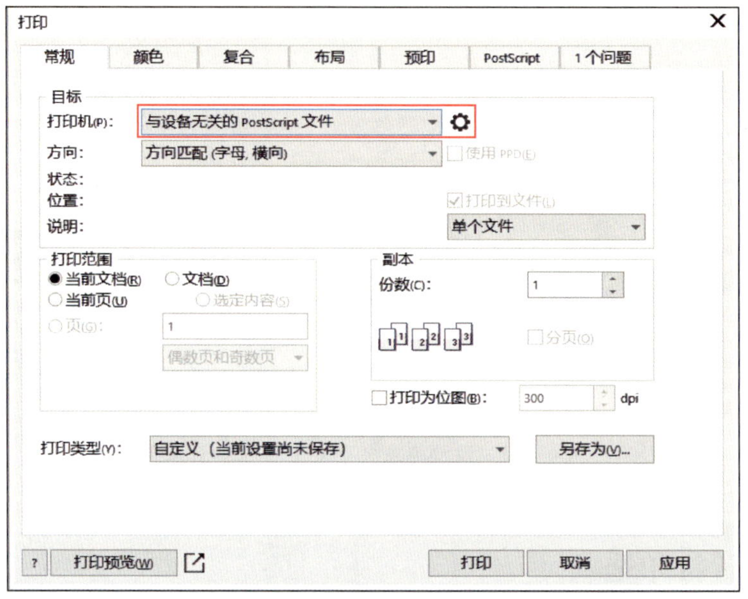

图 8-2-3 “打印”对话框

2. “颜色”选项卡

“颜色”选项卡可以设置“复合”和“分隔”两种颜色效果，如图 8-2-4 所示。

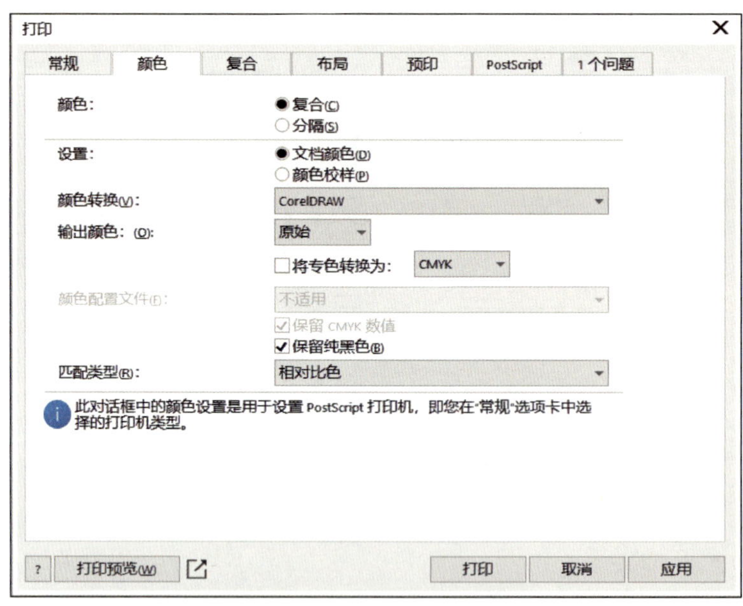

图 8-2-4 “颜色”选项卡

3. “复合”选项卡

“复合”选项卡可以设置“文档叠印”等有关选项，如图 8-2-5 所示。

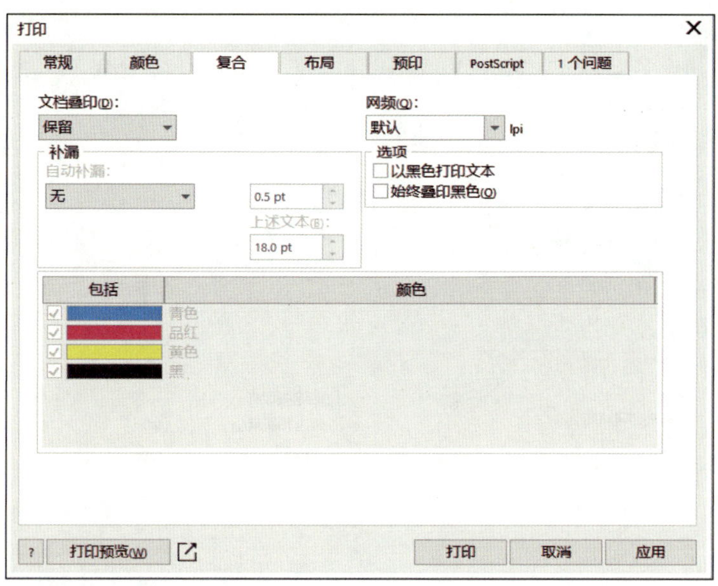

图 8-2-5 “复合”选项卡

4.“布局”选项卡

“布局”选项卡可以设置“图像位置和大小”等相关选项，如图 8-2-6 所示。

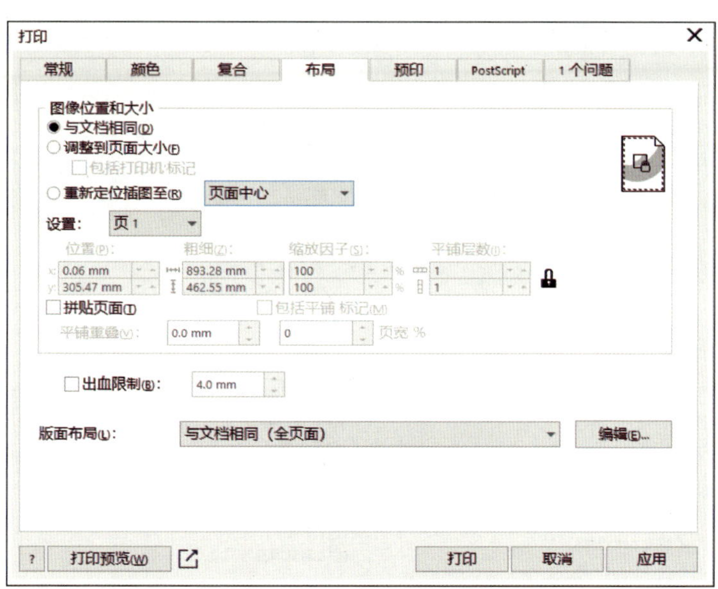

图 8-2-6 “布局”选项卡

5.“预印”选项卡

“预印”选项卡可以为打印作品设置打印套准标记，将颜色校准和裁剪标记等信息输送到打印页面，以便于在印刷输出中心校准颜色和裁剪，如图 8-2-7 所示。

图 8-2-7 “预印”选项卡

6.“PostScript”选项卡

“PostScript”选项卡只有在“常规”选项卡中选择了“与设备无关的 PostScript 文件”时才会出现，该选项卡如图 8-2-8 所示，用户可以从中选择“兼容性”等相关选项。

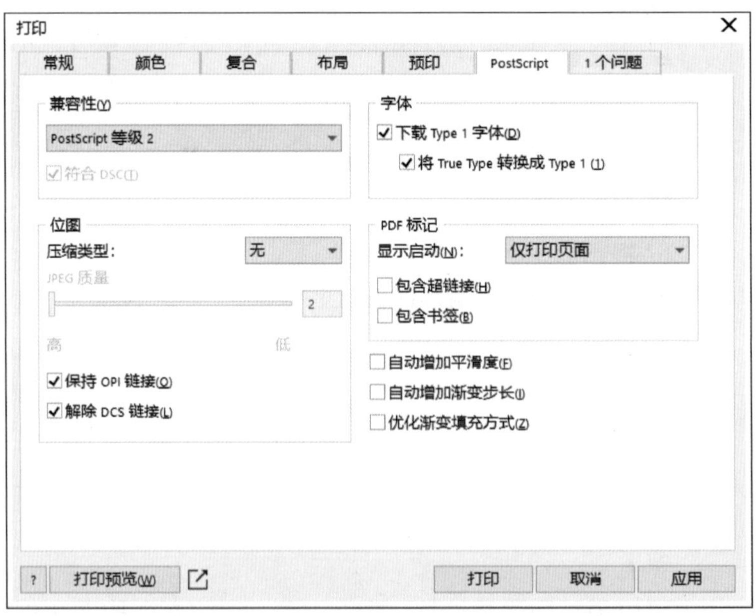

图 8-2-8 “PostScript”选项卡

二、打印预览

打印预览是正式打印前的重要步骤，用户可以在打印之前预览打印效果，以避免打印错误，造成纸张和打印机耗材的浪费。

执行“文件”→“打印预览”命令，即可进入打印预览窗口，如图 8-2-9 所示。

图 8-2-9 打印预览窗口

单击标题栏中的 ✕ 按钮，可关闭打印预览窗口，返回到文档的编辑状态。

操作演示

1. 新建 CorelDRAW 2021 文档

启动 CorelDRAW 2021 软件后，在启动界面中单击“新文档”选项，打开“创建新文档”对话框，在对话框的“名称”选项中输入“消毒棉片包装盒刀膜图”，设置“原色模式”为“CMYK”，“页面大小”为“A4”，“方向”为“横向”，“分辨率”为“300 dpi”，然后单击“OK”按钮。

2. 导入包装盒刀模结构图

执行“文件”→“导入”命令，导入“包装盒刀膜结构图.cdr”素材，设置轮廓色为红色（C：0，M：100，Y：100，K：0），轮廓宽度为 1 pt。

3. 制作包装盒的正面和背面

（1）使用矩形工具在包装盒的正面位置绘制两个矩形，尺寸分别为宽度 80 mm、高度 20 mm 和宽度 80 mm、高度 1 mm，分别填充为绿色（C：69，M：0，Y：43，K：0）和黄色（C：0，M：20，Y：95，K：0），取消轮廓色，适当调整矩形位置，效果如图 8-2-10 所示。

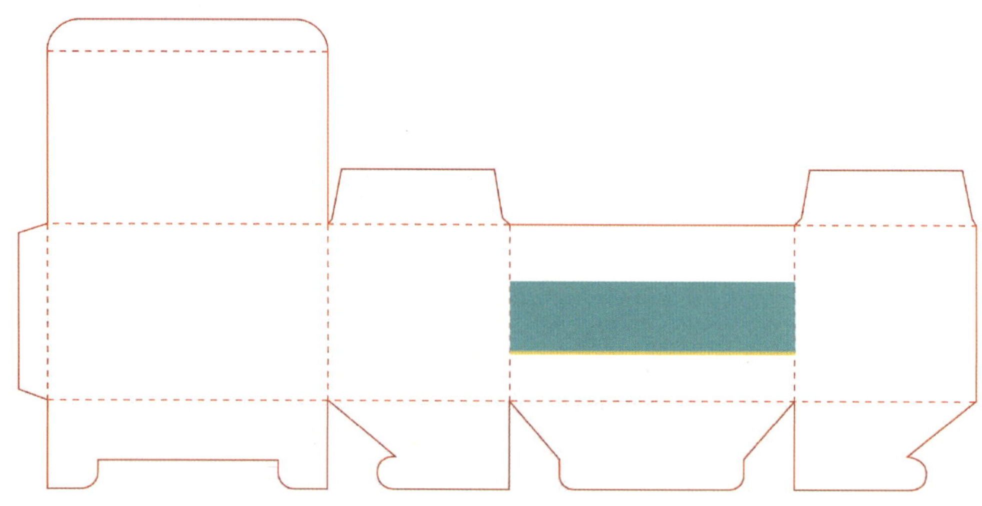
图 8-2-10　制作包装盒正面背景色

（2）使用文本工具输入中文“酒精消毒棉片”“健 / 康 / 呵 / 护 / 从 / 灭 / 菌 / 开 / 始”和英文“Alcohol disinfectant cotton pads”，将中英文字体均设为“微软雅黑体”，填充为黄色（C：0，M：20，Y：95，K：0）和白色，其中，将“酒精消毒棉片”的字体大小设置为 20 pt，将“Alcohol disinfectant cotton pads”的字体大小设置为 8 pt，将“健 / 康 / 呵 / 护 / 从 / 灭 / 菌 / 开 / 始”的字体大小设置为 4 pt。继续输入文字“杀菌率≥99.9%”，设置字体为“微软雅黑体”，其中，将“杀菌率≥”的字体大小设置为 6 pt，将“99.9%”的字体大小设置为 9 pt，分别填充为白色和绿色（C：69，M：0，Y：43，K：0）。使用矩形工具绘制两个矩形，使用形状工具调整矩形圆角，并将矩形分别填充为绿色（C：69，M：0，Y：43，K：0）和黄色（C：0，M：20，Y：95，K：0），置于文字下层，适当调整位置，效果如图 8-2-11 所示。

（3）使用椭圆形工具绘制一个弧形和正圆形，填充为绿色（C：69，M：0，Y：43，K：0），设置描边宽度为 1 pt，按 Ctrl+G 组合键将两个图形组合。使用文本工具在组合图形内输入文字“快速消毒”，设置字体为“微软雅黑”，填充为绿色（C：69，M：0，Y：43，K：0），字体大小设置为 6 pt。将绘制好的组合图形复制三次，分别修改文字为“随身防护”“便携易用”和“安全杀菌”，效果如图 8-2-12 所示。

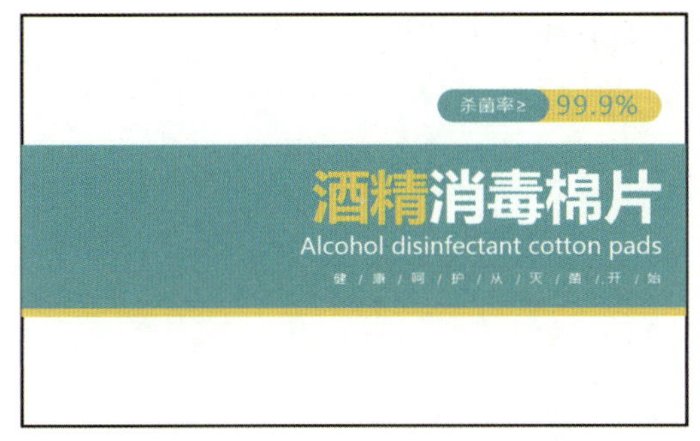

图 8-2-11　绘制包装盒正面主体文字

图 8-2-12　制作包装盒正面图标

（4）使用贝塞尔工具绘制两个水滴图形，将大水滴填充浅蓝色（C：32，M：1，Y：17，K：0）到深蓝色（C：80，M：16，Y：40，K：0）的线性渐变，将小水滴填充为橘色（C：2，M：41，Y：93，K：0），轮廓色均设为白色，轮廓宽度为 2 pt。使用矩形工具在大水滴图形内绘制横竖两个圆角矩形并将它们中心对齐，填充为白色。使用文本工具在小水滴图形中输入文字“75%乙醇”，设置字体为“微软雅黑”，其中将“75%”的字体大小设置为 6 pt，将“乙醇”的字体大小设置为 4 pt，均填充为白色，适当调整位置。使用矩形工具绘制两个圆角矩形，分别填充为黄色（C：0，M：20，Y：95，K：0）和白色。使用文本工具在圆角矩形内输入文字“便携装”和“一次性使用”，将字体均设为“微软雅黑体”，字体大小设置为 6 pt，分别填充为白色和绿色（C：69，M：0，Y：43，K：0），适当调整位置，效果如图 8-2-13 所示。

（5）使用文本工具输入文字“50PCS”“独立包装”和“规格 3 CM×6 CM”，将字体均设为“微软雅黑”，分别填充为绿色（C：69，M：0，Y：43，K：0）、白色和绿色（C：69，M：0，Y：43，K：0），其中将“50PCS”的字体大小设置为 8 pt，将“独立包装”的字体大小设置为 5 pt，将“规格 3 CM×6 CM”的字体大小设置为 3 pt。使用矩形工具在文字“独立包装”的下层绘制一个绿色（C：69，M：0，Y：43，K：0）的矩形装饰框，适当调整位置，效果如图 8-2-14 所示。

图 8-2-13　制作包装盒正面图形

图 8-2-14　制作包装盒正面辅助文字

（6）选中正面所有元素并复制到背面，效果如图 8-2-15 所示。

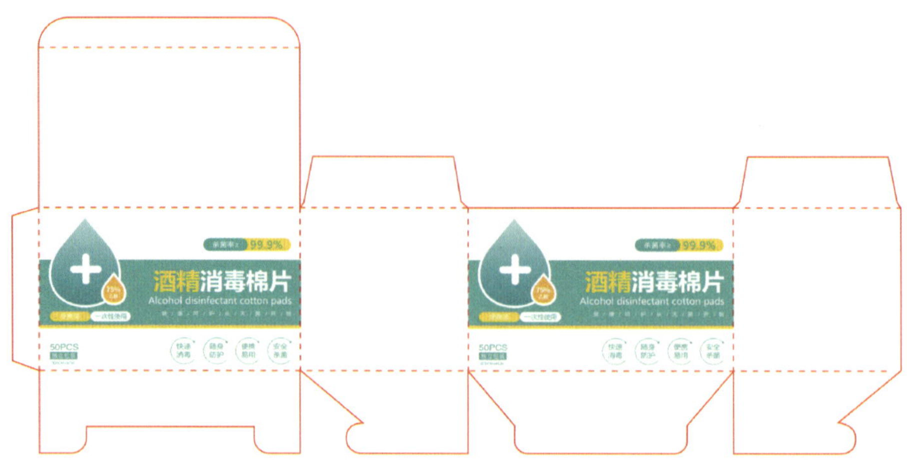

图 8-2-15 制作包装盒的背面

4. 制作包装盒的侧面

（1）使用矩形工具在刀膜结构图侧面各绘制一个 50 mm × 50 mm 的正方形，填充为浅绿色（C：57，M：1，Y：32，K：0），取消轮廓色，效果如图 8-2-16 所示。

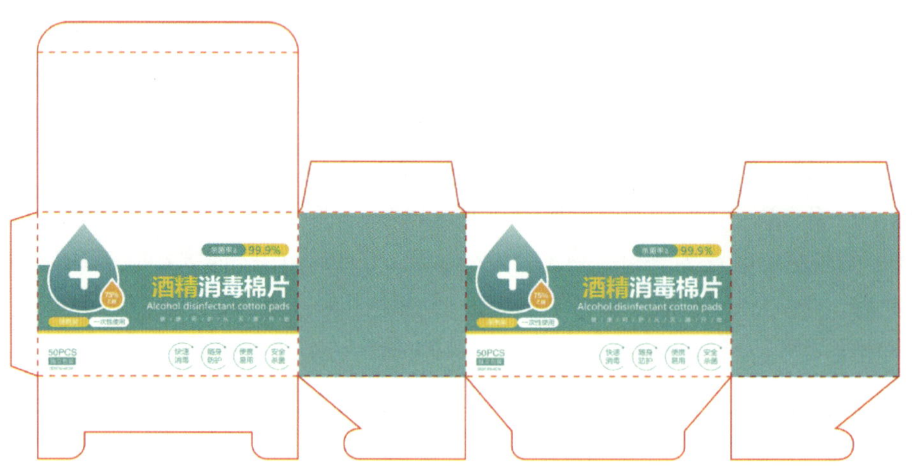

图 8-2-16 绘制包装盒的侧面

（2）使用文本工具输入文字“使用说明书”和“AN INSTRUCTION MANUAL”，将字体均设为“微软雅黑”，填充为白色，其中将“使用说明书”的字体大小设置为 12 pt，将“AN INSTRUCTION MANUAL”的字体大小设置为 4.5 pt。使用文本工具绘制一个宽度为 38 mm、高度为 35 mm 的段落文本框，将“消毒棉片包装盒文本 .docx”中的对应文本内容复制到文本框中，设置字体为“微软雅黑”，填充为白色，将字体大小设置为 4 pt。执行“窗口”→“泊坞窗”→“文本”命令，打开“文本”泊坞窗，设置行间距为 4 pt，段前间距为 6 pt，效果如图 8-2-17 所示。

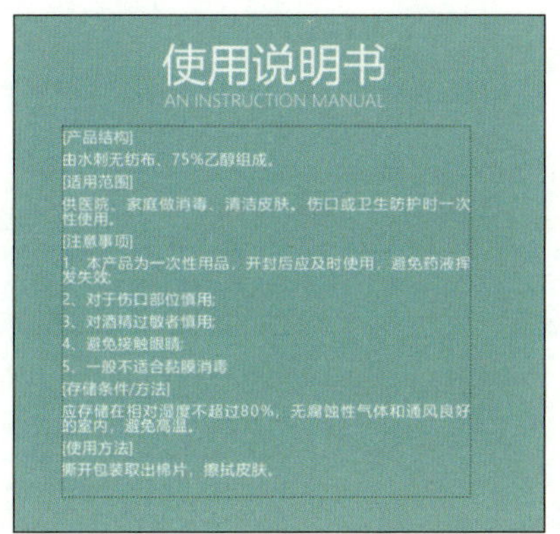

图 8-2-17　绘制包装盒侧面文字

（3）执行“文件”→“导入”命令，导入“包装盒侧面图标 .cdr”素材，调整图标至合适位置。使用文本工具绘制一个宽度为 38 mm、高度为 20 mm 的段落文本框，将“消毒棉片包装盒文本 .docx”中的对应文本内容复制到文本框中，设置字体为“微软雅黑”，填充为白色，将字体大小设置为 3.5 pt，效果如图 8-2-18a 所示。

（4）执行“对象”→“插入”→“条形码”命令，制作并插入条形码图片，调整其大小和位置，效果如图 8-2-18b 所示。

a）

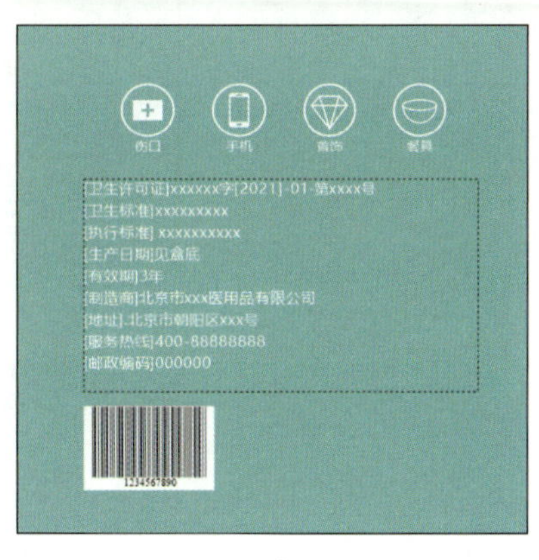

b）

图 8-2-18　绘制包装盒侧面内容

a）制作侧面图标和文字　b）插入条形码

5. 制作包装盒的顶面

执行“文件”→“导入”命令，导入“包装盒顶面图标 .cdr”素材，调整图标至合适位置。将包装盒正面的标题文字复制到包装盒顶面，将“健 / 康 / 呵 / 护 / 从 / 灭 / 菌 / 开 / 始”的字体颜色改为黑色，效果如图 8-2-19 所示。

图 8-2-19　绘制包装盒顶面文字

6. 制作包装盒刀膜图

（1）使用选择工具选中全部对象，单击参数属性栏中的“创建边界”按钮，生成新的轮廓对象。选中该轮廓对象，使用轮廓图工具绘制一个轮廓图偏移值为 3 mm 的外部轮廓，按 Ctrl+K 组合键拆分轮廓图，将最外层对象的轮廓色设置为绿色（C：100，M：0，Y：100，K：0），效果如图 8-2-20 所示。

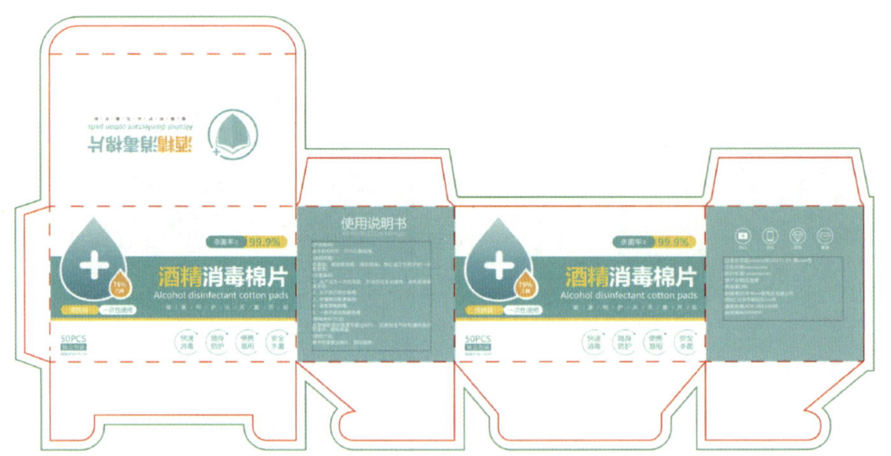

图 8-2-20　制作包装盒出血线

提示

在本案例中，红色实线为刀线，红色虚线为压痕线，绿色实线为出血线。

（2）使用挑选工具将各面的背景颜色向外延伸 3 mm，以完成“消毒棉片包装盒刀膜图”的制作，最终效果如图 8-2-21 所示。

图 8-2-21　制作包装盒刀膜图

7. 制作包装盒效果图

（1）新建“消毒棉片包装盒效果图”文档，设置“页面大小”为“A4”，“方向”为“横向”，其余选项保留默认值，然后单击“OK”按钮。

（2）执行“文件”→“导入”命令，导入“包装盒效果图样机 .jpg”文件，将包装盒刀膜图中的正面、侧面和顶面分别移动到位图素材上，然后执行“位图”→“转换为位图”命令，将以上对象转换为位图。随后使用选择工具选中包装盒的顶面，将参数属性栏中的“旋转角度”设置为“180°”，效果如图 8-2-22 所示。

图 8-2-22　转换为位图

（3）执行“对象”→“透视点”→“添加透视”命令，将导入的包装盒正面、侧面和顶面图分别调整为合适的造型。选择透明度工具，在参数属性栏中设置“合并模式”为“乘”。

提示

本案例的包装盒用纸可采用 250～300 g 的白卡纸，表面工艺可为覆亚光膜。

8. 组合全部对象

选择全部对象，按 Ctrl+G 组合键组合对象，完成消毒棉片包装盒刀膜图和效果图的制作。

9. 保存文件

执行“文件”→“保存”命令，分别保存“消毒棉片包装盒刀膜图 .cdr”和“消毒棉片包装盒效果图 .cdr”文件。